INTRODUCTION TO LINEAR ALGEBRA

개정판

선형대수 입문

강정흥 · 권기호 · 문미남
박석봉 · 이시창 · 황규범 지음

교우사

머 리 말

현대 정보화 사회에서 선형대수학이 수학은 물론이고 인문사회과학 및 이·공학의 다양한 분야에서 필수적인 수학적 기초가 되고 있다. 이러한 추세에 따라 이 책은 많은 학생들에게 선형대수학의 기본개념을 가능한 알기 쉽게 소개하는 입문서가 되는 것을 염두에 두고 저술하였다. 따라서 어느 분야를 전공하더라도 과학적 통찰력이 필요한 학부 학생이라면 최소한 이 책에 소개된 정도의 지식은 필요할 것이라고 생각된다. 특히, 요즘 인터넷의 발달로 인해 컴퓨터 바이러스의 유포, 해킹, 사이버 테러 등에 의한 국가적 기반 구조의 침해 위협은 주요 경계 대상으로 정보보호, 암호의 중요성이 증대하고 있는 만큼 선형대수학의 응용으로 가장 기본적인 암호 시스템을 연습문제에 제시하기도 하였다.

이 책은 학부 학생들에게 각 영역에서 널리 응용되는 부분을 중심으로 구성하였다. 추상적인 개념도 가능한 현실 생활 속에서 찾을 수 있는 예를 토대로 개념을 설명하여 학생들의 이해를 돕고자 하였으며 충분한 예제와 그림들을 덧붙였다.

이 책의 내용은 행렬, 연립 1차 방정식, 행렬식, 벡터공간, 선형변환, 고유치와 고유벡터, 선형대수학의 응용 등의 7개장으로 구성되어 한 학기용으로 가능하도록 집필하였다. 각 절이 끝날 때마다 내용을 이해하고 응용력을 기르는데 도움이 될 수 있는 문제들을 쉬운 문제에서부터 다소 어려운 문제 순으로 배열하였으며 모든 연습 문제의 풀이를 CD로 제작 첨부하여 학생들이 활용할 수 있도록 하였다.

끝으로 이 책을 출판할 수 있도록 도움을 준 동료 교수 및 출판을 담당하여 주신 교우사 사장님을 비롯한 편집부 모든 분들께 진심으로 감사드린다.

저 자

차 례

제 1 장 행렬과 연립1차방정식

수학에서 가장 중요한 문제 중 하나는 연립1차방정식의 해를 구하는 것이라고 해도 과언이 아니다. 사회과학이나 자연과학 문제의 대부분은 직접 연립1차방정식의 해를 구하거나 연립1차방정식으로 바꾸어 문제를 해결할 수 있다. 실제로 미지수의 숫자가 많아지면 연립1차방정식의 해를 구하는 것도 쉬운 것이 아니다. 1절에서는 행렬의 정의와 행렬의 기본성질을 알아보고, 2절과 3절에서는 행렬을 이용하여 이러한 연립1차방정식의 해를 비교적 손쉽게 구하는 방법에 대하여 알아본다.

1.1 행렬과 행렬연산

실수의 직사각형 배열(행렬)은 이·공학 분야뿐만 아니라 인문·사회과학 분야에도 많이 나타난다. 이 절에서는 행렬을 정의하고 이와 관련된 몇 가지 성질들을 알아본다.

정의 1.1 **행렬**(matrix)이란 숫자 또는 문자를 직사각형 모양으로 배열한 것으로 가로의 배열을 **행**(row), 세로의 배열을 **열**(column)이라 한다. 또 행렬의 각 숫자나 문자를 그 행렬의 **성분**(component) 또는 **원**(entry)이라 한다. 일반적으로 행렬은 대문자($A, B, \cdots$), 행렬의 성분은 소문자($a, b, \cdots$)로 표기한다.

예제 1.1

다음은 행렬의 예들이다.

$$\begin{bmatrix} 1 & 2 \\ 3 & 0 \\ -1 & 4 \end{bmatrix},\ [2\quad 1\quad 0\quad 3],\ \begin{bmatrix} -\sqrt{2} & \pi & e \\ 3 & 1/2 & 0 \\ 0 & 0 & 0 \end{bmatrix},\ \begin{bmatrix} a_{11} & a_{12} & \cdots & a_{1n} \\ a_{21} & a_{22} & \cdots & a_{2n} \\ \vdots & \vdots & \ddots & \vdots \\ a_{m1} & a_{m2} & \cdots & a_{mn} \end{bmatrix}$$

예제 1.1에서 본 바와 같이 행렬은 행렬을 구성하는 행과 열의 수에 따라 **크기**(size)가 정해진다. 예제 1.1의 첫 번째 행렬은 3개의 행과 2개의 열로 구성되어 있으므로 크기는 3×2라고 한다. 예제의 마지막 행렬은 m개의 행과 n개의 열로 구성되었으므로 행렬의 크기는 $m\times n$이라 하고, 간단하게 $(a_{ij})_{m\times n}$으로 표기한다. $A=(a_{ij})_{m\times n}$일 때 a_{ij}는 A의 i행 j열에 나타나는 원이다. n개의 행과 n개의 열로 구성되는 행렬 A를 n차 **정방행렬**(square matrix)이라 하고, $A_{n\times n}$ 또는 간단히 A_n으로 표시한다. n차 정방행렬에서 n개의 원 $a_{11}, a_{22}, \cdots, a_{nn}$을 **주대각선상의 원**(main diagonal entry)이라 한다(그림 1.1).

$$\begin{bmatrix} a_{11} & a_{12} & \cdots & a_{1n} \\ a_{21} & a_{22} & \cdots & a_{2n} \\ \vdots & \vdots & & \vdots \\ a_{n1} & a_{n2} & & a_{nn} \end{bmatrix}$$

[그림 1.1]

두 행렬 A, B의 크기가 같고, 대응되는 원이 같을 때 두 행렬 A와 B는 같다고 하고 $A=B$로 표기한다. 즉, $A=(a_{ij})_{m\times n}$, $B=(b_{ij})_{m\times n}$일 때 모든 i, j에 대하여 $a_{ij}=b_{ij}$일 때 두 행렬 A와 B는 같다고 한다.

예제 1.2

다음과 같은 행렬을 살펴보자.

$$A=\begin{bmatrix} 2 & 1 \\ 3 & 4 \end{bmatrix},\ B=\begin{bmatrix} 2 & 1 \\ 3 & 5 \end{bmatrix},\ C=\begin{bmatrix} 2 & 1 & 0 \\ 3 & 4 & 0 \end{bmatrix}$$

여기서 A와 C는 서로 크기가 다르므로 $A\neq C$이다. 같은 이유로 $B\neq C$이다. 또한 A와 B는 크기는 같으나 대응하는 원이 전부는 같지 않으므로 $A\neq B$이다.

정의 1.2 크기가 같은 두 행렬 A와 B의 합(sum) $A+B$는 이 두 행렬에서 대응되는 원을 서로 더한 행렬이다. 즉,

$$A=(a_{ij})_{m\times n},\ B=(b_{ij})_{m\times n}\text{이면 } A+B=(a_{ij}+b_{ij})_{m\times n}$$

이다. 그러나 크기가 다른 두 행렬은 더할 수 없다.

주의 $A+B=(a_{ij}+b_{ij})_{m\times n}$에서 좌변의 '+'와 우변의 '+'는 의미가 다르다. 좌변의 '+'는 행렬의 덧셈기호이고 우변의 '+'는 실수의 덧셈기호이다. 그러므로 행렬의 덧셈기호는 다른 기호를 사용해야 하지만 문장의 흐름에서 의미가 명확하게 구분되므로 같은 기호를 사용한다.

예제 1.3

$$A=\begin{bmatrix}2&1&0&3\\1&0&2&4\\4&2&7&0\end{bmatrix},\ B=\begin{bmatrix}4&3&5&1\\2&2&0&1\\3&2&4&5\end{bmatrix},\ C=\begin{bmatrix}1&1\\2&2\end{bmatrix}$$

에서 $A+C$와 $B+C$는 정의되지 않는다. 그러나

$$A+B=\begin{bmatrix}6&4&5&4\\3&2&2&5\\7&4&11&5\end{bmatrix}$$

이다.

고등학교에서 **벡터**(vector)는 크기와 방향을 가진 물리적인 양, **스칼라**(scalar)는 크기만 갖는 물리적인 양이라 배웠다. 그래서 스칼라를 실수로 생각하였다. 그러나 제4장 벡터공간에서 실수를 벡터로 보는 경우가 있다. 따라서 스칼라를 실수에서 크기만 갖는 것으로 생각하기로 하자. 공학에서는 스칼라는 복소수 범위까지 확장해서 생각하기도 한다. 그러나 이 책에서는 스칼라를 실수 범위로 제한하기로 하자.

정의 1.3 임의의 행렬 A와 임의의 스칼라 c에 대하여 **스칼라배** cA는 A의 각 원에 c를 곱해서 얻어지는 행렬이다. 즉,

$$A=(a_{ij})_{m\times n}\text{이면 } cA=(ca_{ij})_{m\times n}$$

이다.

예제 1.4

$$A=\begin{bmatrix}4&2\\1&3\\1&0\end{bmatrix}\text{이면 } 2A=\begin{bmatrix}8&4\\2&6\\2&0\end{bmatrix},\ (-1)A=\begin{bmatrix}-4&-2\\-1&-3\\-1&0\end{bmatrix}\text{이다.}$$

A가 임의의 행렬일 때 $-A$는 스칼라배 $(-1)A$를 의미한다. 크기가 같은 두 행렬 A와 B의 차는 $A-B=A+(-1)B$로 정의한다.

예제 1.5

행렬 $A=\begin{bmatrix}2&1&0&3\\1&0&2&4\\4&2&7&0\end{bmatrix}$, $B=\begin{bmatrix}4&3&5&1\\2&2&0&1\\3&2&4&5\end{bmatrix}$ 이면 정의 1.3에 의하여

$$-B=(-1)B=\begin{bmatrix}-4&-3&-5&-1\\-2&-2&0&-1\\-3&-2&-4&-5\end{bmatrix}$$

이고

$$A-B=A+(-1)B=\begin{bmatrix}-2&-2&-5&2\\-1&-2&2&3\\1&0&3&-5\end{bmatrix}$$

이다.

모든 원이 0인 $m\times n$ 행렬을 $m\times n$ **영행렬**(zero matrix)이라 하고 $O_{m\times n}$ 또는 간단히 O(크기가 $m\times n$임을 알 때)으로 표현한다.

$O_{m\times n}$, $A_{m\times n}$에 대하여 다음이 성립한다.

(1) $A+O=O+A=A$

(2) $A+(-1)A=O=(-1)A+A$

정의 1.4 ••• A를 $m\times r$ 행렬, B를 $r\times n$ 행렬이라 하자. 이때 A와 B의 **곱**(product) AB는 $m\times n$ 행렬이고 AB의 원들은 다음과 같이 구한다. AB의 i행, j열의 원을 찾으려면 A에서 i행을, B에서 j열을 선택하여 i행과 j열의 서로 대응되는 원을 곱한 다음 그 값들을 전부 더한다. 즉,
$A=(a_{ij})_{m\times r}$, $B=(b_{ij})_{r\times n}$의 곱 AB를 $C=(c_{ij})$라 두면

$$c_{ij}=\sum_{k=1}^{r}a_{ik}b_{kj},\ (i=1,\ 2,\ \cdots,\ m,\ j=1,\ 2,\ \cdots,\ n)$$

이다. 따라서 C는 $m\times n$ 행렬이 된다.

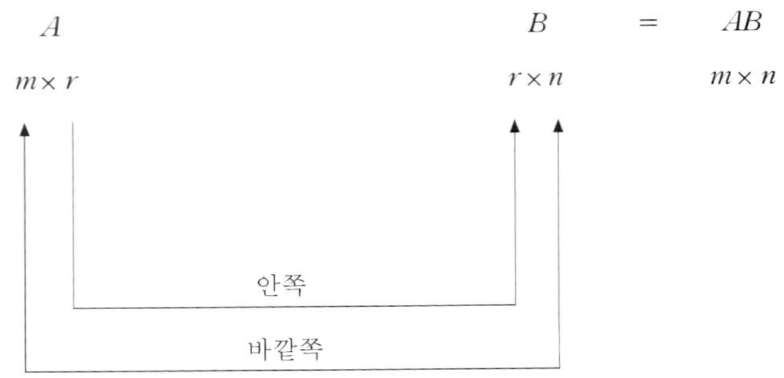

[그림 1.2]

예제 1.6

$A=\begin{bmatrix}1 & 2 & 4\\ 2 & 6 & 0\end{bmatrix}$, $B=\begin{bmatrix}4 & 1 & 4 & 3\\ 0 & -1 & 3 & 1\\ 2 & 7 & 5 & 2\end{bmatrix}$일 때 A는 2×3행렬이고 B는 3×4행렬이므로 AB는 2×4행렬이다. 예를 들어 AB의 2행, 3열의 원을 결정하려 한다면, 행렬 A의 2행과 행렬 B의 3열을 선택하여 서로 대응되는 원을 곱하고, 그 값들을 전부 더하면 된다. 즉, $2\cdot 4+6\cdot 3+0\cdot 5=26$이다.

$$\begin{bmatrix}1 & 2 & 4\\ 2 & 6 & 0\end{bmatrix}\begin{bmatrix}4 & 1 & 4 & 3\\ 0 & -1 & 3 & 1\\ 2 & 7 & 5 & 2\end{bmatrix}=\begin{bmatrix}\square & \square & \square & \square\\ \square & \square & 26 & \square\end{bmatrix}$$

같은 방법으로 나머지 값들도 계산하면 다음과 같은 결과를 얻는다.

$$AB=\begin{bmatrix}1 & 2 & 4\\ 2 & 6 & 0\end{bmatrix}\begin{bmatrix}4 & 1 & 4 & 3\\ 0 & -1 & 3 & 1\\ 2 & 7 & 5 & 2\end{bmatrix}=\begin{bmatrix}12 & 27 & 30 & 13\\ 8 & -4 & 26 & 12\end{bmatrix}$$

예제 1.7

A는 2×3행렬, B는 3×4행렬, C는 4×2행렬이라 가정하면 AB는 2×4행렬, BC는 3×2행렬, CA는 4×3행렬이다. 그러나 BA, CB, AC는 정의되지 않는다.

예제 1.8

어떤 회사에서 A, B, C 3가지 제품을 생산한다. 각 제품을 생산하는데 소요되는 비용은 원료비, 임금, 잡비로 나뉜다. 이 3가지 비용은 아래의 표와 같이 단위 품목별로 계절별, 생산되는 양에 따라 결정된다고 하자. 이 때 계절별로 A, B, C 3가지 제품을 생산하는데 소요되는 3가지 비용을 행렬을 이용하여 구하여라.

품목별 생산비용 (단위 : 천원)

	A제품	B제품	C제품
원료비	0.10	0.30	0.15
임금	0.30	0.40	0.25
잡비	0.10	0.20	0.15

계절별 생산되는 양 (단위 : 개)

	봄	여름	가을	겨울
A제품	4,000	4,000	4,500	4,500
B제품	2,200	2,000	2,600	2,400
C제품	6,000	5,800	6,200	6,000

풀이

각 계절별로 소요되는 3가지 비용은 다음과 같다.

(1) 봄에 소요되는 생산비용

원료비 : $(0.10)(4,000)+(0.30)(2,200)+(0.15)(6,000)=1,960$

임 금 : $(0.30)(4,000)+(0.40)(2,200)+(0.25)(6,000)=3,580$

잡 비 : $(0.10)(4,000)+(0.20)(2,200)+(0.15)(6,000)=1,740$

(2) 여름에 소요되는 생산비용

원료비 : $(0.10)(4,000)+(0.30)(2,000)+(0.15)(5,800)=1,870$

임 금 : $(0.30)(4,000)+(0.40)(2,000)+(0.25)(5,800)=3,450$

잡 비 : $(0.10)(4,000)+(0.20)(2,000)+(0.15)(5,800)=1,670$

(3) 가을에 소요되는 생산비용

원료비 : $(0.10)(4,500)+(0.30)(2,600)+(0.15)(6,200)=2,160$

임 금 : $(0.30)(4,500)+(0.40)(2,600)+(0.25)(6,200)=3,940$

잡 비 : $(0.10)(4,500)+(0.20)(2,600)+(0.15)(6,200)=1,900$

(4) 겨울에 소요되는 생산비용

원료비 : $(0.10)(4,500)+(0.30)(2,400)+(0.15)(6,000)=2,070$

임 금 : $(0.30)(4,500)+(0.40)(2,400)+(0.25)(6,000)=3,810$

잡 비 : $(0.10)(4,500)+(0.20)(2,400)+(0.15)(6,000)=1,830$

이를 행렬을 이용해서 계산해보면 다음과 같다.

$$\text{품목별 생산비용의 행렬 } M=\begin{bmatrix}0.10 & 0.30 & 0.15\\ 0.30 & 0.40 & 0.25\\ 0.10 & 0.20 & 0.15\end{bmatrix}$$

$$\text{계절별 생산되는 양의 행렬 } P=\begin{bmatrix}4,000 & 4,000 & 4,500 & 4,500\\ 2,200 & 2,000 & 2,600 & 2,400\\ 6,000 & 5,800 & 6,200 & 6,000\end{bmatrix}$$

이다. 따라서

$$MP=\begin{bmatrix}1,960 & 1,870 & 2,160 & 2,070\\ 3,580 & 3,450 & 3,940 & 3,810\\ 1,740 & 1,670 & 1,900 & 1,830\end{bmatrix}$$

이고 봄에 3가지 품목을 생산하는데 소요되는 비용은

$$MP\text{의 제1열 }\begin{bmatrix}1,960\\ 3,580\\ 1,740\end{bmatrix}=\begin{bmatrix}\text{원료비}\\ \text{임금}\\ \text{잡비}\end{bmatrix},$$

여름에 3가지 품목을 생산하는데 소요되는 비용은

$$MP\text{의 제2열 }\begin{bmatrix}1,870\\ 3,450\\ 1,670\end{bmatrix}=\begin{bmatrix}\text{원료비}\\ \text{임금}\\ \text{잡비}\end{bmatrix},$$

가을에 3가지 품목을 생산하는데 소요되는 비용은

$$MP\text{의 제3열 }\begin{bmatrix}2,160\\ 3,940\\ 1,900\end{bmatrix}=\begin{bmatrix}\text{원료비}\\ \text{임금}\\ \text{잡비}\end{bmatrix},$$

겨울에 3가지 품목을 생산하는데 소요되는 비용은

$$MP\text{의 제4열 }\begin{bmatrix}2,070\\ 3,810\\ 1,830\end{bmatrix}=\begin{bmatrix}\text{원료비}\\ \text{임금}\\ \text{잡비}\end{bmatrix}$$

이다.

실수에 대한 연산법칙은 몇 가지를 제외하면 행렬에서도 그대로 적용된다. 실수의 연산법칙과 행렬의 연산법칙이 서로 다른 몇 가지 예를 들어보면 다음과 같다.

(1) 실수의 연산에서 "$xy=0 \Leftrightarrow x=0$ 또는 $y=0$"이다. 그러나 행렬연 산에서 이에 대응되는 성질은 성립하지 않는다. 즉, $AB=O$이라고 해서 반드시 $A=O$이거나 $B=O$은 아니다. 예를 들면,

$$A=\begin{bmatrix}1 & 0\\ 0 & 0\end{bmatrix},\ B=\begin{bmatrix}0 & 0\\ 0 & 1\end{bmatrix}\text{이면 } A\neq O,\ B\neq O\text{이지만 } AB=O.$$

(2) 실수의 연산에서 "$xy=yx$"이다. 그러나 행렬연산에서 이에 대응되는 성질은 성립하지 않는다. 즉, $AB\neq BA$이다. 예를 들면,

$$A=\begin{bmatrix}1 & 0\\ 1 & 0\end{bmatrix},\ B=\begin{bmatrix}1 & 2\\ 3 & 4\end{bmatrix}\text{일 때, } AB=\begin{bmatrix}1 & 2\\ 1 & 2\end{bmatrix}\neq\begin{bmatrix}3 & 0\\ 7 & 0\end{bmatrix}=BA$$

이다. 그리고 임의의 3×2행렬 A와 임의의 2×4행렬 B에 대하여 곱 AB는 3×4행렬이지만 BA는 정의조차 되지 않는다.

(3) 실수의 연산에서 "$xy=xz\,(x\neq0)\Leftrightarrow y=z$"이다. 그러나 행렬연산에서 이에 대응되는 성질은 성립하지 않는다. 즉, $AB=AC\,(A\neq O)$라고 해서 반드시 $B=C$인 것은 아니다. 예를 들어

$$A=\begin{bmatrix}0 & 1\\ 0 & 2\end{bmatrix},\ B=\begin{bmatrix}1 & 1\\ 3 & 4\end{bmatrix},\ C=\begin{bmatrix}2 & 5\\ 3 & 4\end{bmatrix}$$

일 때 $AB=AC=\begin{bmatrix}3 & 4\\ 6 & 8\end{bmatrix}$이지만 $B\neq C$이다.

행렬의 연산법칙 중에서 중요한 몇 가지는 다음 정리로 요약된다.

정리 1.1 주어진 연산이 가능하도록 크기가 정의된 행렬 A, B, C와 임의의 실수 α, β에 대하여 다음이 성립한다.

(1) $A+B=B+A$ (덧셈의 교환법칙)
(2) $(A+B)+C=A+(B+C)$ (덧셈의 결합법칙)
(3) $A+O=A=O+A$
(4) $A+(-A)=O=(-A)+A$
(5) $(\alpha\beta)A=\alpha(\beta A)$
(6) $(\alpha+\beta)A=\alpha A+\beta A$
(7) $\alpha(AB)=(\alpha A)B=A(\alpha B)$, $\alpha(A+B)=\alpha A+\alpha B$
(8) $1A=A$
(9) $(AB)C=A(BC)$ (곱셈의 결합법칙)
(10) $A(B+C)=AB+AC$ (분배법칙)
(11) $(A+B)C=AC+BC$ (분배법칙)

행렬의 합과 곱에 대한 연산은 2개의 행렬에 대해서 정의되었지만, 결합법칙 2)와 9)는 어떠한 괄호의 사용 없이 $A+B+C$와 ABC로 3개 행렬의 덧셈과 곱셈을 표시할 수 있다는 것을 말해준다. 이것은 괄호 사용을 어떻게 하든지에 상관없이 결합법칙에 의하여 똑같은 결과를 얻을 수 있기 때문이다. 4개 또는 그 이상의 유한개의 행렬에 대해서도 같은 결과를 얻을 수 있다. 이러한 이유에서 유한개 행렬의 덧셈이나 곱셈연산에서는 괄호를 넣어도 되고 생략해도 된다.

정의 1.5 n차 정방행렬에서 주대각선 상의 원들이 모두 1이고 나머지 원들은 모두 0인 행렬을 n차 **단위행렬**이라 하고 I_n으로 표기한다.

참고 A가 $m\times n$행렬이라면 $AI_n=A$, $I_mA=A$가 된다 이처럼 단위행렬은 실수의 곱셈에서 1과 같은 역할을 한다.

행렬의 곱셈에 있어 가끔 한 행렬이 몇 개의 부분행렬로 구성되어 있다고 생각하는 것이 유용할 때가 있다. 행렬 A를 몇 개의 가로선과 세로선으로 구분하여 몇 개의 부분행렬로 나누는 **행렬의 분할**을 생각해보자. 예를 들어

$$A=\begin{bmatrix} a_{11} & a_{12} & a_{13} & a_{14} \\ a_{21} & a_{22} & a_{23} & a_{24} \\ a_{31} & a_{32} & a_{33} & a_{34} \\ a_{41} & a_{42} & a_{43} & a_{44} \end{bmatrix},\ B=\begin{bmatrix} b_{11} & b_{12} & b_{13} & b_{14} \\ b_{21} & b_{22} & b_{23} & b_{24} \\ b_{31} & b_{32} & b_{33} & b_{34} \\ b_{41} & b_{42} & b_{43} & b_{44} \end{bmatrix}$$

라 하고 행렬 A와 B의 제 3행과 4행 사이에 가로선을, 제 3열과 4열 사이에 세로선을 그으면 A는 4개의 부분행렬 A_{11}, A_{12}, A_{21}, A_{22}로, B는 4개의 부분행렬 B_{11}, B_{12}, B_{21}, B_{22}로 분할된다. 즉,

$$A=\left[\begin{array}{ccc|c} a_{11} & a_{12} & a_{13} & a_{14} \\ a_{21} & a_{22} & a_{23} & a_{24} \\ a_{31} & a_{32} & a_{33} & a_{34} \\ \hline a_{41} & a_{42} & a_{43} & a_{44} \end{array}\right]=\begin{bmatrix} A_{11} & A_{12} \\ A_{21} & A_{22} \end{bmatrix},\ B=\left[\begin{array}{ccc|c} b_{11} & b_{12} & b_{13} & b_{14} \\ b_{21} & b_{22} & b_{23} & b_{24} \\ b_{31} & b_{32} & b_{33} & b_{34} \\ \hline b_{41} & b_{42} & b_{43} & b_{44} \end{array}\right]=\begin{bmatrix} B_{11} & B_{12} \\ B_{21} & B_{22} \end{bmatrix}$$

이 때 행렬 A와 B의 곱은

$$AB=\begin{bmatrix} A_{11}B_{11}+A_{12}B_{21} & A_{11}B_{12}+A_{12}B_{22} \\ A_{21}B_{11}+A_{22}B_{21} & A_{21}B_{12}+A_{22}B_{22} \end{bmatrix}$$

와 같이 계산된다.

주의 행렬의 분할을 이용해서 행렬의 곱을 계산할 때에는 행렬의 곱이 정의될 수 있도록 행렬을 분할하여야 한다.

예제 1.9

$A=\begin{bmatrix}1&1&1&1\\2&2&1&1\\3&3&2&2\end{bmatrix}$, $B=\begin{bmatrix}B_{11}&B_{12}\\B_{21}&B_{22}\end{bmatrix}=\left[\begin{array}{cc|cc}1&1&1&1\\1&2&1&1\\\hline 3&1&1&1\\3&2&1&2\end{array}\right]$ 일 때 A를 4개의 부분행렬로 분할하고, 분할을 이용하여 AB를 계산하여라.

풀이 • • •

모든 B_{kj}가 두 개의 행을 갖기 때문에 A의 부분행렬 A_{ik}들은 두 개의 열을 가져야 한다. 따라서 다음 두 가지 경우가 있다.

$$A=\begin{bmatrix}A_{11}&A_{12}\\A_{21}&A_{22}\end{bmatrix}=\left[\begin{array}{cc|cc}1&1&1&1\\\hline 2&2&1&1\\3&3&2&2\end{array}\right] \text{ 또는 } A=\begin{bmatrix}A'_{11}&A'_{12}\\A'_{21}&A'_{22}\end{bmatrix}=\left[\begin{array}{cc|cc}1&1&1&1\\2&2&1&1\\\hline 3&3&2&2\end{array}\right]$$

이제 각 경우에 대하여 계산해 보면 다음과 같다.

$$\begin{aligned}AB&=\begin{bmatrix}A_{11}&A_{12}\\A_{21}&A_{22}\end{bmatrix}\begin{bmatrix}B_{11}&B_{12}\\B_{21}&B_{22}\end{bmatrix}=\begin{bmatrix}A_{11}B_{11}+A_{12}B_{21}&A_{11}B_{12}+A_{12}B_{22}\\A_{21}B_{11}+A_{22}B_{21}&A_{21}B_{12}+A_{22}B_{22}\end{bmatrix}\\&=\left[\begin{array}{cc|cc}8&6&4&5\\\hline 10&9&6&7\\18&15&10&12\end{array}\right]\\AB&=\begin{bmatrix}A'_{11}&A'_{12}\\A'_{21}&A'_{22}\end{bmatrix}\begin{bmatrix}B_{11}&B_{12}\\B_{21}&B_{22}\end{bmatrix}=\begin{bmatrix}A_{11}'B_{11}+A_{12}'B_{21}&A_{11}'B_{12}+A_{12}'B_{22}\\A_{21}'B_{11}+A_{22}'B_{21}&A_{21}'B_{12}+A_{22}'B_{22}\end{bmatrix}\\&=\left[\begin{array}{cc|cc}8&6&4&5\\10&9&6&7\\\hline 18&15&10&12\end{array}\right]\end{aligned}$$

$m\times n$행렬의 분할에 의한 곱을 계산하는 가장 유용한 방법 중의 하나는 n개의 $m\times 1$ 행렬로 분할하는 것이다. 즉,

$$A=\begin{bmatrix} a_{11} & a_{12} & \cdots & a_{1n} \\ a_{21} & a_{22} & \cdots & a_{2n} \\ \vdots & \vdots & & \vdots \\ a_{m1} & a_{m2} & \cdots & a_{mn} \end{bmatrix},\quad B=\begin{bmatrix} b_{11} & b_{12} & \cdots & b_{1m} \\ b_{21} & b_{22} & \cdots & b_{2m} \\ \vdots & \vdots & & \vdots \\ b_{m1} & b_{m2} & \cdots & b_{nm} \end{bmatrix}$$

라 할 때

$$B=[B_{11} \mid B_{12} \mid \cdots \mid B_{1m}]=\left[\begin{array}{c|c|c|c} b_{11} & b_{12} & & b_{1m} \\ b_{21} & b_{22} & \cdots & b_{2m} \\ \vdots & \vdots & & \vdots \\ b_{n1} & b_{n2} & & b_{nm} \end{array}\right]$$

라 두면 $AB=[AB_{11} \mid AB_{12} \mid \cdots \mid AB_{1m}]$가 된다. 이 결과는 1.3절에서 유용하게 사용된다.

정의 1.6 정방행렬 A에서, $AB=BA=I$인 행렬 B가 존재할 때, A를 **가역행렬**(invertible matrix) 또는 **정칙행렬**이라 하고, B를 A의 **역행렬**(inverse matrix)이라 한다. 이때 $B=A^{-1}$로 표기한다.

예제 1.10

행렬 $A=\begin{bmatrix} 3 & 5 \\ 1 & 2 \end{bmatrix}$는 행렬 $B=\begin{bmatrix} 2 & -5 \\ -1 & 3 \end{bmatrix}$의 역행렬이다. 실제로

$$AB=\begin{bmatrix} 3 & 5 \\ 1 & 2 \end{bmatrix}\begin{bmatrix} 2 & -5 \\ -1 & 3 \end{bmatrix}=\begin{bmatrix} 1 & 0 \\ 0 & 1 \end{bmatrix}$$

$$BA=\begin{bmatrix} 2 & -5 \\ -1 & 3 \end{bmatrix}\begin{bmatrix} 3 & 5 \\ 1 & 2 \end{bmatrix}=\begin{bmatrix} 1 & 0 \\ 0 & 1 \end{bmatrix}$$

이다.

예제 1.11

행렬 $A=\begin{bmatrix} 1 & 4 & 0 \\ 2 & 5 & 0 \\ 3 & 6 & 0 \end{bmatrix}$는 가역행렬이 아니다. 왜냐하면 행렬 B를 다음과 같은 3×3 행렬로 두고 BA를 계산해보면 그 이유를 쉽게 알 수 있다.

$$B=\begin{bmatrix} b_{11} & b_{12} & b_{13} \\ b_{21} & b_{22} & b_{23} \\ b_{31} & b_{32} & b_{33} \end{bmatrix}$$

또는 행렬의 분할에 의한 곱으로 부터 BA의 세 번째 열은 다음과 같다.

$$\begin{bmatrix} b_{11} & b_{12} & b_{13} \\ b_{21} & b_{22} & b_{23} \\ b_{31} & b_{32} & b_{33} \end{bmatrix}\begin{bmatrix} 0 \\ 0 \\ 0 \end{bmatrix}=\begin{bmatrix} 0 \\ 0 \\ 0 \end{bmatrix}$$

따라서 $BA \neq I_3$이다.(연습문제 6번 참고)

위의 예제들을 살펴보면서 "행렬 A가 가역행렬이라면 A는 하나 이상의 역행렬을 가질 수 있을까?, 어떤 행렬이 가역행렬이고 그 역행렬은 어떻게 구할까?"라는 의문을 당연히 가질 것이다. 첫 번째 의문에 대한 답은 정리 1.2에서 해결되고, 두 번째 의문에 대한 답은 1.3절에서 구할 수 있다.

정리 1.2 A의 역행렬이 존재한다면, A의 역행렬은 유일하다.

증명 B, C가 A의 역행렬이면, $B=BI=B(AC)=(BA)C=IC=C$가 된다. ∎

참고 I가 실수의 곱셈에서 1과 같은 역할을 하므로 A가 가역행렬이라면 A의 역행렬 A^{-1}는 실수의 곱셈에서 역수와 같은 역할을 한다.

다음 두 정리는 가역행렬의 곱의 가역성과 역행렬의 형태를 보여주는 중요한 정리이다.

정리 1.3 A와 B가 같은 크기의 가역행렬이면 AB도 가역행렬이고,

$$(AB)^{-1}=B^{-1}A^{-1}$$

이다.

증명

$$(AB)(B^{-1}A^{-1})=A(BB^{-1})A^{-1}=AIA^{-1}=I$$
$$(B^{-1}A^{-1})(AB)=B^{-1}(A^{-1}A)B=B^{-1}IB=I$$

이므로 AB도 가역행렬이고

$$(AB)^{-1}=B^{-1}A^{-1}$$

이다. ∎

참고 $A_1, A_2, \cdots, A_n$이 같은 크기의 가역행렬들이면 $A_1A_2\cdots A_n$도 가역행렬이고 $(A_1A_2\cdots A_n)^{-1}=A_n^{-1}A_{n-1}^{-1}\cdots A_1^{-1}$이다.

행렬 $A=(a_{ij})_{m\times n}$의 1행을 1열로, 2행을 2열로, $\cdots$, m행을 m열로 고쳐 쓴 행렬을 A의 **전치행렬**(transposed matrix)이라 하고 A^T로 나타낸다. 즉, 행렬 $A=(a_{ij})_{m\times n}$의 전치행렬은 $A^T=(a_{ji})_{n\times m}$이다. 다음 전치행렬 연산의 기본성질들은 직관에 의하여 성립함을 쉽게 알 수 있다.

전치행렬 연산의 기본성질

A, B가 $m\times n$행렬이면 다음이 성립한다.

(1) $(A^T)^T=A$

(2) $(A+B)^T=A^T+B^T$

(3) $(kA)^T=kA^T$, (k : 임의의 상수)

(4) $(AB)^T=B^TA^T$

A가 정방행렬이고 n이 음이 아닌 정수일 때 $A^n=A\cdots A$(n개의 곱)으로 정의한다. 특히, $n=0$이면 $A^0=I$로 정의한다. 실제로 A가 정방행렬이고 r, s가 정수이면 다음의 지수법칙이 성립한다.

$$A^rA^s=A^{r+s},\ (A^r)^s=A^{rs}.$$

증명은 1.3절의 연습문제로 남긴다.

정리 1.4 A가 가역행렬이면 다음이 성립한다.

(1) A^{-1} 도 가역행렬이고 $(A^{-1})^{-1}=A$이다.

(2) A^n도 가역행렬이고 $(A^n)^{-1}=(A^{-1})^n$, $n=0, 1, 2, \cdots$이다.

(3) $kA(k\neq 0)$도 가역행렬이고 $(kA)^{-1}=\dfrac{1}{k}A^{-1}$이다.

(4) A^T도 가역행렬이고, $(A^T)^{-1}=(A^{-1})^T$이다.

증명 (3)과 (4)만 증명하고 나머지는 독자들에게 남긴다.

(3) $(kA)\left(\frac{1}{k}A^{-1}\right)=\left(k\frac{1}{k}\right)(AA^{-1})=1I_n=I_n,$

$\left(\frac{1}{k}A^{-1}\right)(kA)=\left(\frac{1}{k}k\right)(A^{-1}A)=1I_n=I_n.$

(4) $A^T(A^{-1})^T=(A^{-1}A)^T=I_n^T=I_n,$

$(A^{-1})^TA^T=(AA^{-1})^T=I_n^T=I_n.$ ∎

연습문제 1.1

1. $\begin{bmatrix} x-y & u+2v \\ 2x+y & u-v \end{bmatrix} = \begin{bmatrix} 1 & 2 \\ 2 & 5 \end{bmatrix}$일 때 x, y, u, v를 구하여라.

2. $A = \begin{bmatrix} 1 & 1 \\ 1 & 1 \end{bmatrix}$일 때 A^2, A^3, A^n을 구하여라.

3. A, B가 n차 정방행렬일 때, 다음 등식은 성립하는가?

   (1) $(A+B)^2 = A^2 + 2AB + B^2$

   (2) $A^3 - I_n = (A - I_n)(A^2 + A + I_n)$

   (3) $AO = OA$(단, O는 영행렬이고, AO와 OA는 정의된다.)

4. A, P가 $n \times n$가역행렬들일 때, 임의의 자연수 r에 대하여$(P^{-1}AP)^r = P^{-1}A^rP$임을 보여라.

5. 정방행렬에서 주대각선 상의 원을 제외한 모든 원이 0인 행렬을 **대각행렬**(diagonal matrix)이라 한다. 두 대각행렬의 곱도 대각행렬임을 보이고, 대각행렬의 곱셈규칙을 만들어라.

6. B에 전부 0인 열이 있고, A는 AB가 정의되는 임의의 행렬일 때, AB 역시 전부 0인 열을 가짐을 보여라.

7. $A = \begin{bmatrix} 1 & 0 \\ 2 & 3 \end{bmatrix}$일 때 A^2, A^3, A^{-3}, $A^2 - 2A + I_2$를 계산하여라.

8. 작년도 서울에는 맥도날드(M) 체인점이 38개 있었는데 5개가 버거킹(B)으로, 3개가 하디스(H)로 바뀌었다. 서울에 있는 버거킹 체인점의 10%가 맥도날드, 20%는 하디스로 바뀌었고, 서울에 있는 하디스 체인점의 5%가 맥도날드 체인점으로, 8%가 버거킹 체인점으로 바뀌었다고 하자. 현재의 시장점유율은 맥도날드 50%, 버거킹 40%, 하디스 10%이다. 1년 후의 맥도날드 체인점의 시장점유율을 계산하여라.

9. $A=\begin{bmatrix} 1 & 2 \\ -1 & -1 \end{bmatrix}$, $P=\begin{bmatrix} 1 & 1 \\ 1 & 2 \end{bmatrix}$, $B=PAP^{-1}$라 하자.

(1) A^2를 구하여라.

(2) B^{50}을 구하여라.

(3) B^{-30}을 구하여라.

10. 어떤 스칼라 c에 대하여 $A=cI_n$이 되는 정방행렬 A를 **스칼라 행렬**(scalar matrix)이라 한다. A, B가 2×2 행렬일 때 $(AB-BA)^2$이 스칼라 행렬임을 보여라(hint : 먼저 임의의 2×2 행렬 A, B를 정의하고 $(AB-BA)^2$을 계산하여라).

11. 어떤 마을에 기혼녀의 3%가 매년 이혼했고, 독신녀 중 2%가 매년 결혼을 했다. 이 마을에는 8,000명의 기혼녀와 2,000명의 독신녀가 있고 여자의 총 인구가 매년 변함이 없다고 가정을 할 때 1년 후, 2년 후의 기혼녀의 수와 독신녀의 수를 구하여라.

12. 행렬 $A=\begin{bmatrix} 1 & 1 & 0 \\ 0 & 1 & 1 \\ 0 & 0 & 0 \end{bmatrix}$가 가역행렬인지 판별하여라.

13. n차 정방행렬 A가 $A^2-3A+I_n=O$을 만족하면 A는 가역행렬임을 보이고 A^{-1}를 A와 I_n의 항으로 나타내어라.

14. 다음 물음에 답하여라.

(1) $(A+B)^2\neq A^2+2AB+B^2$인 2×2 행렬 A, B를 구하여라.

(2) 두 가역행렬의 합이 가역행렬이 아닌 예를 들어라.

(3) A, B를 $AB=O$인 정방행렬이라 할 때, $B\neq O$이면 A는 가역행렬이 아님을 보여라.

(4) $A^2=I_3$를 만족하는 행렬 $A(\neq I_3)$를 구하여라.

보충문제 1.1

01. $A=\begin{bmatrix} 2 & -3 & 4 \\ 5 & 4 & 3 \\ -6 & 7 & 6 \end{bmatrix}$, $B=\begin{bmatrix} 2 & 5 & -6 \\ -3 & 4 & 7 \\ 4 & 3 & 6 \end{bmatrix}$일 때 다음을 계산하여라.

(1) $\frac{1}{2}(A+B)$　　(2) $\frac{1}{2}(A-B)$

답 (1) $\frac{1}{2}(A+B)=\begin{bmatrix} 2 & 1 & -1 \\ 1 & 4 & 5 \\ -1 & 5 & 6 \end{bmatrix}$　　(2) $\frac{1}{2}(A-B)=\begin{bmatrix} 0 & -4 & 5 \\ 4 & 0 & -2 \\ -5 & 2 & 0 \end{bmatrix}$

02. $A=\begin{bmatrix} 1 & -2 & 3 \\ 2 & 0 & 1 \end{bmatrix}$, $B=\begin{bmatrix} 1 & 2 & -2 \\ -1 & 3 & 4 \\ 0 & 1 & 5 \end{bmatrix}$일 때 $(AB)^T$와 B^TA^T를 구하여라.

답 $(AB)^T=B^TA^T=\begin{bmatrix} 3 & 2 \\ -1 & 5 \\ 5 & 1 \end{bmatrix}$

03. $A=\begin{bmatrix} B & C \\ O & D \end{bmatrix}$에서 모든 부분행렬 B, C, O, D는 $r\times r$ 행렬들이고, O는 영행렬이라 하자.

(1) B와 D가 가역행렬이면 A도 가역행렬임을 보여라.

(2) A가 가역행렬일 때 A^{-1}를 구하여라.

답 (1) 생략　　(2) $A^{-1}=\begin{bmatrix} B^{-1} & F \\ O & D^{-1} \end{bmatrix}$의 꼴이다.

04. 다음에 주어진 행렬 A, B가 $AB=BA$를 만족할 때 B를 구하여라.

(1) $A=\begin{bmatrix}1 & 3\\2 & 4\end{bmatrix}$, $B=\begin{bmatrix}a & b\\c & d\end{bmatrix}$ (2) $A=\begin{bmatrix}2 & 1 & 0\\0 & 2 & 1\\0 & 0 & 2\end{bmatrix}$, $B=\begin{bmatrix}a & b & c\\d & e & f\\g & h & i\end{bmatrix}$

답 (1) $B=\begin{bmatrix}a & b\\ \frac{3}{2}b & a+b\end{bmatrix}$ (2) $B=\begin{bmatrix}a & b & c\\0 & a & b\\0 & 0 & a\end{bmatrix}$

05. 행렬 A가 다음과 같을 때 A^n을 계산하여라.(단, n은 자연수)

(1) $A=\begin{bmatrix}2 & 1\\0 & 2\end{bmatrix}$ (2) $A=\begin{bmatrix}1 & 1 & 0\\0 & 1 & 1\\0 & 0 & 1\end{bmatrix}$

(3) $A=\begin{bmatrix}0 & 2 & 0 & 0\\0 & 0 & 2 & 0\\0 & 0 & 0 & 2\\0 & 0 & 0 & 0\end{bmatrix}$

답 (1) $A^n=\begin{bmatrix}2^n & n2^{n-1}\\0 & 2^n\end{bmatrix}$ (2) $A^n=\begin{bmatrix}1 & n & \frac{n(n-1)}{2!}\\0 & 1 & n\\0 & 0 & 1\end{bmatrix}$

(3) $A^2=\begin{bmatrix}0 & 0 & 2^2 & 0\\0 & 0 & 0 & 2^2\\0 & 0 & 0 & 0\\0 & 0 & 0 & 0\end{bmatrix}$, $A^n=\begin{bmatrix}0 & 0 & 0 & 0\\0 & 0 & 0 & 0\\0 & 0 & 0 & 0\\0 & 0 & 0 & 0\end{bmatrix}$ $(n>2)$

06. 행렬의 분할을 이용하여 다음을 계산하여라.

(1) $\begin{bmatrix}2 & 1 & 0 & 0\\1 & -1 & 0 & 0\\0 & 0 & 3 & -2\\0 & 0 & 2 & 1\end{bmatrix}\begin{bmatrix}-1 & 5 & 0 & 0\\2 & 0 & 0 & 0\\0 & 0 & 4 & 3\\0 & 0 & -2 & 1\end{bmatrix}$ (2) $\begin{bmatrix}1 & 3 & 2 & 0\\-1 & 2 & 2 & 1\\0 & 0 & 1 & 2\\0 & 0 & -3 & 5\end{bmatrix}\begin{bmatrix}3 & 0 & 2\\-2 & 1 & 3\\0 & 0 & 2\\0 & 0 & 4\end{bmatrix}$

답 (1) $\begin{bmatrix}0 & 10 & 0 & 0\\-3 & 5 & 0 & 0\\0 & 0 & 16 & 7\\0 & 0 & 6 & 7\end{bmatrix}$ (2) $\begin{bmatrix}-3 & 3 & 9\\-7 & 2 & 12\\0 & 0 & 10\\0 & 0 & 14\end{bmatrix}$

07. $A=\begin{bmatrix}0 & -1\\1 & 0\end{bmatrix}$일 때 다음 물음에 답하여라.

(1) A^3을 구하여라.

(2) $A^3+A=O$임을 보여라.

(3) (2)를 이용하여 행렬 $B=\begin{bmatrix}0 & -1 & 0\\ 1 & 0 & 0\\ 0 & 0 & 0\end{bmatrix}$는 $B^3+B=O$을 만족함을 보여라.

답 (1) $A^3=\begin{bmatrix}0 & 1\\ -1 & 0\end{bmatrix}$ (2) (1)에 의하여 $A^3+A=O$임은 자명

(3) $B^3=\begin{bmatrix}0 & 1 & 0\\ -1 & 0 & 0\\ 0 & 0 & 0\end{bmatrix}$이므로 $B^3+B=O$이다.

1.2 연립1차방정식(System of Linear Equations)

행렬에 대한 연구는 "연립1차방정식의 해를 보다 간편하고 쉽게 구할 수 없을까?"라는 생각에서 시작되었다. 이 절에서는 행렬을 이용하는 연립1차방정식의 해법에 관하여 알아보자.

xy-평면에서의 한 직선과 3차원 공간상의 한 평면은 일반적으로 다음과 같은 방정식으로 나타낼 수 있다.

$$ax+by=c \qquad \text{(직선의 방정식)}$$
$$ax+by+cz=d \qquad \text{(평면의 방정식)}$$

위의 직선의 방정식을 x, y에 대한 1차방정식, 평면의 방정식을 x, y, z에 대한 1차방정식이라 한다. 일반적으로 n개의 변수 $x_1, x_2, \cdots, x_n$에 대한 1차방정식은 다음과 같이 나타난다.

$$a_1x_1+a_2x_2+\cdots+a_nx_n=b \quad (a_1,\ a_2,\ \cdots,\ a_n,\ b\text{는 실수})$$

위의 1차방정식에 $x_1=s_1, x_2=s_2, \cdots, x_n=s_n$을 대입하여 이 방정식이 만족되면 $s_1, s_2, \cdots, s_n$을 주어진 **1차방정식의 해**라하고, 이러한 모든 해들의 집합을 **해집합**(solution set)이라 한다.

2개의 미지수 x, y에 대한 1차방정식 2개로 구성된 **연립1차방정식**(이하 **연립방정식**이라고 표현)은 일반적으로 다음과 같이 쓸 수 있다.

$$\begin{cases} a_{11}x+a_{12}y=b_1 \\ a_{21}x+a_{22}y=b_2 \end{cases} \qquad a_{ij},\ b_i\text{는 실수 } (i,\ j=1,\ 2)$$

행렬연산의 정의로부터 위의 연립방정식을 다음과 같은 행렬의 형태로 바꾸어 생각해 보자.

$$\begin{cases} a_{11}x+a_{12}y=b_1 \\ a_{21}x+a_{22}y=b_2 \end{cases} \Leftrightarrow \begin{bmatrix} a_{11}x+a_{12}y \\ a_{21}x+a_{22}y \end{bmatrix} = \begin{bmatrix} b_1 \\ b_2 \end{bmatrix}$$

$$\Leftrightarrow \begin{bmatrix} a_{11} & a_{12} \\ a_{21} & a_{22} \end{bmatrix} \begin{bmatrix} x \\ y \end{bmatrix} = \begin{bmatrix} b_1 \\ b_2 \end{bmatrix}$$

여기에서 $A=\begin{bmatrix} a_{11} & a_{12} \\ a_{21} & a_{22} \end{bmatrix}$, $X=\begin{bmatrix} x \\ y \end{bmatrix}$, $B=\begin{bmatrix} b_1 \\ b_2 \end{bmatrix}$라 두면 주어진 연립방정식은 행렬방정식 $AX=B$로 나타낼 수 있다. 이때 A를 주어진 연립방정식의 **계수행렬**(coefficient matrix)이라 한다. 연립방정식의 해를 구할 때 $[A|B]=\left[\begin{array}{cc|c} a_{11} & a_{12} & b_1 \\ a_{21} & a_{22} & b_2 \end{array}\right]$를 많이 사용하게 되는데 이 행렬을 연립방정식의 **확대계수행렬**(augmented coefficient matrix)이라 한다. 일반적으로 n개의 미지수를 포함하는 m개의 방정식은 다음과 같은 형태로 나타낼 수 있다.

$$\begin{gathered} a_{11}x_1+a_{12}x_2+\cdots+a_{1n}x_n=b_1 \\ a_{21}x_1+a_{22}x_2+\cdots+a_{2n}x_n=b_2 \\ \vdots \\ a_{m1}x_1+a_{m2}x_2+\cdots+a_{mn}x_n=b_m \end{gathered}$$

이 연립방정식은 행렬의 형태인 $AX=B$로 고쳐 쓰면 다음과 같다.

$$AX=\begin{bmatrix} a_{11} & a_{12} & \cdots & a_{1n} \\ a_{21} & a_{22} & \cdots & a_{2n} \\ \vdots & \vdots & & \vdots \\ a_{m1} & a_{m2} & \cdots & a_{mn} \end{bmatrix} \begin{bmatrix} x_1 \\ x_2 \\ \vdots \\ x_n \end{bmatrix} = \begin{bmatrix} b_1 \\ b_2 \\ \vdots \\ b_m \end{bmatrix} = B$$

이 연립방정식의 확대계수행렬 $[A|B]$는 다음과 같다.(이때, 미지수의 순서는 같게 해야 한다.)

$$\left[\begin{array}{cccc|c} a_{11} & a_{12} & \cdots & a_{1n} & b_1 \\ a_{21} & a_{22} & \cdots & a_{2n} & b_2 \\ \vdots & \vdots & & \vdots & \vdots \\ a_{m1} & a_{m2} & \cdots & a_{mn} & b_m \end{array}\right]$$

$n\times 1$ 행렬 X와 B는 편의를 위하여 $\mathbf{x}$와 $\mathbf{b}$로 표기하자. 즉, $AX=B$는 $A\mathbf{x}=\mathbf{b}$로, $[A|B]$는 $[A|\mathbf{b}]$로 표기하기로 한다. 그리고 $n\times 1$ 영행렬은 $\mathbf{0}$으로 표기한다.

연립방정식을 풀 때 두 방정식의 순서를 바꾸거나, 한 방정식의 양변에 0이 아닌 상수를 곱하거나, 한 방정식을 상수 배하여 다른 방정식에 더하는 과정을 거치게 되는데, 이를 확대계수행렬에 적용하면 확대계수행렬에서 두 행의 순서를 바꾸거나, 한 행에 0이 아닌 상수를 곱하거나, 한 행을 상수 배하여 다른 행에 더하는 연산이 되고 결과적으로 얻어지는 해는 같아진다(예제 1.13).

정의 1.7 행렬에 대한 다음 세 가지 연산을 **기본행연산**(elementary row operation)이라 한다.
(1) 한 행에 0이 아닌 상수를 곱한다.
(2) 두 행의 순서를 바꾼다.
(3) 한 행을 상수 배하여 다른 행에 더한다.

연립방정식의 해를 구하기 위해 사용하는 3가지 연산은 확대계수행렬에 대한 3가지 기본행연산으로 바꾸어 생각할 수 있다.

연립방정식의 3가지 기본연산	확대계수행렬의 3가지 기본행연산
1) 두 방정식의 순서를 바꾼다.	1) 두 행의 순서를 바꾼다.
2) 한 방정식의 양변에 0 아닌 상수를 곱한다.	2) 한 행에 0 아닌 상수를 곱한다.
3) 한 방정식을 상수 배하여 다른 방정식에 더한다.	3) 한 행을 상수 배하여 다른 행에 더한다.

연립방정식의 해를 구하려면 변수를 소거해야 하는데, 이를 확대계수행렬에 적용하면 확대계수행렬의 성분들을 0으로 만들어 가는 과정과 같다. 다음 정의에서 소개되는 특별한 형태의 행렬로 고치면 연립방정식의 해를 용이하게 구할 수 있다.

정의 1.8 아래의 세 조건 (1), (2), (3)을 만족시키는 행렬을 **행사다리꼴**(row-echelon form) **행렬**이라 하고, 아래의 네 조건을 모두 만족시키는 행렬을 **기약행사다리꼴**(reduced row-echelon form) **행렬**이라 한다.
(1) 전부는 0이 아닌 행에서 0 아닌 첫 번째 숫자는 1이다(이것을 **선도 1**이라 한다).
(2) 전부 0인 행들이 있다면 이러한 행들은 행렬의 맨 아래에 모여 있다.
(3) 전부는 0이 아닌 연속되는 두 행에서, 아랫행의 선도 1은 윗행의 선도 1보다 오른쪽에 나타난다.
(4) 선도 1을 포함하는 각 열에서 선도 1을 제외한 나머지 원들은 모두 0이다.

주의 주어진 행렬의 행사다리꼴 행렬은 여러 가지 형태로 나타낼 수 있지만 기약행사다리꼴 행렬은 유일하다(증명 생략).

예제 1.12

(1) 기약행사다리꼴 행렬 : I_n, $\begin{bmatrix} 1 & 0 & 0 & 1 \\ 0 & 1 & 0 & 2 \\ 0 & 0 & 0 & 0 \end{bmatrix}$, $\begin{bmatrix} 1 & 0 & 0 & 1 \\ 0 & 1 & 0 & 2 \\ 0 & 0 & 1 & 3 \end{bmatrix}$

(2) 행사다리꼴 행렬 : 모든 기약행사다리꼴 행렬, $\begin{bmatrix} 1 & 4 & 3 & 7 \\ 0 & 1 & 6 & 2 \\ 0 & 0 & 1 & 5 \end{bmatrix}$

연립방정식을 풀기 위한 체계적인 방법인 Gauss 소거법과 Gauss-Jordan 소거법에 대해서 알아보자.

연립방정식을 풀 때 유한 번의 기본행연산을 이용하여 확대계수행렬을 행사다리꼴 행렬로 고친 후 이에 대응하는 연립방정식에서 해를 구하는 방법을 **Gauss 소거법**이라 하고, 확대계수행렬을 기약행사다리꼴 행렬로 고친 후 이에 대응하는 연립방정식에서 해를 구하는 방법을 **Gauss-Jordan 소거법**이라 한다. "Gauss-Jordan 소거법과 Gauss 소거법은 어느 방법이 해를 쉽게 구할 수 있는가?" 라는 의문은 방정식에 따라 다르기 때문에 문제를 해결하는 과정에서 여러분들이 판단하여야 할 문제이다(확대계수행렬을 기약행사다리꼴 행렬 또는 행사다리꼴 행렬로 고친 후 이에 대응하는 연립방정식에서 구한 해와 원래의 방정식에서 구한 해는 같다). 예를 들기 전에 편의를 위하여 기본행연산을 다음과 같이 표기하기로 하자.

기 호	의 미
R_{ij}	i행과 j행을 교환한다.
cR_i	i행을 c배 한다.
cR_i+R_j	i행을 c배하여 j행에 더한다.

다음 예제에서 Gauss-Jordan 소거법에 대해 자세히 알아보자.

예제 1.13

$\begin{aligned} x+y+2z&=9 \\ 2x+4y-3z&=1 \\ 3x+6y-5z&=0 \end{aligned}$ 을 Gauss-Jordan 소거법으로 풀어라.

풀이 • • •

$$\begin{aligned} x+y+2z&=9 \\ 2x+4y-3z&=1 \\ 3x+6y-5z&=0 \end{aligned} \qquad \begin{bmatrix} 1 & 1 & 2 & 9 \\ 2 & 4 & -3 & 1 \\ 3 & 6 & -5 & 0 \end{bmatrix}$$

첫 번째 방정식을 -2배하여 두 번째 방정식에 더한다. $\qquad \downarrow -2R_1+R_2$

$$\begin{aligned} x+y+2z&=9 \\ 2y-7z&=-17 \\ 3x+6y-5z&=0 \end{aligned} \qquad \begin{bmatrix} 1 & 1 & 2 & 9 \\ 0 & 2 & -7 & -17 \\ 3 & 6 & 5 & 0 \end{bmatrix}$$

첫 번째 방정식을 -3배하여 세 번째 방정식에 더한다. $\qquad \downarrow -3R_1+R_3$

$$\begin{aligned} x+y+2z&=9 \\ 2y-7z&=-17 \\ 3y-11z&=-27 \end{aligned} \qquad \begin{bmatrix} 1 & 1 & 2 & 9 \\ 0 & 2 & -7 & -17 \\ 0 & 3 & -11 & -27 \end{bmatrix}$$

두 번째 방정식에 $\frac{1}{2}$를 곱한다. $\qquad \downarrow \frac{1}{2}R_2$

$$\begin{aligned} x+y+2z&=9 \\ y-\frac{7}{2}z&=-\frac{17}{2} \\ 3y-11z&=-27 \end{aligned} \qquad \begin{bmatrix} 1 & 1 & 2 & 9 \\ 0 & 1 & -\frac{7}{2} & -\frac{17}{2} \\ 0 & 3 & -11 & -27 \end{bmatrix}$$

두 번째 방정식을 -3배하여 세 번째 방정식에 더한다. $\qquad \downarrow -3R_2+R_3$

$$\begin{aligned} x+y+2z&=9 \\ y-\frac{7}{2}z&=-\frac{17}{2} \\ -\frac{1}{2}z&=-\frac{3}{2} \end{aligned} \qquad \begin{bmatrix} 1 & 1 & 2 & 9 \\ 0 & 1 & -\frac{7}{2} & -\frac{17}{2} \\ 0 & 0 & -\frac{1}{2} & -\frac{3}{2} \end{bmatrix}$$

세 번째 방정식에 -2를 곱한다. $\qquad \downarrow -2R_3$

$$\begin{aligned} x+y+2z&=9 \\ y-\frac{7}{2}z&=-\frac{17}{2} \\ z&=3 \end{aligned} \qquad \begin{bmatrix} 1 & 1 & 2 & 9 \\ 0 & 1 & -\frac{7}{2} & -\frac{17}{2} \\ 0 & 0 & 1 & 3 \end{bmatrix}$$

두 번째 방정식을 -1배하여 첫 번째 방정식에 더한다. $\downarrow -R_2+R_1$

$$\begin{aligned} x \quad +\frac{11}{2}z &= \frac{35}{2} \\ y-\frac{7}{2}z &= -\frac{17}{2} \\ z &= 3 \end{aligned} \qquad \begin{bmatrix} 1 & 0 & \frac{11}{2} & \frac{35}{2} \\ 0 & 1 & -\frac{7}{2} & -\frac{17}{2} \\ 0 & 0 & 1 & 3 \end{bmatrix}$$

세 번째 방정식을 $-\frac{11}{2}$배하여 첫 번째 방정식에 더하고, 세 번째 방정식을 $\frac{7}{2}$배하여 두 번째 방정식에 더한다. $\downarrow -\frac{11}{2}R_3+R_1,\ \frac{7}{2}R_3+R_2$

$$\begin{aligned} x \quad &= 1 \\ y \quad &= 2 \\ z &= 3 \end{aligned} \qquad \begin{bmatrix} 1 & 0 & 0 & 1 \\ 0 & 1 & 0 & 2 \\ 0 & 0 & 1 & 3 \end{bmatrix}$$

이다. 따라서 해는 $x=1$, $y=2$, $z=3$이 된다.

위의 예제를 Gauss 소거법으로 풀려면 행사다리꼴 행렬

$$\begin{bmatrix} 1 & 1 & 2 & 9 \\ 0 & 1 & -\frac{7}{2} & -\frac{17}{2} \\ 0 & 0 & 1 & 3 \end{bmatrix}$$

에 대응되는 연립방정식을 구하여 다음과 같이 풀면 된다.

위의 행사다리꼴 행렬에 대응되는 방정식은

$$\begin{aligned} x+y+\ 2z &= 9 \\ y-\frac{7}{2}z &= -\frac{17}{2} \\ z &= 3 \end{aligned}$$

이므로 $z=3$을 두 번째 방정식에 대입하여 $y=2$를 얻고 $y=2$, $z=3$을 첫 번째 방정식에 대입하여 $x=1$을 얻는다. 이렇게 마지막 변수 z의 값부터 구하고 차례로 y, x의 값을 구해 나가는 방법을 **후방대입법**이라고 하는데 행렬을 이용하여 연립방정식을 풀 때에는 이 후방대입법이 유용하다(연립방정식을 풀 때 특히, 해가 무한히 많을 경우, 후방대입법 사용을 권장한다).

예제 1.13의 연립방정식은 단 하나의 해(유일해라고 말한다)를 가졌다. 만일 주어진 연립방정식이 해를 갖지 않는다면 이 연립방정식은 **불능**(inconsistent)이라고 말한다. 또한 해가 무한히 많은 연립방정식은 **부정**이라고 말한다. 일반적으로 방정식의 숫자가 미지수의 숫자보다 적은 경우에 연립방정식이 해를 갖는다면 이 연립방정식은 부정이 된다. 다음 예제에서 부정인 연립방정식의 해를 구해보자.

예제 1.14

연립방정식 $\begin{cases} 3x-7y+2z=4 \\ 2x-4y+\ \ z=1 \end{cases}$을 Gauss 소거법으로 풀어라.

풀이

$\begin{cases} 3x-7y+2z=4 \\ 2x-4y+\ \ z=1 \end{cases}$에 대응되는 확대계수행렬은 $\begin{bmatrix} 3 & -7 & 2 & 4 \\ 2 & -4 & 1 & 1 \end{bmatrix}$이다. 이 확대계수행렬에 기본 행연산을 시행하면 다음과 같다.

$$\begin{bmatrix} 3 & -7 & 2 & 4 \\ 2 & -4 & 1 & 1 \end{bmatrix} \xrightarrow{-R_2+R_1} \begin{bmatrix} 1 & -3 & 1 & 3 \\ 2 & -4 & 1 & 1 \end{bmatrix} \xrightarrow{-2R_1+R_2} \begin{bmatrix} 1 & -3 & 1 & 3 \\ 0 & 2 & -1 & -5 \end{bmatrix}$$

$$\xrightarrow{\frac{1}{2}R_2} \begin{bmatrix} 1 & -3 & 1 & 3 \\ 0 & 1 & -\frac{1}{2} & -\frac{5}{2} \end{bmatrix}$$

위의 연립방정식은 z가 어떠한 실수 값을 택하더라도 이에 따라 결정되는 x, y, z의 값은 주어진 연립방정식의 해이다. 따라서 매개변수 t를 이용하여 $z=t\,(t\in \boldsymbol{R})$라고 두면 연립방정식의 해는 다음과 같은 식으로 나타낼 수 있다.

$$\begin{cases} x=\frac{1}{2}t-\frac{9}{2} \\ y=\frac{1}{2}t-\frac{5}{2} \\ z=\ \ t \end{cases} \quad (t\in \boldsymbol{R})$$

참고 예제 1.13의 기하학적인 의미는 세 평면 $x+y+2z=9$, $2x+4y-3z=1$, $3x+6y-5z=0$의 교점을 구하는 문제와 같고, 예제 1.14의 기하학적인 의미는 두 평면 $3x-7y+2z=4$, $2x-4y+z=1$의 교선을 구하는 문제와 같고 교선의 방정식이 연립방정식 $\begin{cases} 3x-7y+2z=4 \\ 2x-4y+\ \ z=1 \end{cases}$의 해가 된다.

연립방정식 $A\mathbf{x}=\mathbf{b}$에서 $\mathbf{b}=\mathbf{0}$ (즉, 모든 i에 대하여 $b_i=0$)이면 **동차**(homogeneous) **연립방정식**이라 하고, $\mathbf{b}\neq\mathbf{0}$ (즉, 어떤 i에 대하여 $b_i\neq 0$)이면 **비동차**(nonhomogeneous) **연립방정식**이라 한다. 동차 연립방정식은 항상 $x_1=0,\ x_2=0,\ \cdots,\ x_n=0$인 해를 갖는데, 이 해를 **자명해**(trivial solution)라 한다.

다음 정리는 동차 연립방정식과 비동차 연립방정식의 해의 형태를 규명해 주는 중요한 정리이다.

정리 1.5 (1) 동차 연립방정식 $A\mathbf{x}=\mathbf{0}$에서 $\mathbf{x}_1,\ \mathbf{x}_2$가 해이면 임의의 상수 $c_1,\ c_2$에 대하여 $c_1\mathbf{x}_1+c_2\mathbf{x}_2$도 해가 된다.

(2) 비동차 연립방정식 $A\mathbf{x}=\mathbf{b}$에서 $\mathbf{x}_0$가 하나의 해이면, $A\mathbf{x}=\mathbf{b}$의 모든 해는 $\mathbf{x}_0+\mathbf{x}_h$ 모양이다. 여기서 $\mathbf{x}_h$는 동차 연립방정식 $A\mathbf{x}=\mathbf{0}$의 해이다.

증명 (1) $\mathbf{x}_1,\ \mathbf{x}_2$가 $A\mathbf{x}=\mathbf{0}$의 해이면 $A\mathbf{x}_1=\mathbf{0},\ A\mathbf{x}_2=\mathbf{0}$가 되어

$$\begin{aligned}A(c_1\mathbf{x}_1+c_2\mathbf{x}_2)&=A(c_1\mathbf{x}_1)+A(c_2\mathbf{x}_2)\\&=c_1A\mathbf{x}_1+c_2A\mathbf{x}_2=c_1\mathbf{0}+c_2\mathbf{0}=\mathbf{0}+\mathbf{0}\\&=\mathbf{0}\end{aligned}$$

이다.

(2) $\mathbf{x}_1$을 비동차 연립방정식 $A\mathbf{x}=\mathbf{b}$의 임의의 해라고 하면 $A\mathbf{x}_1=\mathbf{b}$이다. $\mathbf{x}_0$가 또 다른 하나의 해라고 하면 $A\mathbf{x}_0=\mathbf{b}$이다. 그러므로

$$A(\mathbf{x}_1-\mathbf{x}_0)=A\mathbf{x}_1-A\mathbf{x}_0=\mathbf{b}-\mathbf{b}=\mathbf{0}$$

이다. 따라서 $\mathbf{x}_1-\mathbf{x}_0$는 $A\mathbf{x}=\mathbf{0}$의 해가 된다. 이 해를 $\mathbf{x}_h$라 두면

$$\mathbf{x}_1=\mathbf{x}_0+\mathbf{x}_h$$

가 된다. ∎

정리 1.6 연립 1차방정식은 해를 갖지 않거나, 해를 갖는다면 하나의 해만을 갖거나 무한히 많은 해를 갖는다.

증명 $A\mathbf{x}=\mathbf{b}$가 연립방정식이면 다음 중 하나가 성립함은 분명하다.

(1) 방정식이 해를 갖지 않는다.

(2) 방정식이 단 하나의 해를 갖는다.
(3) 방정식이 두 개 이상의 해를 갖는다.
그러므로 방정식이 두 개 이상의 해를 갖는다면 무한히 많은 해를 갖는다는 것을 보이자.
$\mathbf{x}_1$, $\mathbf{x}_2$가 $A\mathbf{x}=\mathbf{b}$의 서로 다른 해라고 가정하면

$$A\mathbf{x}_1=\mathbf{b},\ A\mathbf{x}_2=\mathbf{b}$$

이다. 따라서

$$A\mathbf{x}_1-A\mathbf{x}_2=A(\mathbf{x}_1-\mathbf{x}_2)=\mathbf{b}-\mathbf{b}=\mathbf{0}$$

이 된다. 이제 $\mathbf{x}_0=\mathbf{x}_1-\mathbf{x}_2$라 두고 k를 임의의 실수라 하면

$$A(\mathbf{x}_1+k\mathbf{x}_0)=A\mathbf{x}_1+k(A\mathbf{x}_0)=\mathbf{b}+k\mathbf{0}=\mathbf{b}$$

가 되어 $\mathbf{x}_1+k\mathbf{x}_0$가 $A\mathbf{x}=\mathbf{b}$의 해가 된다. k가 임의의 실수이므로 $A\mathbf{x}=\mathbf{b}$는 무한히 많은 해를 갖는다. ▮

연습문제 1.2

1. $\begin{bmatrix} 0 & 0 & -2 & 0 & 7 & 12 \\ 2 & 4 & -10 & 6 & 12 & 28 \\ 2 & 4 & -5 & 6 & -5 & 1 \end{bmatrix}$을 기약행사다리꼴 행렬로 고쳐라.

2. $ad-bc \neq 0$이면 $\begin{bmatrix} a & b \\ c & d \end{bmatrix}$의 기약행사다리꼴 행렬은 $\begin{bmatrix} 1 & 0 \\ 0 & 1 \end{bmatrix}$이 됨을 보여라.

3. $ad-bc \neq 0$이면, 다음의 연립방정식은 단 하나의 해를 가짐을 보여라.

$$\begin{aligned} ax+by&=k \\ cx+dy&=l \end{aligned}$$

4. 다음의 동차 연립방정식이 비자명해를 갖도록 λ의 값을 결정하여라.

$$\begin{aligned} (\lambda-3)x+y&=0 \\ x+(\lambda-3)y&=0 \end{aligned}$$

5. 동차 연립방정식 $\begin{cases} x+6y-2z=0 \\ 2x-4y+z=0 \end{cases}$의 해를 구하여라.

6. 다음의 연립방정식을 행렬방정식으로 고치고 각 행렬방정식의 확대계수행렬을 구하여라.

(1) $\begin{cases} a_{11}x_1+a_{12}x_2=b_1 \\ a_{21}x_1+a_{22}x_2=b_2 \\ a_{31}x_1+a_{32}x_2=b_3 \end{cases}$ (2) $\begin{cases} x+y+z=5 \\ x-2y+z=2 \\ 3x+2y-z=2 \end{cases}$

(3) $\begin{cases} 2x+3y+2z+5w=12 \\ 3x+6y+2z+4w=15 \end{cases}$ (4) $\begin{cases} (\lambda-1)x+y=0 \\ 2x+(\lambda-2)y=0 \end{cases}$

7. 다음 연립방정식을 Gauss-Jordan 소거법으로 풀어라.

(1) $\begin{cases} 2x-y=-2 \\ 2x+y=1 \\ 3x+2y=1 \end{cases}$ (2) $\begin{cases} x+2y+3z=1 \\ 2x+5y+3z=2 \\ x+8z=3 \end{cases}$

8. 문제7을 Gauss소거법으로 풀어라.

9. 연립방정식 $\begin{cases} x+2y-3z=4 \\ 3x-y+5z=2 \\ 4x+y+(a^2-14)z=a+2 \end{cases}$ 의 해는 a의 값에 따라 다르다.

(1) a가 어떤 값을 가질 때 해가 존재하지 않는가?

(2) a가 어떤 값을 가질 때 무한히 많은 해가 존재하는가?

(3) a가 어떤 값을 가질 때 유일한 해가 존재하는가?

10. 분수를 유발시키지 말고 $\begin{bmatrix} 2 & 1 & 3 \\ 0 & -2 & 7 \\ 3 & 4 & 5 \end{bmatrix}$을 기약행사다리꼴 행렬로 고쳐라.

11. 행렬 $\begin{bmatrix} 1 & 3 \\ 2 & 7 \end{bmatrix}$의 서로 다른 두 개의 행사다리꼴 행렬을 찾아라.

12. 연립방정식 $\begin{cases} 2\sin\alpha - \cos\beta + 3\tan\gamma = 3 \\ 4\sin\alpha + 2\cos\beta - 2\tan\gamma = 2 \\ 6\sin\alpha - 3\cos\beta + \tan\gamma = 9 \end{cases}$을 풀어라.

단, α, β, γ는 $0 \le \alpha$, $\beta \le 2\pi$, $0 \le \gamma < \dfrac{\pi}{2}$을 만족하는 미지수이다.

보충문제 1.2

01. 연립방정식 $a_1x+b_1y=c_1,\ a_2x+b_2y=c_2$의 확대계수행렬을 구하여라.

답 $\left[\begin{array}{cc|c} a_1 & b_1 & c_1 \\ a_2 & b_2 & c_2 \end{array}\right]$

02. 다음 행렬의 기약행사리꼴 행렬을 구하여라.

(1) $\begin{bmatrix} 1 & 4 & 1 & 3 \\ 2 & 8 & 3 & 5 \\ 1 & 4 & 2 & 7 \end{bmatrix}$

(2) $\begin{bmatrix} 0 & -3 & 6 & 1 & 6 \\ 0 & -1 & 4 & 1 & 5 \\ 0 & -1 & 2 & 1 & 4 \\ 0 & 4 & -7 & 0 & 5 \end{bmatrix}$

(3) $\begin{bmatrix} 0 & 4 & 3 & 2 & 1 \\ 0 & 0 & 0 & 2 & 1 \\ 0 & 0 & 3 & 2 & 1 \\ 0 & 0 & 0 & 0 & 1 \\ 5 & 4 & 3 & 2 & 1 \end{bmatrix}$

답 (1) $\begin{bmatrix} 1 & 4 & 0 & 1 \\ 0 & 0 & 1 & 0 \\ 0 & 0 & 0 & 1 \end{bmatrix}$ (2) $\begin{bmatrix} 0 & 1 & 0 & 0 & 0 \\ 0 & 0 & 1 & 0 & 0 \\ 0 & 0 & 0 & 1 & 0 \\ 0 & 0 & 0 & 0 & 1 \end{bmatrix}$

(3) I_5

03. 다음 연립방정식의 해를 구하여라.

(1) $x+y+z=0$

(2) $\begin{cases} x+2y+z=0 \\ \quad\ \ 2y+z=1 \end{cases}$

(3) $\begin{cases} x+2y-\ z=0 \\ 3x+5y-2z=1 \end{cases}$

답 (1) $\begin{cases} x=-r-s \\ y=r \\ z=s \end{cases}\quad (r,\ s\in \boldsymbol{R})$

(2) $\begin{cases} x=-1 \\ y=-\dfrac{1}{2}r+\dfrac{1}{2} \\ z=r \end{cases}\quad (r\in \boldsymbol{R})$

(3) $\begin{cases} x=-r+3 \\ y=r-2 \\ z=r \end{cases} \quad (r \in \boldsymbol{R})$

04. 문제 3.의 연립방정식의 해를 기하학적으로 설명하여라.

답 (1) 원점을 지나는 평면 $x+y+z=0$상의 점들의 집합

(2) 두 평면 $x+2y+z=0$과 $2y+z=1$의 교선상의 점들의 집합

(3) 두 평면 $x+2y-z=0$과 $3x+5y-2z=1$의 교선상의 점들의 집합

05. 다음 연립방정식을 Gauss 소거법으로 풀어라.

(1) $\begin{cases} x+2y-z=1 \\ 2x-y+z=3 \\ -x+2y+3z=7 \end{cases}$

(2) $\begin{cases} y+z+w=0 \\ 3x+3z-4w=7 \\ x+y+z+2w=6 \\ 2x+3y+z+3w=6 \end{cases}$

(3) $\begin{cases} x-3y-2z=1 \\ 2x+6y-3z+4w=4 \\ 3x-9y-4z+8w=7 \end{cases}$

(4) $\begin{cases} 3x+4y-2z=4 \\ 2x+3y+2z=1 \\ 4x+5y-6z=8 \end{cases}$

(5) $\begin{cases} x-y+2z-w=-1 \\ 2x+y-2z-2w=-2 \\ -x+2y-4z+w=1 \end{cases}$

(6) $\begin{cases} x+y+z+w=1 \\ x+y+w=2 \\ x+z+w=3 \\ 3x+2y+2z+3w=6 \end{cases}$

답 (1) $x=1,\ y=1,\ z=2$

(2) $x=4,\ y=-3,\ z=1,\ w=2$

(3) $x=3s-8t+5,\ y=s,\ z=-4t+2,\ w=t\ (s,\ t \in \boldsymbol{R})$

(4) 해가 없다.

(5) $x=t-1,\ y=2s,\ z=s,\ w=t\ (s,\ t \in \boldsymbol{R})$

(6) $x=-t+4,\ y=-2,\ z=-1,\ w=t\ (t \in \boldsymbol{R})$

06. 세직선 $ax+by=0$, $cx+dy=0$, $ex+fy=0$이 자명해만을 갖는 경우와 비자명해를 갖는 경우에 대하여 상대적인 위치를 기하학적으로 설명하여라.

답 세 직선이 동일한 기울기를 가질 때 (무한히 많은) 비자명해를 갖고, 하나 이상의 직선이 다른 직선들과 기울기가 다를 때 자명해만 갖는다.

07. 다음 연립방정식들이 해를 가지기 위한 a, b, c의 조건을 구하여라.

(1) $\begin{cases} -x-\ \ y=a \\ \ \ x+2y=b \\ \ \ x-\ \ y=c \end{cases}$　　(2) $\begin{cases} 3x+\qquad 4z=a \\ \ \ x-\ y+\ \ z=b \\ 2x+\ y+3z=c \end{cases}$

(3) $\begin{cases} \ \ \ x+3y+4z=a \\ -4x+2y-6z=b \\ -3x-2y-7z=c \end{cases}$

답 (1) $c=3a-2b$　　(2) $a=b+c$

(3) $a-\dfrac{1}{2}b+c=0$

08. 연립방정식 $\begin{cases} x+ay=1 \\ 2x+3y=b \end{cases}$가 해를 가지지 않을 a, b의 조건을 구하여라.

답 $a=\dfrac{3}{2}$, $b\neq 2$

09. 연립방정식 $\begin{cases} x_1+6x_2+2x_3-5x_4-2x_5=-4 \\ \qquad\qquad 2x_3-8x_4-\ x_5=\ \ 3 \\ \qquad\qquad\qquad\qquad\quad x_5=\ \ 7 \end{cases}$에 대하여 다음 물음에 답하여라.

(1) 계수행렬을 A라 할 때 A의 기약행사리꼴 행렬을 구하여라.

(2) $\mathbf{x}=\begin{bmatrix} x_1 \\ x_2 \\ x_3 \\ x_4 \\ x_5 \end{bmatrix}$라 할 때 $A\mathbf{x}=\mathbf{0}$의 해를 구하여라.

(3) $\mathbf{b}=\begin{bmatrix} -4 \\ 3 \\ 7 \end{bmatrix}$이라 할 때 $\mathbf{x}_1=\begin{bmatrix} 0 \\ 0 \\ 5 \\ 0 \\ 7 \end{bmatrix}$은 $A\mathbf{x}=\mathbf{b}$의 해가 된다. $\mathbf{x}_1$을 이용하여 $A\mathbf{x}=\mathbf{b}$의 모든 해를 구하여라.

답 (1) $\begin{bmatrix} 1 & 6 & 0 & 3 & 0 \\ 0 & 0 & 1 & -4 & 0 \\ 0 & 0 & 0 & 0 & 1 \end{bmatrix}$　　(2) $\mathbf{x}=\begin{bmatrix} -6 \\ 1 \\ 0 \\ 0 \\ 0 \end{bmatrix}t+\begin{bmatrix} -3 \\ 0 \\ 4 \\ 1 \\ 0 \end{bmatrix}s$, $(s,\ t\in \boldsymbol{R})$

(3) $\mathbf{x}=\begin{bmatrix} 0 \\ 0 \\ 5 \\ 0 \\ 7 \end{bmatrix}+\begin{bmatrix} -6 \\ 1 \\ 0 \\ 0 \\ 0 \end{bmatrix}t+\begin{bmatrix} -3 \\ 0 \\ 4 \\ 1 \\ 0 \end{bmatrix}s$, $(s,\ t\in \boldsymbol{R})$

10. A 연대에서 이달에 각 대대에 공급할 소모품을 다음과 같이 구입하였다.

	구입총액	A4 용지	청소용 세제	토너	지우개
1대대	96,000원	1권	1통	6개	6개
2대대	80,000원	1권	1통	5개	4개
3대대	82,000원	1권	2통	5개	6개
연대본부	71,000원	2권	3통	4개	8개

(1) A4 용지의 단가를 x_1, 청소용세제의 단가를 x_2, 토너의 단가를 x_3, 지우개의 단가를 x_4라 할 때, x_1, x_2, x_3, x_4를 구하기 위한 연립방정식을 세워라.

(2) (1)의 확대계수행렬의 기약행사리꼴 행렬을 구하여라.

(3) 토너의 단가를 구하여라.

답 (1) $\begin{cases} x_1 + x_2 + 6x_3 + 6x_4 = 96000 \\ x_1 + x_2 + 5x_3 + 4x_4 = 80000 \\ x_1 + 2x_2 + 5x_3 + 6x_4 = 82000 \\ 2x_1 + 3x_2 + 4x_3 + 8x_4 = 71000 \end{cases}$ (2) $\begin{bmatrix} 1 & 0 & 0 & 0 & 2000 \\ 0 & 1 & 0 & 0 & 1000 \\ 0 & 0 & 1 & 0 & 15000 \\ 0 & 0 & 0 & 1 & 500 \end{bmatrix}$

(3) 15,000원

1.3 기본행렬과 역행렬

이 절에서는 1.1절에서 정의한 가역행렬의 역행렬을 구하는 한 방법과 이를 연립방정식에 응용하여 해를 구하는 방법에 대해 알아보자.

정의 1.9 단위행렬 I에 단 한 번 기본행연산을 적용하여 얻은 행렬 E를 기본행렬(elementary matrix)이라 한다.

예제 1.15

다음 행렬들은 모두 기본행렬들이다.

(1) I_2의 2행을 -3배한 행렬 $\begin{bmatrix} 1 & 0 \\ 0 & -3 \end{bmatrix}$

(2) I_4의 2행과 4행을 바꾼 행렬 $\begin{bmatrix} 1 & 0 & 0 & 0 \\ 0 & 0 & 0 & 1 \\ 0 & 0 & 1 & 0 \\ 0 & 1 & 0 & 0 \end{bmatrix}$

(3) I_3의 1행을 1배한 행렬 $\begin{bmatrix} 1 & 0 & 0 \\ 0 & 1 & 0 \\ 0 & 0 & 1 \end{bmatrix}$

(4) I_3의 3행을 3배하여 1행에 더한 행렬 $\begin{bmatrix} 1 & 0 & 3 \\ 0 & 1 & 0 \\ 0 & 0 & 1 \end{bmatrix}$

행렬 A에 기본행렬 E를 좌측에 곱하는 것은 행렬 I에서 E를 얻을 때 적용한 기본행연산을 A에 적용하는 것과 같은 결과를 얻는다. 이러한 사실을 다음 예제로 확인해 보자.

예제 1.16

행렬 $A=\begin{bmatrix}1 & 0 & 2 & 3\\ 2 & -1 & 3 & 6\\ 1 & 4 & 4 & 0\end{bmatrix}$이 주어져 있다. I_3의 1행을 3배하여 3행에 더한 기본행렬 E는 다음과 같다.

$$E=\begin{bmatrix}1 & 0 & 0\\ 0 & 1 & 0\\ 3 & 0 & 1\end{bmatrix}$$

곱 EA는

$$EA=\begin{bmatrix}1 & 0 & 2 & 3\\ 2 & -1 & 3 & 6\\ 4 & 4 & 10 & 9\end{bmatrix}$$

가 된다. 이것은 A의 1행을 3배하여 3행에 더한 것과 같다.

예제 1.16과 같은 성질은 임의의 행렬 A에 대해서도 성립하는데 다음의 정리와 같이 요약된다.

정리 1.7 E는 I에 어떤 기본행연산을 해서 얻은 행렬이라 할 때 EA는 A에 E를 얻을 때 행한 기본행연산을 똑같이 시행하여 얻은 행렬이다.

주의 정리 1.7은 이론적으로 중요한 성질을 내포하고 있는데, 행렬연산이나, 연립방정식을 계산할 때 이 정리를 이용할 수 있다. 그러나 실제 계산에 있어서는 기본행렬을 주어진 행렬의 좌측에 곱하는 것 보다 직접 주어진 행렬에 기본행연산을 하는 것이 더 바람직하다.

만일 단위행렬 I에 기본행연산을 하여 기본행렬 E를 구했다면, E에 기본행연산을 적용하여 단위행렬 I를 다시 구할 수 있다. 예를 들면, E는 단위행렬 I의 i행에 영이 아닌 상수 c를 곱하여 얻어진 행렬이라면, E의 i행을 $1/c$배하여 다시 I를 구할 수 있다. 이러한 연산을 주어진 기본행연산에 대한 **기본행역연산**이라 한다. [그림 1.3]은 이를 간단하게 나타낸 것이다.

$$I \xrightarrow{\text{기본행연산}} E \Leftrightarrow E \xrightarrow{\text{기본행역연산}} I$$

[그림 1.3]

다음은 기본행연산에 대응되는 기본행역연산과의 관계이다.

기본행연산	대응되는 기본행역연산
R_{ij}	R_{ji}
cR_i	$\frac{1}{c}R_i$
cR_i+R_j	$-cR_i+R_j$

이제 기본행렬의 성질에 대하여 연구해보자. 다음 정리는 기본행렬의 중요한 성질을 말해준다.

정리 1.8 기본행렬 E는 가역행렬이고, E^{-1}도 기본행렬이다.

증명 E를 기본행렬이라 하자. E_0는 I에 기본행연산의 역연산을 실시하여 얻어진 행렬이라 하면, E_0도 기본행렬이다. 따라서

$$E_0E=I,\ EE_0=I$$

가 되므로 E는 가역행렬이고 E^{-1}는 기본행렬 E_0이다. ∎

행렬 A가 유한 번의 기본행연산으로 행렬 B로 바뀐다면 B에 유한 번의 기본행역연산을 시행하여 다시 A를 구할 수 있다. 이 경우 A와 B는 **행동치**(row equivalence)라고 한다. 즉, 유한 번의 기본행연산에 의하여 서로 구할 수 있는 행렬들은 행동치이다. A와 B가 행동치일 때 $A \sim B$로 표기하기로 하자

다음 정리는 행렬과 연립방정식의 기본관계를 나타내고 있다. 이 정리는 앞으로 여러 차례 반복되므로 매우 중요하다.

정리 1.9 A가 n차 정방행렬일 때, 다음 명제들은 서로 동치이다.

(1) A는 가역행렬이다.

(2) $A\mathbf{x}=\mathbf{0}$는 자명해만 갖는다.

(3) $A \sim I_n$.

증명 (1) ⇒ (2) ⇒ (3) ⇒ (1)의 순서로 동치임을 증명하겠다.

(1) ⇒ (2) A를 가역행렬, $\mathbf{x}_0$를 $A\mathbf{x}=\mathbf{0}$의 해라고 하면, $A\mathbf{x}_0=\mathbf{0}$이 되고 이 식의 양변에 A^{-1}를 곱하면

$$A^{-1}(A\mathbf{x}_0)=(A^{-1}A)\mathbf{x}_0=I\mathbf{x}_0=A^{-1}\mathbf{0}=\mathbf{0}$$

이다. 즉, $\mathbf{x}_0=\mathbf{0}$를 얻는다. 결국 $A\mathbf{x}=\mathbf{0}$는 자명해만 갖는다는 것을 의미한다.

(2) ⇒ (3) $A\mathbf{x}=\mathbf{0}$은 다음 연립방정식을 의미한다.

$$\begin{array}{c} a_{11}x_1+a_{12}x_2+\cdots+a_{1n}x_n=0 \\ a_{21}x_1+a_{22}x_2+\cdots+a_{2n}x_n=0 \\ \vdots \\ a_{n1}x_1+a_{n2}x_2+\cdots+a_{nn}x_n=0 \end{array} \Rightarrow \left[\begin{array}{cccc|c} a_{11} & a_{12} & \cdots & a_{1n} & 0 \\ a_{21} & a_{22} & \cdots & a_{2n} & 0 \\ \vdots & \vdots & \vdots & \vdots & \vdots \\ a_{n1} & a_{n2} & \cdots & a_{nn} & 0 \end{array}\right]$$

이 연립방정식이 자명해만 갖는다고 가정하고 Gauss-Jordan 소거법으로 풀면, 확대계수행렬의 기약행사다리꼴 행렬에 상응하는 연립방정식은 다음과 같다.

$$\begin{array}{llll} x_1 & & & =0 \\ & x_2 & & =0 \\ & & \ddots & \vdots \\ & & & x_n=0 \end{array} \Rightarrow \left[\begin{array}{cccc|c} 1 & 0 & \cdots & 0 & 0 \\ 0 & 1 & \cdots & 0 & 0 \\ \vdots & \vdots & \ddots & \vdots & \vdots \\ 0 & 0 & \cdots & 1 & 0 \end{array}\right]$$

마지막 열을 무시하면 A가 I_n으로 변형되어 결국 A와 I_n은 행동치이다.

(3) ⇒ (1) A가 I_n과 행동치라면, $E_k \cdots E_2E_1A=I_n$이므로

$$A=E_1^{-1}E_2^{-1}\cdots E_k^{-1}I_n=E_1^{-1}E_2^{-1}\cdots E_k^{-1} \tag{1.1}$$

이다. 즉, A는 가역행렬의 곱이므로 A는 가역행렬이다. ∎

주의 I_n은 기약행사다리꼴 행렬이고, 행렬 A의 기약행사다리꼴 행렬은 유일하므로 정리 1.9의 (3)은 A의 기약행사다리꼴 행렬이 I_n이라는 것을 의미한다.

정리 1.9의 증명에서 식 (1.1)의 양변을 변형시키면 $A^{-1}=E_k \cdots E_2E_1I_n$이다. 즉, 기본행렬 $E_1, E_2, \cdots, E_k$를 I_n의 왼쪽에 연속적으로 곱하면 A^{-1}를 구할 수 있다. 따라서 A에서 I_n을 얻기 위한 유한 번의 기본행연산을 동일하게 I_n에 실시하면 A^{-1}가 얻어진

다. 예제 1.17과 예제 1.18에서 이러한 사실들을 확인해 보자.

예제 1.17

$A=\begin{bmatrix}1 & 4\\ 3 & -2\end{bmatrix}$의 역행렬을 구하여라.

풀이 • • •

$$[A|I_2]=\left[\begin{array}{cc|cc}1 & 4 & 1 & 0\\ 3 & -2 & 0 & 1\end{array}\right]\xrightarrow{-3R_1+R_2}\left[\begin{array}{cc|cc}1 & 4 & 1 & 0\\ 0 & -14 & -3 & 1\end{array}\right]$$

$$\xrightarrow{-\frac{1}{14}R_2}\left[\begin{array}{cc|cc}1 & 4 & 1 & 0\\ 0 & 1 & \frac{3}{14} & -\frac{1}{14}\end{array}\right]\xrightarrow{-4R_2+R_1}\left[\begin{array}{cc|cc}1 & 0 & \frac{1}{7} & \frac{2}{7}\\ 0 & 1 & \frac{3}{14} & -\frac{1}{14}\end{array}\right]$$

$$=[I_2|A^{-1}]$$

이다. 따라서

$$A^{-1}=\begin{bmatrix}\frac{1}{7} & \frac{2}{7}\\ \frac{3}{14} & -\frac{1}{14}\end{bmatrix}$$

이다.

예제 1.18

$A=\begin{bmatrix}1 & 2 & 3\\ 2 & 5 & 3\\ 1 & 0 & 8\end{bmatrix}$의 역행렬을 구하여라.

풀이 • • •

$$\left[\begin{array}{ccc|ccc}1 & 2 & 3 & 1 & 0 & 0\\ 2 & 5 & 3 & 0 & 1 & 0\\ 1 & 0 & 8 & 0 & 0 & 1\end{array}\right]\xrightarrow{-2R_1+R_2}\left[\begin{array}{ccc|ccc}1 & 2 & 3 & 1 & 0 & 0\\ 0 & 1 & -3 & -2 & 1 & 0\\ 0 & -2 & 5 & -1 & 0 & 1\end{array}\right]$$

$$\xrightarrow{2R_2+R_3}\left[\begin{array}{ccc|ccc}1 & 2 & 3 & 1 & 0 & 0\\ 0 & 1 & -3 & -2 & 1 & 0\\ 0 & 0 & -1 & -5 & 2 & 1\end{array}\right]\xrightarrow{-R_3}\left[\begin{array}{ccc|ccc}1 & 2 & 3 & 1 & 0 & 0\\ 0 & 1 & -3 & -2 & 1 & 0\\ 0 & 0 & 1 & 5 & -2 & -1\end{array}\right]$$

$$\xrightarrow[3R_3+R_2]{-3R_3+R_1}\left[\begin{array}{ccc|ccc}1 & 2 & 0 & -14 & 6 & 3\\ 0 & 1 & 0 & 13 & -5 & -3\\ 0 & 0 & 1 & 5 & -2 & -1\end{array}\right]\xrightarrow{-2R_2+R_1}\left[\begin{array}{ccc|ccc}1 & 0 & 0 & -40 & 16 & 9\\ 0 & 1 & 0 & 13 & -5 & -3\\ 0 & 0 & 1 & 5 & -2 & -1\end{array}\right]$$

이다. 따라서

$$A^{-1} = \begin{bmatrix} -40 & 16 & 9 \\ 13 & -5 & -3 \\ 5 & -2 & -1 \end{bmatrix}$$

이다.

"주어진 행렬이 가역행렬인 경우에는 그 역행렬을 위의 예제와 같이 구할 수 있지만 주어진 행렬이 가역행렬인지 아닌지는 어떻게 알 수 있을까?"라는 의문이 생김은 당연하다. 다음 예제에서 이에 대한 답을 구해보자.

예제 1.19

행렬 $A = \begin{bmatrix} 1 & 6 & 4 \\ 2 & 4 & -1 \\ -1 & 2 & 5 \end{bmatrix}$는 가역행렬이 아님을 알아보자.

행렬 A가 가역행렬이라고 가정하고 예제 1.18의 과정을 이 행렬에 적용하면

$$\left[\begin{array}{rrr|rrr} 1 & 6 & 4 & 1 & 0 & 0 \\ 2 & 4 & -1 & 0 & 1 & 0 \\ -1 & 2 & 5 & 0 & 0 & 1 \end{array}\right] \xrightarrow[R_1+R_3]{-2R_1+R_2} \left[\begin{array}{rrr|rrr} 1 & 6 & 4 & 1 & 0 & 0 \\ 0 & -8 & -9 & -2 & 1 & 0 \\ 0 & 8 & 9 & 1 & 0 & 1 \end{array}\right]$$

$$\xrightarrow{R_2+R_3} \left[\begin{array}{rrr|rrr} 1 & 6 & 4 & 1 & 0 & 0 \\ 0 & -8 & -9 & -2 & 1 & 0 \\ 0 & 0 & 0 & -1 & 1 & 1 \end{array}\right]$$

이 되어 왼쪽의 행렬에서 전부 0인 행이 나타나게 되어 I_n으로 변형될 수 없다. 따라서 A는 가역행렬이 아니다.

행렬을 사용하거나 응용하는 분야는 우리의 상상을 초월할 정도로 많다. 다음 예제는 행렬이 응용되는 한 예가 된다. 이외에도 우리 주변에서 행렬이 응용되는 여러 가지 예를 쉽게 찾아볼 수 있다.

예제 1.20 암호에의 응용

공란 $=0$, $a=1$, $b=2$, $\cdots$, $z=26$이라 두면 linear algebra에 대응하는 숫자들은 12, 9, 14, 5, 1, 18, 0, 1, 12, 7, 5, 2, 18, 1, 0이다. 이렇게 암호를 만들면 너무 쉽

게 암호가 해독되므로 이들 숫자를 3개씩 묶어 생각하는 방법(암호화 비밀키가 $n\times n$ 행렬인 경우에는 숫자를 n개씩 묶어 생각)을 생각해보자.

$$\mathbf{u}=[12 \quad 9 \quad 14],\ \mathbf{v}=[5 \quad 1 \quad 18],\ \mathbf{w}=[0 \quad 1 \quad 12],\ \mathbf{x}=[7 \quad 5 \quad 2],\ \mathbf{y}=[18 \quad 1 \quad 0]$$

라 두고 여기에 당사자들만 아는 암호화 비밀 키를

$$A=\begin{bmatrix}1 & 2 & 3\\ 2 & 5 & 3\\ 1 & 0 & 8\end{bmatrix}$$

이라 두면

$$\mathbf{u}A=[44 \quad 69 \quad 175],\ \mathbf{v}A=[25 \quad 15 \quad 162],\ \mathbf{w}A=[13 \quad 5 \quad 99],$$
$$\mathbf{x}A=[19 \quad 39 \quad 52],\ \mathbf{y}A=[20 \quad 41 \quad 57]$$

이 되므로 암호문은 44, 69, 175, 25, 15, 162, 13, 5, 99, 19, 39, 52, 20, 41, 57이 된다. 이 암호문을 해독하려면 각 식의 양변에 A^{-1}를 곱하면 된다. 즉,

$$\mathbf{u}AA^{-1}=[12 \quad 9 \quad 14],\ \mathbf{v}AA^{-1}=[5 \quad 1 \quad 18],\ \mathbf{w}AA^{-1}=[0 \quad 1 \quad 12],$$
$$\mathbf{x}AA^{-1}=[7 \quad 5 \quad 2],\ \mathbf{y}AA^{-1}=[18 \quad 1 \quad 0]$$

이다. 따라서 해독된 평문은 12, 9, 14, 5, 1, 18, 0, 1, 12, 7, 5, 2, 18, 1, 0이 된다. 이들을 알파벳에 대응시키면 linear algebra이다(연습문제 4, 5. 참조).

다음 정리는 연립방정식을 행렬방정식으로 고쳤을 때 계수행렬이 가역행렬이라면 Gauss-Jordan 소거법이나 Gauss 소거법보다 더 효과적인 연립방정식의 해법을 제시해 준다.

정리 1.10 A가 $n\times n$ 가역행렬이면, 임의의 $n\times 1$ 행렬 $\mathbf{b}$에 대하여 연립방정식 $A\mathbf{x}=\mathbf{b}$는 단 하나의 해 $\mathbf{x}=A^{-1}\mathbf{b}$를 갖는다.

증명 $A(A^{-1}\mathbf{b})=\mathbf{b}$ 이므로 $\mathbf{x}=A^{-1}\mathbf{b}$는 $A\mathbf{x}=\mathbf{b}$의 해가 된다. 또한 $\mathbf{x}_0$를 $A\mathbf{x}=\mathbf{b}$의 임의의 해라 하면, $A\mathbf{x}_0=\mathbf{b}$의 양변에 A^{-1}를 곱하여 계산하면 $\mathbf{x}_0=A^{-1}\mathbf{b}$ 가 된다. 따라서 $A\mathbf{x}=\mathbf{b}$는 단 하나의 해 $\mathbf{x}=A^{-1}\mathbf{b}$를 갖는다. ∎

정리 1.10은 가역행렬 A가 가역행렬일 때 다음과 같은 연립방정식을 푸는데 아주 유용하게 쓰인다.

$$A\mathbf{x}=\mathbf{b}_1,\ A\mathbf{x}=\mathbf{b}_2,\ \cdots,\ A\mathbf{x}=\mathbf{b}_k$$

정리 1.10을 이용하여 연립방정식의 해를 구하는 예제에서 살펴보자.

예제 1.21

연립방정식

$$\begin{aligned} x_1+2x_2+3x_3 &= 5 \\ 2x_1+5x_2+3x_3 &= 3 \\ x_1 \qquad\ +8x_3 &= 17 \end{aligned}$$

은 $A\mathbf{x}=\mathbf{b}$의 꼴로 쓰면 다음과 같다.

$$\begin{bmatrix} 1 & 2 & 3 \\ 2 & 5 & 3 \\ 1 & 0 & 8 \end{bmatrix}\begin{bmatrix} x_1 \\ x_2 \\ x_3 \end{bmatrix}=\begin{bmatrix} 5 \\ 3 \\ 17 \end{bmatrix}$$

예제 1.18에서 A는 가역행렬이고

$$A^{-1}=\begin{bmatrix} -40 & 16 & 9 \\ 13 & -5 & -3 \\ 5 & -2 & -1 \end{bmatrix}$$

이 됨을 알았다. 정리 1.10을 적용하면 이 방정식의 해는

$$\mathbf{x}=A^{-1}\mathbf{b}=\begin{bmatrix} -40 & 16 & 9 \\ 13 & -5 & -3 \\ 5 & -2 & -1 \end{bmatrix}\begin{bmatrix} 5 \\ 3 \\ 17 \end{bmatrix}=\begin{bmatrix} 1 \\ -1 \\ 2 \end{bmatrix}$$

또는 $x_1=1,\ x_2=-1,\ x_3=2$이다.

지금까지는 $n\times n$ 행렬 A가 가역행렬임을 보이기 위해서는 $AB=BA=I$가 되는 $n\times n$ 행렬 B를 구하여야 했지만 다음 정리는 이를 간단하게 만들어 준다.

정리 1.11 A가 정방행렬이면 다음이 성립한다.

(1) 정방행렬 B가 $BA=I$를 만족하면, $B=A^{-1}$이다.

(2) 정방행렬 B가 $AB=I$를 만족하면, $B=A^{-1}$이다.

증명 (1)만 증명하고 (2)는 독자에게 맡긴다.

(1) A가 가역행렬임을 보이는 것은 $A\mathbf{x}=\mathbf{0}$가 자명해만 갖는다는 것을 보이는 것으로 충분하다.

$A\mathbf{x}=\mathbf{0}$의 양변에 B를 곱하고 $BA=I$를 대입하여 간단하게 하면 $\mathbf{x}=\mathbf{0}$이 된다. 따라서 $A\mathbf{x}=\mathbf{0}$는 자명해만 갖는다. ∎

정리 1.11을 이용하면 정리 1.9의 (1), (2), (3)과 동치인 네 번째 결과를 덧붙여 다음 정리를 얻을 수 있다.

정리 1.12 A가 $n\times n$행렬일 때, 다음은 서로 동치이다.

(1) A는 가역행렬이다.

(2) $A\mathbf{x}=\mathbf{0}$는 자명해만 갖는다.

(3) $A\sim I_n$.

(4) $A\mathbf{x}=\mathbf{b}$는 모든 $n\times 1$행렬 $\mathbf{b}$에 대하여 단 하나의 해를 갖는다.

증명 (1), (2), (3)이 서로 동치임은 정리 1.9에서 보였다. (1) ⇔ (4)을 보이자.

(1) ⇒ (4) A가 가역행렬이고, $\mathbf{b}$가 임의의 $n\times 1$ 행렬이라면 $\mathbf{x}=A^{-1}\mathbf{b}$는 $A\mathbf{x}=\mathbf{b}$의 해이고 이 해가 유일함은 자명하다.

(4) ⇒ (1) $A\mathbf{x}=\mathbf{b}$가 모든 $n\times 1$ 행렬 $\mathbf{b}$에 대하여 해를 가지면 다음 연립방정식도 단 하나의 해를 가진다.

$$A\mathbf{x}_1=\begin{bmatrix}1\\0\\0\\\vdots\\0\end{bmatrix},\ A\mathbf{x}_2=\begin{bmatrix}0\\1\\0\\\vdots\\0\end{bmatrix},\ \cdots,\ A\mathbf{x}_n=\begin{bmatrix}0\\0\\0\\\vdots\\1\end{bmatrix}$$

이제 $\mathbf{x}_i$를 i번째 연립방정식의 해라 하면

$$C=[\mathbf{x}_1\mid\mathbf{x}_2\mid\cdots\mid\mathbf{x}_n]\ \ (n\times n\text{행렬})$$

에 대하여

$$AC = [A\mathbf{x}_1 \mid A\mathbf{x}_2 \mid \cdots \mid A\mathbf{x}_n] = \begin{bmatrix} 1 & 0 & 0 & \cdots & 0 \\ 0 & 1 & 0 & \cdots & 0 \\ \vdots & \vdots & \vdots & & \vdots \\ 0 & 0 & 0 & \cdots & 1 \end{bmatrix}$$

이다. 따라서 $C = A^{-1}$가 된다. ▮

만약 A가 정방행렬이 아니거나, 정방행렬일지라도 가역행렬이 아니면 정리 1.12를 적용할 수 없다. 후자의 경우 $A\mathbf{x} = \mathbf{b}$가 해를 갖도록 하기 위해서, 행렬 $\mathbf{b}$는 어떠한 조건을 만족해야 한다. 다음 예제는 Gauss 소거법이 행렬 $\mathbf{b}$의 조건을 결정하는데 어떻게 사용되는지를 보여준다.

예제 1.22

다음 연립방정식이 해를 갖기 위한 b_1, b_2, b_3의 조건을 구하여라.

$$\begin{aligned} x_1 + x_2 + 2x_3 &= b_1 \\ x_1 \qquad + x_3 &= b_2 \\ 2x_1 + x_2 + 3x_3 &= b_3 \end{aligned}$$

풀이

연립방정식의 확대계수행렬을 행사다리꼴 행렬로 만들면 다음과 같다.

$$\left[\begin{array}{ccc|c} 1 & 1 & 2 & b_1 \\ 1 & 0 & 1 & b_2 \\ 2 & 1 & 3 & b_3 \end{array}\right] \to \left[\begin{array}{ccc|c} 1 & 1 & 1 & b_1 \\ 0 & 1 & 1 & b_1 - b_2 \\ 0 & 0 & 0 & b_3 - b_2 - b_1 \end{array}\right]$$

따라서 $b_3 - b_2 - b_1 = 0$ 즉, $b_3 = b_1 + b_2$일 때 위의 연립방정식은 해를 갖는다.

연습문제 1.3

1. $A=\begin{bmatrix} 2 & 1 & 2 \\ 3 & 2 & 2 \\ 1 & 2 & 3 \end{bmatrix}$의 역행렬을 구하여라.

2. $A=\begin{bmatrix} 1 & 2 & -3 \\ 1 & -2 & 1 \\ 5 & -2 & -3 \end{bmatrix}$는 가역행렬이 아님을 보여라.

3. 다음 연립방정식의 해를 구하여라.

$$\begin{aligned} 2x_1 + \ \ x_2 + x_3 &= \ \ 7 \\ 3x_1 + 2x_2 + x_3 &= -3 \\ x_2 + x_3 &= \ \ 5 \end{aligned}$$

4. 암호문 18, 45, 27, 64, 99, 257, 30, 10, 215, 57, 135, 108을 해독하여라. 단, 암호화 비밀키는 $A=\begin{bmatrix} 1 & 2 & 3 \\ 2 & 5 & 3 \\ 1 & 0 & 8 \end{bmatrix}$이다.

5. 암호화 비밀키를 적당한 3×3 가역행렬로 두고 "I Love You"를 암호화하여라.

6. $C^TC=I$을 만족하는 정방행렬 C를 **직교행렬**(orthogonal matrix)이라 한다. A가 직교행렬일 때, 양의 정수 k에 대하여 $A^k\mathbf{x}=\mathbf{0}$는 자명해만 가짐을 보여라.

7. $A^{-1}=\begin{bmatrix} 0 & 1 & -1 \\ 2 & -2 & -1 \\ -1 & 1 & 1 \end{bmatrix}$일 때, $AB=2B+A$를 만족하는 행렬 B를 구하여라.

8. 행렬 $A=\begin{bmatrix} \cos\theta & \sin\theta & 0 \\ -\sin\theta & \cos\theta & 0 \\ 0 & 0 & 1 \end{bmatrix}$는 가역행렬임을 보이고, A^{-1}를 구하여라.

9. 행렬 $A=\begin{bmatrix} 1 & 0 \\ 3 & 4 \end{bmatrix}$에 대하여 다음 물음에 답하여라.

(1) $E_2E_1A=I$가 되는 기본행렬 E_1, E_2를 구하여라.

(2) A^{-1}를 두 기본행렬의 곱으로 표시하여라.

(3) A를 두 기본행렬의 곱으로 표시하여라.

10. 다음 행렬 A를 $A=EFR$의 꼴로 표시하여라. 여기서 E, F는 기본행렬들이고, R은 행사다리꼴 행렬이다.

$$A=\begin{bmatrix} 1 & 3 & 3 & 8 \\ -2 & -5 & 1 & -8 \\ 0 & 1 & 7 & 8 \end{bmatrix}$$

11. (1) 한 행이 전부 0인 행렬은 역행렬을 갖지 않음을 보여라.

(2) 한 열이 전부 0인 행렬은 역행렬을 갖지 않음을 보여라.

12. (1) A가 정방행렬일 때 음이 아닌 모든 정수 r, s에 대하여

$A^rA^s=A^{r+s}$, $(A^r)^s=A^{rs}$이 성립함을 보여라.

(2) A가 가역행렬일 때 모든 정수 r, s에 대하여

$A^rA^s=A^{r+s}$, $(A^r)^s=A^{rs}$이 성립함을 보여라.

(3) A가 가역행렬이고 k가 0이 아닌 스칼라이면 모든 정수 r에 대하여

$(kA)^r=k^rA^r$이 성립함을 보여라.

13. 행렬 $A=\begin{bmatrix} 1 & 2 & 3 \\ 4 & 5 & 6 \\ 7 & 8 & 9 \end{bmatrix}$, $B=\begin{bmatrix} 7 & 8 & 9 \\ 4 & 5 & 6 \\ 1 & 2 & 3 \end{bmatrix}$, $C=\begin{bmatrix} 1 & 2 & 3 \\ 4 & 5 & 6 \\ 9 & 12 & 15 \end{bmatrix}$에 대하여 다음 식을 만족하는 기본행렬 E_1, E_2, E_3, E_4를 구하여라.

(1) $E_1A=B$

(2) $E_2B=A$

(3) $E_3A=C$

(4) $E_4C=A$

14. (1) A가 가역행렬이고 B가 A와 행동치이면 B도 가역행렬임을 보여라.

(2) 정방행렬 A가 기본행렬들의 곱이면 A는 가역행렬임을 보여라.

15. Q와 A는 n차 정방행렬이고 Q는 가역행렬이면 $A\mathbf{x}=\mathbf{0}$이 자명해를 갖기 위한 필요충분조건은 $(QA)\mathbf{x}=\mathbf{0}$이 자명해를 갖는 것임을 보여라.

보충문제 1.3

01. 다음 행렬들은 가역행렬인가? 가역행렬일 경우 그 역행렬을 구하여라.

(1) $\begin{bmatrix} 1 & 4 & 6 \\ 2 & -1 & 4 \\ -1 & -4 & -6 \end{bmatrix}$ (2) $\begin{bmatrix} 1 & 0 & 1 \\ 1 & 1 & 3 \\ 2 & 5 & 13 \end{bmatrix}$

(3) $\begin{bmatrix} 1 & 0 & 1 \\ 3 & 3 & 4 \\ 2 & 2 & 3 \end{bmatrix}$ (4) $\begin{bmatrix} 1 & -1 & -2 \\ 1 & 3 & 0 \\ 2 & 0 & -4 \end{bmatrix}$

답 (1) 가역행렬이 아니다.

(2) 가역행렬이고 그 역행렬은 $\begin{bmatrix} -2 & 5 & -1 \\ 7 & 11 & -2 \\ 3 & -5 & 1 \end{bmatrix}$

(3) 가역행렬이고 그 역행렬은 $\begin{bmatrix} 1 & 2 & -3 \\ -1 & 1 & -1 \\ 0 & -2 & 3 \end{bmatrix}$

(4) 가역행렬이고 그 역행렬은 $\begin{bmatrix} 3 & 1 & -\frac{3}{2} \\ -1 & 0 & \frac{1}{2} \\ \frac{3}{2} & \frac{1}{2} & -1 \end{bmatrix}$

02. $A=\begin{bmatrix} 1 & 2 \\ -1 & -1 \end{bmatrix}$, $P=\begin{bmatrix} 1 & 1 \\ 1 & 2 \end{bmatrix}$, $B=PAP^{-1}$라 할 때, 다음 물음에 답하여라.

(1) A^{51}을 구하여라.

(2) B^{51}을 구하여라.

답 (1) $A^{51}=-A=\begin{bmatrix} -1 & -2 \\ 1 & 1 \end{bmatrix}$ (2) $B^{51}=\begin{bmatrix} -8 & -13 \\ 5 & 8 \end{bmatrix}$

03. 행렬 $A=\begin{bmatrix}0&0&2\\2&1&2\\1&0&1\end{bmatrix}$, $B=\begin{bmatrix}1&0&1\\2&1&2\\0&0&2\end{bmatrix}$, $C=\begin{bmatrix}1&0&1\\0&1&0\\0&0&2\end{bmatrix}$, $D=\begin{bmatrix}1&0&1\\0&1&0\\0&0&1\end{bmatrix}$에 대하여 다음 물음에 답하여라.

(1) $E_1A=B$, $E_2B=C$, $E_3C=D$, $E_4D=I_3$ 만족하는 기본행렬 E_1, E_2, E_3, E_4를 구하여라.

(2) A를 기본행렬들의 곱으로 나타내어라.

답 (1) $E_1=\begin{bmatrix}0&0&1\\0&1&0\\1&0&0\end{bmatrix}$, $E_2=\begin{bmatrix}1&0&0\\-2&1&0\\0&0&1\end{bmatrix}$, $E_3=\begin{bmatrix}1&0&0\\0&1&0\\0&0&\frac{1}{2}\end{bmatrix}$, $E_4=\begin{bmatrix}1&0&-1\\0&1&0\\0&0&1\end{bmatrix}$

(2) $A=E_1^{-1}E_2^{-1}E_3^{-1}E_4^{-1}=\begin{bmatrix}0&0&1\\0&1&0\\1&0&0\end{bmatrix}\begin{bmatrix}1&0&0\\2&1&0\\0&0&1\end{bmatrix}\begin{bmatrix}1&0&0\\0&1&0\\0&0&2\end{bmatrix}\begin{bmatrix}1&0&1\\0&1&0\\0&0&1\end{bmatrix}$

04. $A=\begin{bmatrix}2&0&2\\-1&1&2\end{bmatrix}$이고 R이 A의 기약행사다리꼴 행렬일 때, $E_2E_1A=R$을 만족하는 기본행렬 E_1, E_2와 R을 구하여라.

답 $E_1=\begin{bmatrix}\frac{1}{2}&0\\0&1\end{bmatrix}$, $E_2=\begin{bmatrix}1&0\\1&1\end{bmatrix}$, $R=\begin{bmatrix}1&0&1\\0&1&3\end{bmatrix}$

05. n차 정방행렬 A, B, C에 대하여 다음 명제들을 증명하여라.

(1) $A\sim B$이면 $B\sim A$이다.

(2) $A\sim B$이고, $B\sim C$이면 $A\sim C$이다.

(3) $A\sim B$이기 위한 필요충분조건은 $A=DB$인 가역행렬 D가 존재하는 것이다.

(4) 임의의 두 가역행렬은 행동치이다.

답 생략

06. 연립방정식 $\begin{cases}(\lambda-3)x+y=0\\2x+(\lambda-1)y=0\end{cases}$에 대하여 다음 물음에 답하여라.

(1) 연립방정식이 자명해만을 가질 때 확대계수행렬의 기약행사다리꼴 행렬을 구하여라.

(2) 연립방정식이 자명해를 갖기 위한 λ의 값을 구하여라.

답 (1) $\left[\begin{array}{cc|c}1&1&0\\0&1&0\end{array}\right]$ (2) $\lambda=2\pm\sqrt{3}$

07. $A=\begin{bmatrix}1 & 0 & 4\\ -2 & 3 & -7\\ -1 & 2 & -4\end{bmatrix}$ 일 때, $\left(\frac{1}{2}A\right)^{-1}$ 을 구하여라.

답 $\left(\frac{1}{2}A\right)^{-1}=\begin{bmatrix}-3 & -8 & 12\\ 1 & 0 & 1\\ 1 & 2 & -3\end{bmatrix}$

08. $A^{-1}=\begin{bmatrix}0 & -1 & -\frac{3}{2}\\ -1 & -2 & -\frac{3}{2}\\ -\frac{1}{2} & 0 & -\frac{7}{2}\end{bmatrix}$ 일 때, $AB=2B+A$를 만족하는 행렬 B를 구하여라.

답 $B=\begin{bmatrix}-40 & 16 & 9\\ 13 & -5 & -3\\ 5 & -2 & -1\end{bmatrix}$

09. n차 정방행렬 A가 $A^2-2A+I_n=\mathbf{0}$을 만족하면 A는 가역행렬임을 보여라.

답 생략

10. 연립방정식 $\begin{cases}x_1+6x_2+2x_3-5x_4-2x_5=-4\\ \qquad\qquad 2x_3-8x_4-\ x_5=\ \ 3\\ \qquad\qquad\qquad\qquad\quad x_5=\ \ 7\end{cases}$ 에 대하여 다음 물음에 답하여라.

(1) 계수행렬을 A, $\mathbf{x}=\begin{bmatrix}x_1\\ x_2\\ x_3\\ x_4\\ x_5\end{bmatrix}$ 라 할 때, $A\mathbf{x}=\mathbf{0}$의 모든 해를 구하여라.

(2) $\mathbf{b}=\begin{bmatrix}-4\\ 3\\ 7\end{bmatrix}$ 이라 할 때, $\mathbf{x}_1=\begin{bmatrix}0\\ 0\\ 5\\ 0\\ 7\end{bmatrix}$ 은 $A\mathbf{x}=\mathbf{b}$의 해가 된다. $\mathbf{x}_1$을 이용하여 $A\mathbf{x}=\mathbf{b}$ 의 모든 해를 구하여라.

답 (1) $\mathbf{x}=\begin{bmatrix}-6\\ 1\\ 0\\ 0\\ 0\end{bmatrix}t+\begin{bmatrix}-3\\ 0\\ 4\\ 1\\ 0\end{bmatrix}s \quad (t,\ s\in \boldsymbol{R})$ (2) $\mathbf{x}=\begin{bmatrix}0\\ 0\\ 5\\ 0\\ 7\end{bmatrix}+\begin{bmatrix}-6\\ 1\\ 0\\ 0\\ 0\end{bmatrix}t+\begin{bmatrix}-3\\ 0\\ 4\\ 1\\ 0\end{bmatrix}s \quad (t,\ s\in \boldsymbol{R})$

제 2 장 행 렬 식

정방행렬에 실수를 대응시키는 함수를 행렬식이라 한다. 행렬식은 연립 방정식에 중요하게 응용되며 더 나아가 역행렬의 존재를 확인하거나 역행렬을 구하는 공식을 제공해 준다. 이 장에서는 이러한 행렬식에 대하여 자세히 알아보자. 1절에서는 행렬식의 정의를 알아보고, 2절에서는 행렬식의 성질을 조사하고, 이를 이용하여 3절에서는 여인수전개와 Cramer의 공식에 대하여 알아본다.

2.1 행렬식

정방행렬에 실수를 대응시키는 함수를 행렬식이라 한다. 행렬식을 정의하는데 필요한 몇 가지 정의들을 살펴보자.

정의 2.1 자연수의 집합 $\{1, 2, \cdots, n\}$에 대한 **순열**(permutation)이란 이 자연수들을 빠지거나 중복되지 않게 재배열한 것이다.

집합 $\{1, 2, \cdots, n\}$의 일반적인 순열은 $(j_1, j_2, \cdots, j_n)$으로 표시한다. 여기서 j_1은 순열내의 첫 번째 자연수, j_2는 순열내의 두 번째 자연수이다. 큰 자연수가 작은 자연수보다 앞에 나타나면 순열 $(j_1, j_2, \cdots, j_n)$에 **전도**(inversion)가 일어났다고 말하고 전도가 일어난 총 갯수를 **전도수**(number of inversion)라 한다. 이때 순열의 전도수는 순열 내에서 j_1 뒤에 나오는 j_1 보다 작은 자연수의 갯수, j_2 뒤에 나오는 j_2 보다 작은 자연수의 갯수, $\cdots$, j_{n-1} 뒤에 나오는 j_{n-1} 보다 작은 자연수의 갯수를 모두 더하면 된다.

예제 2.1

다음 순열의 전도수를 구하여라.

(1) (6, 1, 3, 4, 5, 2)　　(2) (2, 4, 1, 3)

(3) (1, 2, 3, 4)

풀이

(1) 전도수는 $5+0+1+1+1=8$이다.

(2) 전도수는 $1+2+0=3$이다.

(3) 이 순열에는 전도가 없다. 즉, 전도수는 0이다.

다음 n차 정방행렬을 살펴보자.

$$A = \begin{bmatrix} a_{11} & a_{12} & \cdots & a_{1n} \\ a_{21} & a_{22} & \cdots & a_{2n} \\ \vdots & \vdots & & \vdots \\ a_{n1} & a_{n2} & \cdots & a_{nn} \end{bmatrix}$$

A의 각 행, 각 열에서 한 개씩 취한 n개 원의 곱을 **기본곱**(elementary product)이라 한다. 이때 어느 두 개의 원도 같은 행 또는 같은 열에서 취할 수 없다.

예제 2.2

다음 행렬에서 모든 기본곱을 구하여라.

(1) $\begin{bmatrix} a_{11} & a_{12} \\ a_{21} & a_{22} \end{bmatrix}$ (2) $\begin{bmatrix} a_{11} & a_{12} & a_{13} \\ a_{21} & a_{22} & a_{23} \\ a_{31} & a_{32} & a_{33} \end{bmatrix}$

풀이 • • •

(1) 각 기본곱은 두 개 원들의 곱이고 각 원은 서로 다른 행에서 취해야 하므로 가능한 기본곱은 $a_{11}a_{22}$, $a_{12}a_{21}$이다.

(2) 각 기본곱은 세 개 원들의 곱이고 각 원은 서로 다른 행에서 취해야 하고, 세 개의 숫자들에 대한 순열의 갯수는 $3!=6$이다. 따라서 가능한 기본곱은 다음과 같다.

$$a_{11}a_{22}a_{33},\ a_{12}a_{21}a_{33},\ a_{13}a_{21}a_{32}$$

$$a_{11}a_{23}a_{32},\ a_{12}a_{23}a_{31},\ a_{13}a_{22}a_{31}$$

예제 2.2에서 살펴본 바와 같이 n차 정방행렬 A는 $n!$개의 기본곱을 갖는다. 이들의 모양은 $a_{1j_1}a_{2j_2}\cdots a_{nj_n}$이 되며 이에 대응되는 순열은 기본곱들의 열 번호 $(j_1, j_2, \cdots, j_n)$이다. 이 기본곱에 대응하는 순열의 전도수가 짝수이면 **우순열**(even permutation), 홀수이면 **기순열**(odd permutation)이라 한다. 기본곱에 대응하는 순열이 우순열이면 $+1$을, 기본곱에 대응하는 순열이 기순열이면 -1을 기본곱에 곱한 것을 **부호기본곱**(signed elementary product)이라 한다.

정의 2.2 • • • 정방행렬 A의 부호기본곱의 총합을 **행렬식**(determinant)이라 하고 $\det(A)$ 또는 $|A|$로 표기한다.

주의 1×1 행렬 $A=[-2]$의 경우 행렬식은 $\det(A)=|A|=-2$이다. 즉, 1×1 행렬의 경우 $|-2|$ 대신에 $\det(-2)$로 표기하도록 하자.

다음 예제에서 행렬식을 계산하는 방법을 단계별로 자세하게 알아보자.

예제 2.3

$\begin{vmatrix} a_{11} & a_{12} \\ a_{21} & a_{22} \end{vmatrix}$, $\begin{vmatrix} a_{11} & a_{12} & a_{13} \\ a_{21} & a_{22} & a_{23} \\ a_{31} & a_{32} & a_{33} \end{vmatrix}$을 구하여라.

풀이 • • •

먼저 $\begin{vmatrix} a_{11} & a_{12} \\ a_{21} & a_{22} \end{vmatrix}$에 대하여 알아보자.

기본곱 $a_{11}a_{22}$에 대응되는 순열 (1, 2)은 우순열이므로 부호기본곱은 $a_{11}a_{22}$이고, 기본곱 $a_{12}a_{21}$에 대응되는 순열 (2, 1)은 기순열이므로 부호기본곱은 $-a_{12}a_{21}$이다.

기본곱	열 번호의 순열	우, 기순열	부호기본곱
$a_{11}a_{22}$	(1, 2)	우순열	$a_{11}a_{22}$
$a_{12}a_{21}$	(2, 1)	기순열	$-a_{12}a_{21}$

그러므로 행렬식은 다음과 같다.

$$\begin{vmatrix} a_{11} & a_{12} \\ a_{21} & a_{22} \end{vmatrix} = a_{11}a_{22}-a_{12}a_{21}$$

이제 $\begin{vmatrix} a_{11} & a_{12} & a_{13} \\ a_{21} & a_{22} & a_{23} \\ a_{31} & a_{32} & a_{33} \end{vmatrix}$은 위와 같은 방법으로 살펴보면 다음과 같다.

기본곱	열 번호의 순열	우, 기순열	부호기본곱
$a_{11}a_{22}a_{33}$	(1, 2, 3)	우순열	$a_{11}a_{22}a_{33}$
$a_{11}a_{23}a_{32}$	(1, 3, 2)	기순열	$-a_{11}a_{23}a_{32}$
$a_{12}a_{21}a_{33}$	(2, 1, 3)	기순열	$-a_{12}a_{21}a_{33}$
$a_{12}a_{23}a_{31}$	(2, 3, 1)	우순열	$a_{12}a_{23}a_{31}$
$a_{13}a_{21}a_{32}$	(3, 1, 2)	우순열	$a_{13}a_{21}a_{32}$
$a_{13}a_{22}a_{31}$	(3, 2, 1)	기순열	$-a_{13}a_{22}a_{31}$

$$\begin{vmatrix} a_{11} & a_{12} & a_{13} \\ a_{21} & a_{22} & a_{23} \\ a_{31} & a_{32} & a_{33} \end{vmatrix} = \sum_{(j_1,\ j_2,\ j_3)} sgn(j_1,\ j_2,\ j_3) a_{1j_1} a_{2j_2} a_{3j_3}$$

$$\begin{aligned} &= sgn(1,\ 2,\ 3) a_{11}a_{22}a_{33} + sgn(1,\ 3,\ 2) a_{11}a_{23}a_{32} \\ &\quad + sgn(2,\ 1,\ 3) a_{12}a_{21}a_{33} + sgn(2,\ 3,\ 1) a_{12}a_{23}a_{31} \\ &\quad + sgn(3,\ 1,\ 2) a_{13}a_{21}a_{32} + sgn(3,\ 2,\ 1) a_{13}a_{22}a_{31} \\ &= a_{11}a_{22}a_{33} - a_{11}a_{23}a_{32} - a_{12}a_{21}a_{33} + a_{12}a_{23}a_{31} + a_{13}a_{21}a_{32} - a_{13}a_{22}a_{31} \end{aligned}$$

예제 2.3으로부터 행렬식 계산에 유용한 두 개의 공식을 얻었다. 그러나 이 공식을 기억하는 것이 쉽지 않기 때문에 [그림 2.1]에 도시한 Sarrus의 방법을 소개한다.

※ Sarrus의 방법

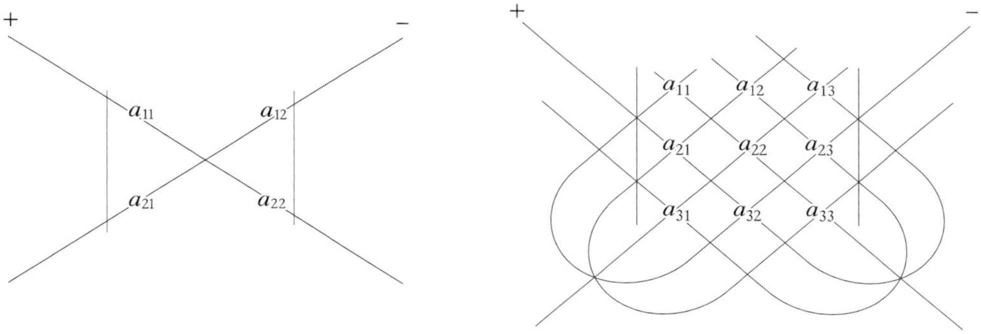

[그림 2.1]

주의 Sarrus의 방법은 크기가 4×4 이상인 정방행렬의 행렬식을 구하는 데는 쓸 수 없다. 4×4 이상인 행렬의 행렬식을 Sarrus의 방법으로 구하면 $2n(\neq n!)$ 개의 기본곱이 생성되기 때문이다.

연습문제 2.1

1. $\det(A)=0$이 되는 모든 λ값을 구하여라.

(1) $A=\begin{bmatrix}\lambda-1 & -2\\ 1 & \lambda-4\end{bmatrix}$　　(2) $A=\begin{bmatrix}\lambda-1 & 0 & 0\\ 0 & \lambda & -1\\ 0 & 4 & \lambda-4\end{bmatrix}$

2. 다음 행렬의 행렬식을 구하여라.

(1) $A=\begin{bmatrix}3 & -2\\ 2 & 1\end{bmatrix}$　　(2) $B=\begin{bmatrix}3 & 2 & -1\\ 1 & 6 & 3\\ 2 & -4 & 0\end{bmatrix}$

(3) $C=\begin{bmatrix}1 & 2 & 3\\ -4 & 5 & 6\\ 7 & -8 & 9\end{bmatrix}$　　(4) $D=\begin{bmatrix}a_{11} & 0 & 0 & 0\\ 0 & 0 & a_{23} & 0\\ 0 & 0 & 0 & a_{34}\\ 0 & a_{42} & 0 & 0\end{bmatrix}$

(5) $E=\begin{bmatrix}0 & a_{12} & 0 & 0 & 0\\ a_{21} & 0 & 0 & 0 & 0\\ 0 & 0 & 0 & 0 & a_{35}\\ 0 & 0 & 0 & a_{44} & 0\\ 0 & 0 & a_{53} & 0 & 0\end{bmatrix}$

3. (1) 정방행렬 A가 전부 0인 행을 포함하면 $\det(A)=0$임을 보여라.

(2) 정방행렬 A가 전부 0인 열을 포함하면 $\det(A)=0$임을 보여라.

4. $A=\begin{bmatrix}1 & 2\\ 0 & 1\end{bmatrix}$에 대하여 다음 물음에 답하여라.

(1) A^n을 구하여라.

(2) $f(x)=2x^3-x^2+4x+3$일 때 $f(A)$를 구하여라.

(3) $A\begin{bmatrix}x\\ y\end{bmatrix}=\lambda\begin{bmatrix}x\\ y\end{bmatrix}$가 비자명해를 갖기 위한 실수 λ를 구하여라.

보 충 문 제 2.1

01. 행렬 $A=\begin{bmatrix}1&2&3\\0&1&4\\1&2&1\end{bmatrix}$에 대하여 다음을 구하여라.

(1) $\det(3A)$ (2) $\det(2A^{-1})$

(3) $\begin{vmatrix}3&2&1\\4&1&0\\1&2&1\end{vmatrix}$

답 (1) -54 (2) -4

(3) 2

02. 다음을 구하여라.

(1) $\begin{vmatrix}0&0&2&2\\3&-3&3&3\\-4&4&4&4\\4&3&1&9\end{vmatrix}$ (2) $\begin{vmatrix}1&0&0&3\\2&7&0&6\\0&6&3&0\\7&3&1&-5\end{vmatrix}$

답 (1) 0 (2) -546

03. 두 행렬 $A=\begin{bmatrix}4&1&1&1\\3&1&-1&1\\1&3&-5&2\\4&1&1&1\end{bmatrix}$, $B=\begin{bmatrix}-2&0&0&0\\-3&1&0&0\\-1&-3&4&0\\-1&-1&-1&-1\end{bmatrix}$에 대하여 다음을 구하여라.

(1) $\det(A)$ (2) $\det(A+B)$

(3) $\det(AB)$ (4) $\det\{(2A)^{-1}\}$

답 (1) 20 (2) -4

(3) 160 (4) $\frac{1}{320}$

2.2 행렬식의 계산

이 절에서는 임의의 정방행렬에 대하여 기본행연산을 이용하여 행사다리꼴 행렬(삼각행렬)로 만들어 행렬식을 구하는 방법을 소개하고자 한다. 이 방법은 행렬식의 정의를 이용하여 지루하게 계산하는 것을 피할 수 있기 때문에 매우 유용하다. 주대각선 아래의 원이 모두 0인 정방행렬을 **상삼각행렬**(upper triangular matrix)이라 하고, 주대각선 위의 모든 원이 0인 정방행렬을 **하삼각행렬**(lower triangular matrix)이라 한다. 상삼각행렬과 하삼각행렬을 통칭하여 **삼각행렬**(triangular matrix)이라 한다. 삼각행렬에서는 0이 아닌 유일한 기본곱은 주대각선의 원들의 곱이므로 삼각행렬의 행렬식은 주대각선의 원들의 곱이 되고 다음 정리에서 확인할 수 있다.

정리 2.1 $A=(a_{ij})_{n\times n}$가 삼각행렬일 때, $\det(A)$는 주대각선상의 원들의 곱이다. 즉, $\det(A)=a_{11}a_{22}\cdots a_{nn}$이다.

삼각행렬의 행렬식은 많은 계산을 하지 않아도 쉽게 구할 수 있다. 지금까지 우리는 주어진 정방행렬에 기본행연산을 시행하여 그 행렬을 행사다리꼴 행렬로 만들어 왔는데 이 행사다리꼴 행렬이 삼각행렬이다. 따라서 행사다리꼴 행렬을 이용하여 행렬식을 계산하려면 기본행연산이 행렬식에 미치는 영향에 대한 연구가 필요하다. 다음 정리는 기본행연산이 행렬식에 미치는 영향에 대한 내용을 요약한 것이다.

정리 2.2 임의의 n차 정방행렬 A에 대하여 다음이 성립한다.

(1) A'를 A의 임의의 한 행에 상수 k를 곱한 행렬이라 하면

$$\det(A')=k\det(A) \qquad \cdots \text{ (기본행연산 1)}$$

(2) A'를 A의 임의의 두 행을 바꾼 행렬이라 하면

$$\det(A')=-\det(A) \qquad \cdots \text{ (기본행연산 2)}$$

(3) A'를 A의 한 행에 k배하여 다른 행에 더한 행렬이라 하면

$$\det(A')=\det(A) \qquad \cdots \text{ (기본행연산 3)}$$

주의 정리 2.2의 (1)은 행렬식을 계산함에 있어 정방행렬의 임의의 한 행으로부터 공통 인수를 행렬식 기호 앞으로 빼낼 수 있다는 것을 의미한다.

정리 2.2의 증명은 생략하고 예를 들어 정리의 내용을 살펴보자.

예제 2.4

다음 행렬을 살펴보자.

$$A=\begin{bmatrix}1&2&3\\0&1&4\\1&2&1\end{bmatrix},\quad A_1=\begin{bmatrix}4&8&12\\0&1&4\\1&2&1\end{bmatrix}$$

$$A_2=\begin{bmatrix}0&1&4\\1&2&3\\1&2&1\end{bmatrix},\quad A_3=\begin{bmatrix}1&2&3\\-2&-3&2\\1&2&1\end{bmatrix}$$

A_1은 A의 1행을 4배한 행렬이고, A_2는 A의 1행과 2행을 바꾼 행렬이다. 그리고 A_3는 A의 3행을 -2배하여 2행에 더한 행렬이다. 이제 Sarrus의 방법으로 행렬식을 구하면 다음과 같다.

$$\det(A)=-2,\ \det(A_1)=-8$$
$$\det(A_2)=2,\ \det(A_3)=-2$$

따라서 정리 2.2에서 언급한 것처럼 다음 관계가 성립한다.

$$\det(A_1)=4\det(A),\ \det(A_2)=-\det(A),\ \det(A_3)=\det(A)$$

정리 2.2에 언급된 것과 같이 주어진 행렬에 기본행연산을 적용하여 행사다리꼴 행렬로 만들어 가는 과정에서 기본행연산은 행렬식에 영향을 미치므로 이들을 각 과정에서 이를 보정해주면 된다. 다음 예제들에서 이러한 사실을 확인해 보자.

예제 2.5

$A=\begin{bmatrix}0 & 1 & 5\\ 3 & -6 & 9\\ 2 & 6 & 1\end{bmatrix}$ 일 때 $\det(A)$를 구하여라.

풀이 • • •

$$\det(A)=\begin{vmatrix}0 & 1 & 5\\ 3 & -6 & 9\\ 2 & 6 & 1\end{vmatrix}=-\begin{vmatrix}3 & -6 & 9\\ 0 & 1 & 5\\ 2 & 6 & 1\end{vmatrix}$$
$$=-3\begin{vmatrix}1 & -2 & 3\\ 0 & 1 & 5\\ 2 & 6 & 1\end{vmatrix}$$
$$=-3\begin{vmatrix}1 & -2 & 3\\ 0 & 1 & 5\\ 0 & 10 & -5\end{vmatrix}$$
$$=-3\begin{vmatrix}1 & -2 & 3\\ 0 & 1 & 5\\ 0 & 0 & -55\end{vmatrix}$$
$$=(-3)(-55)\begin{vmatrix}1 & -2 & 3\\ 0 & 1 & 5\\ 0 & 0 & 1\end{vmatrix}$$
$$=(-3)(-55)(1)=165.$$

예제 2.6

$A=\begin{bmatrix}1 & 3 & -2 & 4\\ 2 & 6 & -4 & 8\\ 3 & 9 & 1 & 5\\ 1 & 1 & 4 & 8\end{bmatrix}$ 일 때 $\det(A)$는?

풀이 • • •

$$\det(A)=\begin{vmatrix}1 & 3 & -2 & 4\\ 2 & 6 & -4 & 8\\ 3 & 9 & 1 & 5\\ 1 & 1 & 4 & 8\end{vmatrix}=\begin{vmatrix}1 & 3 & -2 & 4\\ 0 & 0 & 0 & 0\\ 3 & 9 & 1 & 5\\ 1 & 1 & 4 & 8\end{vmatrix}$$

이고, 이 행렬식은 2.1절 연습문제 3의 (1)에 의하여 $\det(A)=0$.

예제 2.6의 행렬과 같이 정방행렬에 비례하는 두 개의 행이 있다면 이 행들 중 하나에 적당한 상수를 곱하여 다른 행에 더하면 전부 0인 행을 만들 수 있다. 따라서 이러한 행렬의 행렬식은 0이다.

행렬식을 계산하는데 있어 (기약)행사다리꼴 행렬을 만드는 과정에서 우리는 행연산만을 해왔는데, 다음 정리를 이용하면 열연산만을 시행해도 같은 결과를 얻을 수 있다는 것을 알 수 있다. 그러나 혼란을 방지하기 위하여 이 책에서는 특별한 경우를 제외하고는 열연산에 대한 논의는 하지 않겠다.

n차 정방행렬 A의 행렬식은 A의 부호기본곱의 총합임을 상기하자. 기본곱은 A의 각 행과 각 열에서 원들을 중복 없이 하나씩 취한 n개의 원의 곱이므로 A와 A^T의 기본곱들의 집합이 같음은 자명하다. 따라서 다음 정리가 성립한다.

정리 2.3 임의의 정방행렬 A에 대하여 $\det(A)=\det(A^T)$이다.

예제 2.7

$$A=\begin{bmatrix}1 & 3\\ 2 & 4\end{bmatrix} \text{일 때 } |A^T|=\begin{vmatrix}1 & 2\\ 3 & 4\end{vmatrix}=-2=|A|.$$

정리 2.3의 결과로 행렬식의 계산에 있어 기본행연산의 세 가지 방법의 '행'을 '열'로 바꾸어도 같은 결과를 얻을 수 있다는 것을 알 수 있다. 예를 들어, 정방행렬 A의 r열과 s열을 교환한 행렬을 A'이라 하면 $(A')^T$는 A^T의 r행과 s행을 교환하여 얻은 행렬과 같다. 따라서

$$\det(A')=\det\big((A')^T\big)=-\det(A^T)=-\det(A)$$

가 된다.

다음 두 예제들은 행렬의 열에 대한 성질을 이용하여 행렬식을 계산하면 쉽게 결과를 얻을 수 있는 것들이다.

예제 2.8

다음 행렬 A는 1열과 2열이 비례하기 때문에 행렬식이 0임을 알 수 있다.

$$A=\begin{bmatrix} 1 & -2 & 7 \\ -4 & 8 & 5 \\ 2 & -4 & 3 \end{bmatrix}$$

예제 2.9

다음 행렬 A의 행렬식을 계산하여라.

$$A=\begin{bmatrix} 1 & 0 & 0 & 3 \\ 2 & 7 & 0 & 6 \\ 0 & 6 & 3 & 0 \\ 7 & 3 & 1 & -5 \end{bmatrix}$$

풀이

행렬 A를 예전처럼 기본행연산을 이용하여 행사다리꼴로 만든 후 행렬식을 계산할 수도 있다. 그러나 이 행렬의 경우에는 1열을 -3배하여 4열에 더하면 단 한 번의 연산으로 A를 하삼각행렬로 만들 수 있다. 따라서

$$\begin{aligned}\det(A)&=\begin{vmatrix} 1 & 0 & 0 & 3 \\ 2 & 7 & 0 & 6 \\ 0 & 6 & 3 & 0 \\ 7 & 3 & 1 & -5 \end{vmatrix}=\begin{vmatrix} 1 & 0 & 0 & 0 \\ 2 & 7 & 0 & 0 \\ 0 & 6 & 3 & 0 \\ 7 & 3 & 1 & -26 \end{vmatrix}\\ &=(1)(7)(3)(-26)=-546\end{aligned}$$

이다.

예제 2.9에서 볼 수 있듯이 열연산을 이용하여 행렬식 계산을 간단하게 할 수 있다. 그러나 열연산을 사용할 경우에는 주의하여야 한다. 행렬식을 구할 때에는 행연산과 열연산을 혼합하여 연산해도 문제가 되지 않지만, 연립방정식의 해를 구하기 위하여 확대계수 행렬에 행연산과 열연산을 혼합하면 엉뚱한 결과를 초래하게 된다. 따라서 행연산과 열연산을 혼합할 때는 항상 주의를 해야 한다.

A와 B를 n차 정방행렬, k를 임의의 상수라 하자. 지금부터는 $\det(kA)$, $\det(A+B)$, $\det(AB)$에 대하여 연구해 보자.

행렬의 임의의 한 행의 공통인수는 det 기호 밖으로 나올 수 있으며, kA에는 n개의 행 전부가 k를 공통인수로 가지므로

$$\det(kA)=k^n\det(A)$$

가 성립한다. 그러나 행렬식 계산에 있어 일반적으로

$$\det(A+B)\neq\det(A)+\det(B)$$

이다. 다음 예제에서 이러한 사실을 확인해보자.

예제 2.10

$A=\begin{bmatrix}1 & 2\\ 2 & 5\end{bmatrix}$, $B=\begin{bmatrix}3 & 1\\ 1 & 3\end{bmatrix}$, $A+B=\begin{bmatrix}4 & 3\\ 3 & 8\end{bmatrix}$ 이면

$$\det(A+B)=23\neq 9=1+8=\det(A)+\det(B)$$

이다.

예제 2.10에서 우리는 $\det(A+B)\neq\det(A)+\det(B)$임을 알았다. 그러나 같은 크기의 정방행렬 A, B에 대하여

$$\det(AB)=\det(A)\cdot\det(B)$$

는 일반적으로 성립한다. 다음 정리는 이러한 사실을 요약한 것이다.

정리 2.4 같은 크기의 정방행렬 A, B에 대하여 다음이 성립한다.

$$\det(AB)=\det(A)\cdot\det(B)$$

증명은 생략하고 다음 예제로 그 결과를 확인해 보자.

예제 2.11

$A=\begin{bmatrix}3 & 1\\ 2 & 1\end{bmatrix}$, $B=\begin{bmatrix}-1 & 3\\ 5 & 8\end{bmatrix}$, $AB=\begin{bmatrix}2 & 17\\ 3 & 14\end{bmatrix}$ 이면

$$\det(A)\cdot\det(B)=1\cdot(-23)=-23=\det(AB)$$

이다.

다음 정리는 정방행렬이 가역행렬이 되기 위한 필요충분조건을 제시하기 때문에 우리에게는 매우 유용하게 사용될 수 있는 정리이다.

정리 2.5 n차 정방행렬 A가 가역행렬이기 위한 필요충분조건은 $\det(A)\neq 0$이다. 또한 A가 가역행렬이면 다음이 성립한다.

$$\det(A^{-1})=\frac{1}{\det(A)}$$

증명 R을 행렬 A의 기약행사다리꼴 행렬이라 하면 적당한 기본행렬 $E_1, E_2, \cdots, E_r$이 존재하여 $R=E_r\cdots E_2E_1A$이므로

$$|R|=|E_r|\cdots|E_2||E_1||A|$$

이다. 여기서 $|E_i|\neq 0,\ i=1, 2, \cdots, r$.

($\Leftarrow$) 만약 $|A|\neq 0$이면 $|R|\neq 0$이고 R은 행렬 A의 기약행사다리꼴 행렬이므로 $R=I_n$이 된다. 즉, A는 I_n과 행동치이다. 따라서 A는 가역행렬이다.

($\Rightarrow$) 만약 A가 가역행렬이라면 $R=I_n$이므로 $|R|\neq 0$이다. 따라서 $|A|\neq 0$. ∎

예제 2.12

$A=\begin{bmatrix}1&2&3\\1&0&1\\2&4&6\end{bmatrix}$는 $\det(A)=0$이므로 가역행렬이 아니다.

정리 2.5를 이용하면 정리 1.12의 (1), (2), (3), (4)와 동치인 다섯 번째 결과를 덧붙여 다음 정리를 얻을 수 있다.

정리 2.6 A가 n차 정방행렬일 때, 다음 명제들은 서로 동치이다.

(1) A는 가역행렬이다.

(2) $A\mathbf{x}=\mathbf{0}$는 자명해만 갖는다.

(3) $A \sim I_n$.

(4) $A\mathbf{x}=\mathbf{b}$는 모든 $n\times 1$ 행렬 $\mathbf{b}$에 대하여 단 하나의 해를 갖는다.

(5) $\det(A)\neq 0$.

연습문제 2.2

1. (1) $\begin{vmatrix} 1 & 1 & 1 \\ a & b & c \\ a^2 & b^2 & c^2 \end{vmatrix}$을 구하여라.

(2) $\begin{vmatrix} 1+x & 1+y & 1+z \\ 1+2x & 1+2y & 1+2z \\ 1+5x & 1+5y & 1+5z \end{vmatrix}$을 구하여라.

2. $\begin{vmatrix} 0 & 0 & 2 & 2 & 2 \\ 3 & -3 & 3 & 3 & 3 \\ -4 & 4 & 4 & 4 & 4 \\ 4 & 3 & 1 & 9 & 2 \\ 1 & 2 & 1 & 3 & 1 \end{vmatrix}$를 구하여라.

3. $\begin{vmatrix} a & b & c \\ d & e & f \\ g & h & i \end{vmatrix}=5$일 때, 다음을 구하여라.

(1) $\det(3A)$

(2) $\det(2A^{-1})$

(3) $\det((2A)^{-1})$

(4) $\begin{vmatrix} a & g & d \\ b & h & e \\ c & i & f \end{vmatrix}$

4. 같은 크기의 두 정방행렬 A, B에 대하여 A가 가역행렬이면 $\det(B)=\det(A^{-1}BA)$임을 보여라.

5. 연립방정식 $\begin{cases} \lambda x+ y+ z=0 \\ x+\lambda y+ z=0 \\ x+ y+\lambda z=0 \end{cases}$이 비자명해를 가질 λ의 조건을 구하여라.

6. $\begin{vmatrix} x^2 & x & 2 \\ 2 & 1 & 1 \\ 0 & 0 & -5 \end{vmatrix} = 0$을 만족하는 x를 구하여라.

7. $A\mathbf{x}=\mathbf{0}$는 n개의 미지수를 포함하는 n개의 1차방정식으로 구성된 연립방정식이다. 이 연립방정식이 비자명해를 가질 필요충분조건은 $\det(A)=0$임을 보여라.

8. $A = \begin{bmatrix} t+3 & -1 & 1 \\ 5 & t-3 & 1 \\ 6 & -6 & t+4 \end{bmatrix}$일 때, $\det(A)=0$가 되는 t를 구하여라.

9. $C^T=C$인 정방행렬 C를 **대칭행렬**(symmetric matrix)이라 하고, $C^T=-C$인 정방행렬 C를 **교대행렬**(skew symmetric matrix)이라 한다. A가 정방행렬일 때 다음을 보여라.
   (1) AA^T와 $A+A^T$는 대칭행렬임을 보여라.
   (2) $A-A^T$는 교대행렬임을 보여라.
   (3) A를 대칭행렬과 교대행렬의 합으로 표시하여라.

10. A가 $A^2=A$, $A \neq O$를 만족하는 행렬이면 $\det(A)$는 0 또는 1임을 보여라.

11. 다음의 두 행렬 A, B에 대하여 (1)~(4)가 성립함을 보여라.

$$A = \begin{bmatrix} a_{11} & a_{12} & a_{13} \\ a_{21} & a_{22} & a_{23} \\ a_{31} & a_{32} & a_{33} \end{bmatrix}, \quad B = \begin{bmatrix} b_{11} & b_{12} & b_{13} \\ b_{21} & b_{22} & b_{23} \\ b_{31} & b_{32} & b_{33} \end{bmatrix}$$

   (1) $(A^T)^T = A$
   (2) $(A+B)^T = A^T + B^T$
   (3) $(AB)^T = B^T A^T$
   (4) $(kA)^T = kA^T$

보충문제 2.2

01. $\det(A)=0$이고 $A^2=A$, $A\neq O$인 행렬 A의 예를 하나만 들어라.

답 $A=\begin{bmatrix}1&0\\0&0\end{bmatrix}$ 또는 $A=\begin{bmatrix}0&0\\0&1\end{bmatrix}$

02. AB와 BA가 정의되는 두 행렬 A, B에 대하여 $\det(AB)\neq\det(BA)$인 예를 하나만 들어라.

답 $A=\begin{bmatrix}1&0&0\\0&1&0\end{bmatrix}$, $B=\begin{bmatrix}1&0\\0&1\\0&0\end{bmatrix}$

03. 행렬 $A=\begin{bmatrix}a&b&c\\d&e&f\\g&h&i\end{bmatrix}$에서 $\det(A)=3$일 때, 다음을 구하여라.

(1) $\det(2A)$

(2) $\det(2A^{-1})$

(3) $\begin{vmatrix}a+g&b+h&c+i\\g&h&i\\2d&2e&2f\end{vmatrix}$

답 (1) 24

(2) $\dfrac{8}{3}$

(3) -6

04. 두 행렬 $A=\begin{bmatrix}1&2\\1&3\\1&1\end{bmatrix}$, $B=\begin{bmatrix}1&1&2\\2&0&2\end{bmatrix}$에 대하여 다음을 구하여라.

(1) $\det(BA)$

(2) $\det(2(BA)^{-1})$

답 (1) -4

(2) -1

05. 행렬 $A=\begin{bmatrix}1&1&0&0\\1&0&1&-2\\1&0&2&1\\1&1&0&1\end{bmatrix}$에 대하여 다음을 구하여라.

(1) $\det(3A)$

(2) $\det(2A^{-1})$

(3) $\det((2A)^{-1})$

(4) $\begin{vmatrix}1&1&0&0\\1&0&1&-2\\1&0&2&1\\1&1&0&1\end{vmatrix}$

답 (1) -81 (2) -16

(3) $-\dfrac{1}{16}$ (4) -1

06. $A=\begin{bmatrix}2&1\\1&2\end{bmatrix}$, $\mathbf{x}=\begin{bmatrix}x_1\\x_2\end{bmatrix}$일 때 동차 연립방정식 $(A-\lambda I_2)\mathbf{x}=\mathbf{0}$이 비자명해를 가질 상수 λ의 값을 구하여라.

답 $\lambda=1,\ 3$

07. 비동차연립방정식 $\begin{cases}x+2y+z=3\\ \lambda x-y-3z=-1\\ 2x+3y+z=4\end{cases}$가 단 하나의 해를 갖는다고 할 때, 다음 물음에 답하여라.

(1) 계수행렬의 기약행사리꼴 행렬을 구하여라.

(2) λ의 조건을 구하여라.

답 (1) I_3 (2) $\lambda\neq 2$

08. 동차연립방정식 $\begin{cases}\lambda x+y+z=0\\ x+\lambda y+z=0\\ x+y+\lambda z=0\end{cases}$이 비자명해를 갖는다고 할 때, 다음 물음에 답하여라.

(1) 계수행렬의 기약행사리꼴 행렬은 I_3가 되는 경우가 있는가?

(2) λ의 값을 구하여라.

답 (1) 없다 (2) $\lambda=1,\ -2$

2.3 여인수전개

이 절에서는 여인수전개를 이용하여 행렬식을 구하는 방법에 대하여 연구해 보자. 여인수전개를 이용하면 가역행렬의 역행렬을 구하는 공식뿐만 아니라 연립방정식의 해를 구하는 공식(Cramer의 공식)도 얻을 수 있다.

정의 2.3 n차 정방행렬 $A=(a_{ij})$에서 원 a_{ij}를 포함하는 행과 열을 제외한 $(n-1)\times(n-1)$ 행렬의 행렬식을 행렬 A의 원 a_{ij}에 대한 **소행렬식**(minor determinant)이라 하고 M_{ij}로 나타낸다. 그리고 $C_{ij}=(-1)^{i+j}M_{ij}$를 A의 원 a_{ij}의 **여인수**(cofactor)라고 한다.

다음 예제에서 여인수와 행렬식의 관계를 알아보자.

예제 2.13

(1)
$$\begin{aligned}\begin{vmatrix} a_{11} & a_{12} \\ a_{21} & a_{22} \end{vmatrix} &= \sum_{j_1,\, j_2} sgn(j_1,\, j_2)a_{1j_1}a_{2j_2} \\ &= sgn(1,\, 2)a_{11}a_{22}+sgn(2,\, 1)a_{12}a_{21} \\ &= a_{11}a_{22}-a_{12}a_{21} \\ &= a_{11}\det(a_{22})-a_{12}\det(a_{21}) \\ &= a_{11}M_{11}-a_{12}M_{12} \\ &= a_{11}C_{11}+a_{12}C_{12}\end{aligned}$$

(2)
$$\begin{aligned}\begin{vmatrix} a_{11} & a_{12} & a_{13} \\ a_{21} & a_{22} & a_{23} \\ a_{31} & a_{32} & a_{33} \end{vmatrix} &= a_{11}a_{22}a_{33}-a_{11}a_{23}a_{32}-a_{12}a_{21}a_{33}+a_{12}a_{23}a_{31}+a_{13}a_{21}a_{32} \\ &\quad -a_{13}a_{22}a_{31} \\ &= a_{11}\begin{vmatrix} a_{22} & a_{23} \\ a_{32} & a_{33} \end{vmatrix}-a_{12}\begin{vmatrix} a_{21} & a_{23} \\ a_{31} & a_{33} \end{vmatrix}+a_{13}\begin{vmatrix} a_{21} & a_{22} \\ a_{31} & a_{32} \end{vmatrix}\end{aligned}$$

$$= a_{11}M_{11} - a_{12}M_{12} + a_{13}M_{13}$$
$$= a_{11}C_{11} + a_{12}C_{12} + a_{13}C_{13}$$

예제 2.13에서 2×2행렬이나, 3×3행렬의 경우 1행의 원에 각 원에 대응하는 여인수를 곱한 후 모두 더한 것이 행렬식이 된다는 것을 알았다. 실제로 임의의 n차 정방행렬에 대하여 i행의 각 원에 i행의 각 원에 대응되는 여인수를 곱하여 모두 더한 것이 행렬식이 된다. 뿐만 아니라 j열의 각 원에 j열의 각 원에 대응되는 여인수를 곱한 후 모두 더한 것도 행렬식이 된다. 다음 정리는 이러한 내용을 요약한 것이다.

정리 2.7 n차 정방행렬 A의 행렬식 $|A|$에 대하여 다음이 성립한다.

$$|A| = a_{i1}C_{i1} + a_{i2}C_{i2} + \cdots + a_{in}C_{in} \quad (i\text{행에 관한 여인수전개})$$
$$= a_{1j}C_{1j} + a_{2j}C_{2j} + \cdots + a_{nj}C_{nj} \quad (j\text{열에 관한 여인수전개})$$
$$(1 \le i,\ j \le n)$$

여인수전개를 이용하여 행렬식을 구할 경우 되도록 0이 많이 포함된 행이나 열을 이용하는 것이 간편하다. 그러나 $i \neq j$일 경우에는 다음이 성립함에 주의를 기울여야 한다.

$$a_{i1}C_{j1} + a_{i2}C_{j2} + \cdots + a_{in}C_{jn} = a_{1i}C_{1j} + a_{2i}C_{2j} + \cdots + a_{ni}C_{nj} = 0.$$

즉, $i \neq j$일 경우, i행의 원들에 j행의 원들의 여인수를 곱하여 모두 더하거나, i열의 원들에 j열의 원들의 여인수를 곱하여 모두 더하면 0이 된다(이 사실은 역행렬을 구하는 공식을 유도하는데 사용된다). 다음 예제에서 이러한 사실을 확인해 보자.

예제 2.14

행렬 $A = \begin{bmatrix} a_{11} & a_{12} & a_{13} \\ a_{21} & a_{22} & a_{23} \\ a_{31} & a_{32} & a_{33} \end{bmatrix}$에 대하여 $a_{11}C_{31} + a_{12}C_{32} + a_{13}C_{33}$을 생각해 보자. 이것은 1행의 원들에, 3행의 원들에 대응하는 여인수를 곱하고 전부 더한 식이다. 이 식이 0임을 보이자. A의 1행을 3행에 다시 써넣어 만든 새로운 행렬을 A'이라 하면

$$A' = \begin{bmatrix} a_{11} & a_{12} & a_{13} \\ a_{21} & a_{22} & a_{23} \\ a_{11} & a_{12} & a_{13} \end{bmatrix}$$

가 되고 C_{31}', C_{32}', C_{33}'를 A'의 3행의 원들에 대한 여인수라 하면

$$C_{31} = C_{31}', \quad C_{32} = C_{32}', \quad C_{33} = C_{33}'$$

이 된다. 그런데 A'는 두 개의 동일한 행을 포함하므로

$$\det(A') = 0$$

이다. 한편, 3행에 관하여 여인수전개를 하여 $\det(A')$를 구하면

$$\begin{aligned} \det(A') &= a_{11}C_{31}' + a_{12}C_{32}' + a_{13}C_{33}' \\ &= a_{11}C_{31} + a_{12}C_{32} + a_{13}C_{33} \\ &= 0 \end{aligned}$$

이다.

다음 예제에서 여인수전개를 이용하여 행렬식을 구하는 방법을 숙달해 보자.

예제 2.15

여인수전개를 이용하여 다음 행렬의 행렬식을 구하여라.

(1) $\begin{vmatrix} 1 & 2 \\ 3 & 4 \end{vmatrix}$ (2) $\begin{vmatrix} 1 & 2 & 3 & 4 \\ 5 & 6 & 7 & 0 \\ 8 & 0 & 9 & 0 \\ 10 & 0 & 11 & 0 \end{vmatrix}$

풀이 • • •

(1) $\begin{vmatrix} 1 & 2 \\ 3 & 4 \end{vmatrix} = a_{11}C_{11} + a_{21}C_{21}$ (1열에 대한 여인수전개)

$= 1(-1)^{1+1}4 + 3(-1)^{2+1}2 = -2.$

(2) $\begin{vmatrix} 1 & 2 & 3 & 4 \\ 5 & 6 & 7 & 0 \\ 8 & 0 & 9 & 0 \\ 10 & 0 & 11 & 0 \end{vmatrix} = 4C_{14} = 4 \times (-1)^{1+4} M_{14}$ (4열에 대한 여인수전개)

$$= -4\begin{vmatrix} 5 & 6 & 7 \\ 8 & 0 & 9 \\ 10 & 0 & 11 \end{vmatrix} = -48.$$

기본행연산을 시행하여 행렬식을 구한 것과 여인수전개를 이용하여 행렬식을 구한 결과는 같다. 대부분의 경우에 이 두 가지 방법을 혼합하여 행렬식을 구하는 것이 효과적이다. 다음 예제를 살펴보자.

예제 2.16

행렬 $A = \begin{bmatrix} 3 & 5 & -2 & 6 \\ 1 & 2 & -1 & 1 \\ 2 & 4 & 1 & 5 \\ 3 & 7 & 5 & 3 \end{bmatrix}$의 행렬식을 구하여라.

풀이

$$\det(A) = \begin{vmatrix} 3 & 5 & -2 & 6 \\ 1 & 2 & -1 & 1 \\ 2 & 4 & 1 & 5 \\ 3 & 7 & 5 & 3 \end{vmatrix} = \begin{vmatrix} 0 & -1 & 1 & 3 \\ 1 & 2 & -1 & 1 \\ 0 & 0 & 3 & 3 \\ 0 & 1 & 8 & 0 \end{vmatrix} \begin{matrix} (-3R_2+R_1) \\ (-2R_2+R_3) \\ (-3R_2+R_4) \end{matrix}$$

$$= -\begin{vmatrix} -1 & 1 & 3 \\ 0 & 3 & 3 \\ 1 & 8 & 0 \end{vmatrix} \quad \text{(1열에 대한 여인수전개)}$$

$$= -\begin{vmatrix} -1 & 1 & 3 \\ 0 & 3 & 3 \\ 0 & 9 & 3 \end{vmatrix} (R_1+R_3)$$

$$= -(-1)\begin{vmatrix} 3 & 3 \\ 9 & 3 \end{vmatrix} \quad \text{(1열에 대한 여인수전개)}$$

$$= -18.$$

정의 2.4 A를 n차 정방행렬, C_{ij}를 행렬 A의 원 a_{ij}의 여인수라 하자. 이때 행렬

$$(C_{ij})_{n\times n}=\begin{bmatrix} C_{11} & C_{12} & \cdots & C_{1n} \\ C_{21} & C_{22} & \cdots & C_{2n} \\ \vdots & \vdots & \ddots & \vdots \\ C_{n1} & C_{n2} & \cdots & C_{nn} \end{bmatrix}$$

을 A의 **여인수행렬**(cofactor matrix)이라 하고, 여인수행렬의 전치행렬을 A의 **수반행렬**(adjoint matrix)이라 하며 $adj(A)$로 표기한다. 즉,

$$adj(A)=\begin{bmatrix} C_{11} & C_{21} & \cdots & C_{n1} \\ C_{12} & C_{22} & \cdots & C_{n2} \\ \vdots & \vdots & \ddots & \vdots \\ C_{1n} & C_{2n} & \cdots & C_{nn} \end{bmatrix}.$$

예제 2.17

다음 행렬 A의 여인수행렬과 수반행렬을 구하여라.

$$A=\begin{bmatrix} 3 & 2 & -1 \\ 1 & 6 & 3 \\ 2 & -4 & 0 \end{bmatrix}$$

풀이

행렬 A의 여인수를 구해보면 다음과 같다.

$$C_{11}=12,\ C_{12}=6,\quad C_{13}=-16,$$
$$C_{21}=4,\ C_{22}=2,\quad C_{23}=16,$$
$$C_{31}=12,\ C_{32}=-10,\ C_{33}=16$$

따라서 A의 여인수행렬은

$$\begin{bmatrix} 12 & 6 & -16 \\ 4 & 2 & 16 \\ 12 & -10 & 16 \end{bmatrix}$$

이며 A의 수반행렬은 여인수행렬의 전치행렬이므로 다음과 같다.

$$adj(A)=\begin{bmatrix}12 & 4 & 12\\ 6 & 2 & -10\\ -16 & 16 & 16\end{bmatrix}$$

이제 가역행렬의 역행렬을 구하는 공식을 유도할 준비가 되었다. 다음 정리는 가역행렬에 대한 역행렬의 형태를 보여주는 중요한 정리이다.

정리 2.8 $A=(a_{ij})_{n\times n}$가 가역행렬이면 $A^{-1}=\frac{1}{|A|}adj(A)$이다.

증명 $Aadj(A)=\det(A)I$임을 보이면 된다. 다음의 곱을 생각하자.

$$Aadj(A)=\begin{bmatrix}a_{11} & a_{12} & \cdots & a_{1n}\\ a_{21} & a_{22} & \cdots & a_{2n}\\ \vdots & \vdots & & \vdots\\ a_{i1} & a_{i2} & \cdots & a_{in}\\ \vdots & \vdots & & \vdots\\ a_{n1} & a_{n2} & \cdots & a_{nn}\end{bmatrix}\begin{bmatrix}C_{11} & C_{21} & \cdots & C_{j1} & \cdots & C_{n1}\\ C_{12} & C_{22} & \cdots & C_{j2} & \cdots & C_{n2}\\ \vdots & \vdots & & \vdots & & \vdots\\ C_{1n} & C_{2n} & \cdots & C_{jn} & \cdots & C_{nn}\end{bmatrix}$$

$Aadj(A)$의 i행 j열의 원은 다음과 같다.

$$a_{i1}C_{j1}+a_{i2}C_{j2}+\cdots+a_{in}C_{jn} \tag{2.1}$$

여기서 $i=j$이면 식 (2.1)은 A의 i행에 대한 여인수전개로 얻은 A의 행렬식(즉, $\det(A)$)이고, $i\neq j$이면 A의 i행의 원들과 A의 j행에 대한 여인수들의 곱이므로 식 (2.1)의 값은 모두 0이다. 따라서

$$Aadj(A)=\begin{bmatrix}\det(A) & 0 & \cdots & 0\\ 0 & \det(A) & \cdots & 0\\ \vdots & \vdots & & \vdots\\ 0 & 0 & \cdots & \det(A)\end{bmatrix}=\det(A)I \tag{2.2}$$

A는 가역행렬이므로 $\det(A)\neq 0$이다. 그러므로 식 (2.2)은 다음과 같이 다시 쓸 수 있다.

$$\frac{1}{\det(A)}[Aadj(A)]=A\left[\frac{1}{\det(A)}adj(A)\right]=I \tag{2.3}$$

식 (2.3)의 마지막 등식의 양변에 A^{-1}를 곱해주면 다음을 얻는다.

$$A^{-1}=\frac{1}{|A|}adj(A) \tag{2.4}$$ ∎

예제 2.18

식 (2.4)을 이용하여 행렬 $A=\begin{bmatrix}1 & 0 & 2\\ 2 & -1 & 3\\ 4 & 1 & 8\end{bmatrix}$의 역행렬을 구하여라.

풀이 • • •

$|A|=1$이므로 역행렬이 존재한다. 각 원들의 여인수를 구하면

$$\begin{aligned} C_{11}&=(-1)^{1+1}M_{11}=-11, & C_{12}&=(-1)^{1+2}M_{12}=-4,\\ C_{13}&=(-1)^{1+3}M_{13}=6, & C_{21}&=(-1)^{2+1}M_{21}=2,\\ C_{22}&=(-1)^{2+2}M_{22}=0, & C_{23}&=(-1)^{2+3}M_{23}=-1,\\ C_{31}&=(-1)^{3+1}M_{31}=2, & C_{32}&=(-1)^{3+2}M_{32}=1,\\ C_{33}&=(-1)^{3+3}M_{33}=-1 \end{aligned}$$

이다. 따라서

$$A^{-1}=\begin{bmatrix}-11 & 2 & 2\\ -4 & 0 & 1\\ 6 & -1 & -1\end{bmatrix}$$

이다.

3×3보다 크기가 큰 행렬에 대해서는 정리 2.8의 역행렬 계산법은 기본행연산을 이용하는 1.3절의 역행렬 계산법보다 어려움이 많다. 그러나 기본행연산을 이용하는 역행렬 계산법은 A^{-1}를 구하기 위한 순수한 계산 또는 컴퓨터를 이용하여 역행렬을 구하는 알고리즘을 제공해 주는 정도이고, 역행렬의 성질을 연구하기에는 부적절하다. 반면에 정리 2.8은 역행렬의 성질을 연구하는데 매우 유용하게 사용된다(연습문제 9).

다음 정리는 n개의 미지수를 갖는 n개의 방정식으로 구성된 연립방정식의 해 중에서 관심 있는 한 개 또는 두 개의 해를 구하는데 유용한 공식이다. 이 공식을 Cramer의 공식이라 부른다.

정리 2.9 (Cramer의 공식) A는 $|A|\neq0$인 n차 정방행렬, $\mathbf{b}$는 $n\times1$ 행렬이면 연립방정식 $A\mathbf{x}=\mathbf{b}$는 단 하나의 해를 갖고 그 해는 다음과 같다.

$$x_i = \frac{|A_i|}{|A|},\ i=1,\ 2,\ \cdots,\ n$$

여기서 $|A_i|$는 A의 i열을 $\mathbf{b}$로 대치한 행렬의 행렬식이다.

증명 $\det(A) \neq 0$이므로 A는 가역행렬이 되어 정리 1.10에 의하여 $\mathbf{x}=A^{-1}\mathbf{b}$는 $A\mathbf{x}=\mathbf{b}$의 유일한 해이다. 그러므로 정리 2.8에 의하여 해는 다음과 같이 된다.

$$\begin{aligned}\mathbf{x}=A^{-1}\mathbf{b} &= \frac{1}{\det(A)}adj(A)\mathbf{b} \\ &= \frac{1}{\det(A)}\begin{bmatrix} C_{11} & C_{21} & \cdots & C_{n1} \\ C_{12} & C_{22} & \cdots & C_{n2} \\ \vdots & \vdots & & \vdots \\ C_{1n} & C_{2n} & \cdots & C_{nn} \end{bmatrix}\begin{bmatrix} b_1 \\ b_2 \\ \vdots \\ b_n \end{bmatrix} \\ &= \frac{1}{\det(A)}\begin{bmatrix} b_1C_{11}+b_2C_{21}+\cdots+b_nC_{n1} \\ b_1C_{12}+b_2C_{22}+\cdots+b_nC_{n2} \\ \vdots \\ b_1C_{1n}+b_2C_{2n}+\cdots+b_nC_{nn} \end{bmatrix}.\end{aligned}$$

따라서 $\mathbf{x}$의 i행의 원은 다음과 같다.

$$x_i = \frac{b_1C_{1i}+b_2C_{2i}+\cdots+b_nC_{ni}}{\det(A)} \tag{2.5}$$

이제 다음 행렬을 살펴보자.

$$A_i = \begin{bmatrix} a_{11} & a_{12} & \cdots & a_{1j-1} & b_1 & a_{1j+1} & \cdots & a_{1n} \\ a_{21} & a_{22} & \cdots & a_{2j-1} & b_2 & a_{2j+1} & \cdots & a_{2n} \\ \vdots & \vdots & & \vdots & \vdots & \vdots & & \vdots \\ a_{n1} & a_{n2} & \cdots & a_{nj-1} & b_n & a_{nj+1} & \cdots & a_{nn} \end{bmatrix}$$

여기서 A_i는 A와 i열만 다르므로, A_i내의 원 $b_1,\ b_2,\ \cdots,\ b_n$의 여인수는 A의 i열의 각 원에 대한 여인수와 동일하다. 따라서 $\det(A_i)$를 구하기 위해 i열에 관해 여인수전개를 하면 다음과 같다.

$$\det(A_i) = b_1C_{1i}+b_2C_{2i}+\cdots+b_nC_{ni}$$

이 결과를 식 (2.5)에 대입하면 다음을 얻는다.

$$x_i = \frac{|A_i|}{|A|},\ i=1,\ 2,\ \cdots,\ n.$$

다음 예제에서 Cramer의 공식을 이용하여 연립방정식의 해를 구해 보자.

예제 2.19

다음 연립방정식을 만족하는 x_1을 구하여라.

$$\begin{aligned} x_1 - 3x_2 + x_3 &= 4 \\ 2x_1 - x_2 &= -2 \\ 4x_1 - 3x_3 &= 0 \end{aligned}$$

풀이 • • •

$A = \begin{bmatrix} 1 & -3 & 1 \\ 2 & -1 & 0 \\ 4 & 0 & -3 \end{bmatrix}$ 이므로 $\det(A) = 3+4-18 = -11 \neq 0$.

따라서 Cramer의 공식을 이용할 수 있다. x_1을 구하기 위하여 A_1의 행렬식을 계산하면 $\det(A_1) = 30$이 된다. 따라서 해는 다음과 같다.

$$x_1 = \frac{\det(A_1)}{\det(A)} = -\frac{30}{11}$$

실제로 4개 이상의 방정식으로 이루어진 연립방정식의 해를 구하는데 있어 Cramer의 공식보다는 Gauss 소거법이나 Gauss-Jordan 소거법이 효과적이다. 왜냐하면, Cramer의 공식을 이용하여 n개의 미지수를 갖는 n개의 1차방정식으로 이루어진 연립방정식의 해를 모두 구하려면 n차 정방행렬의 행렬식을 $n+1$번 계산해야 하는 반면에 Gauss 소거법이나 Gauss-Jordan 소거법에서는 주어진 연립방정식을 $n \times (n+1)$ 확대계수행렬로 고쳐 기본행연산만 시행하면 되기 때문이다. 이러한 이유에서 모든 해를 구해야 하는 경우에는 Cramer의 공식이 비효율적이다. 그러나 특정한 변수의 해를 구해야 하는 경우에는 효과적으로 사용할 수 있다.

다음은 Cramer의 공식을 이용하여 역행렬을 구하는 방법에 대하여 생각해 보자.

행렬 $A = (a_{ij})_{3\times 3}$이라 두면 $A\mathbf{x} = \begin{bmatrix} 1 \\ 0 \\ 0 \end{bmatrix}$에서 $\mathbf{x} = A^{-1}\begin{bmatrix} 1 \\ 0 \\ 0 \end{bmatrix}$이므로 해 $\mathbf{x} = \begin{bmatrix} x_1 \\ x_2 \\ x_3 \end{bmatrix}$는 A^{-1}의 제 1열이 된다. 같은 방법으로 $A\mathbf{x} = \begin{bmatrix} 0 \\ 1 \\ 0 \end{bmatrix}$, $A\mathbf{x} = \begin{bmatrix} 0 \\ 0 \\ 1 \end{bmatrix}$에서 A^{-1}의 제 2열, A^{-1}의 제 3열을 구할 수 있다. 예를 들어 살펴보자.

예제 2.20

행렬 $A=\begin{bmatrix}1 & -3 & 1\\ 2 & -1 & 0\\ 4 & 0 & -3\end{bmatrix}$의 역행렬을 구하여라.

풀이 • • •

예제 2.19에서 A^{-1}가 존재함을 알았다. A^{-1}를 구하기 위하여 $A\mathbf{x}=\begin{bmatrix}1\\0\\0\end{bmatrix}$의 해를 Cramer의 공식을 이용하여 구하면, $x_1=\dfrac{\det(A_1)}{\det(A)}=-\dfrac{3}{11}$, $x_2=\dfrac{\det(A_2)}{\det(A)}=-\dfrac{6}{11}$, $x_3=\dfrac{\det(A_3)}{\det(A)}=-\dfrac{4}{11}$이다.

따라서 A^{-1}의 제1열은 $\begin{bmatrix}-\dfrac{3}{11}\\ -\dfrac{6}{11}\\ -\dfrac{4}{11}\end{bmatrix}$이다.

같은 방법으로 $A\mathbf{x}=\begin{bmatrix}0\\1\\0\end{bmatrix}$와 $A\mathbf{x}=\begin{bmatrix}0\\0\\1\end{bmatrix}$의 해를 구하면, A^{-1}의 제 2열, A^{-1}의 제 3열은 각각 $\begin{bmatrix}\dfrac{9}{11}\\ \dfrac{7}{11}\\ \dfrac{12}{11}\end{bmatrix}$, $\begin{bmatrix}-\dfrac{1}{11}\\ -\dfrac{2}{11}\\ -\dfrac{5}{11}\end{bmatrix}$ 가 되어 $A^{-1}=\begin{bmatrix}-\dfrac{3}{11} & \dfrac{9}{11} & -\dfrac{1}{11}\\ -\dfrac{6}{11} & \dfrac{7}{11} & -\dfrac{2}{11}\\ -\dfrac{4}{11} & \dfrac{12}{11} & -\dfrac{5}{11}\end{bmatrix}$이다.

연습문제 2.3

1. 여인수전개를 이용하여 행렬 $A=\begin{bmatrix}1 & 0 & 1\\ 2 & 1 & 2\\ 0 & 4 & 6\end{bmatrix}$의 행렬식을 구하여라.

2. Cramer의 공식을 이용하여 다음 연립방정식을 풀어라.

$$\begin{cases} x_1 + x_2 = 0 \\ x_1 + x_3 - 2x_4 = 1 \\ x_1 + 2x_3 + x_4 = 0 \\ x_1 + x_2 + x_4 = 0 \end{cases}, \quad \text{여기서} \begin{vmatrix} 1 & 1 & 0 & 0 \\ 1 & 0 & 1 & -2 \\ 1 & 0 & 2 & 1 \\ 1 & 1 & 0 & 1 \end{vmatrix} = -1 \text{이다.}$$

3. $\begin{vmatrix} a & b \\ c & d \end{vmatrix} \neq 0$일 때 Cramer의 공식을 이용하여 $\begin{cases} ax + by + z = 0 \\ cx + dy + 2z = 0 \end{cases}$의 해를 a, b, c, d로 표현하여라.

4. 주어진 연립방정식과 계수행렬 A에 대하여 다음 물음에 답하여라.

$$\begin{aligned} x_1 + ax_2 + bx_3 &= 2 \\ cx_1 + x_2 + 2x_3 &= 2c, \\ dx_1 + 2x_2 + x_3 &= 2d \end{aligned} \quad \begin{vmatrix} 1 & a & b \\ c & 1 & 2 \\ d & 2 & 1 \end{vmatrix} = 5$$

(1) $A\mathbf{x} = \mathbf{b}$의 꼴로 표시하여라.

(2) A는 I_3와 행동치이다. 그 이유를 설명하여라.

(3) $\det((2A)^{-1})$를 구하여라.

(4) $\det(adj(A))$를 구하여라.

(5) Cramer의 공식을 이용하여 x_1을 구하여라.

5. Cramer의 공식을 이용하여 다음을 만족하는 x, y를 구하여라.

$$\begin{aligned} 4x + y + z + w &= 6 \\ 3x + 7y - z + w &= 1 \\ 7x + 3y - 5z + 8w &= -3 \\ x + y + z + 2w &= 3 \end{aligned}$$

6. 여인수전개를 이용하여 다음을 보여라.

(1) $|A| = |A^T|$ 임을 보여라(hint : 수학적 귀납법을 이용하여라).

(2) 다음을 보여라.

$$\begin{vmatrix} a_{11} & a_{12} & a_{13} & a_{14} \\ a_{21} & a_{22} & a_{23} & a_{24} \\ a_{31} & a_{32} & a_{33} & a_{34} \\ a_{41}+b_{41} & a_{42}+b_{42} & a_{43}+b_{43} & a_{44}+b_{44} \end{vmatrix}$$

$$= \begin{vmatrix} a_{11} & a_{12} & a_{13} & a_{14} \\ a_{21} & a_{22} & a_{23} & a_{24} \\ a_{31} & a_{32} & a_{33} & a_{34} \\ a_{41} & a_{42} & a_{43} & a_{44} \end{vmatrix} + \begin{vmatrix} a_{11} & a_{12} & a_{13} & a_{14} \\ a_{21} & a_{22} & a_{23} & a_{24} \\ a_{31} & a_{32} & a_{33} & a_{34} \\ b_{41} & b_{42} & b_{43} & b_{44} \end{vmatrix}$$

(3) (2)을 이용하여 $\begin{vmatrix} 1 & 2 & 3 & 4 \\ 5 & 6 & 7 & 8 \\ 1 & 2 & 5 & 6 \\ 1 & 2 & 3 & 0 \end{vmatrix}$을 계산하여라.

7. A가 n차 정방행렬일 때 다음 물음에 답하여라.

(1) $|A|=0$이면 $|adj(A)|=0$임을 보여라.

(2) $|A|\neq 0$이면 $|adj(A)|=|A|^{n-1}$임을 보여라.

(3) A가 가역행렬이면 $adj(A)$도 가역행렬이고 다음이 성립함을 보여라.

$$(adj(A))^{-1} = |A^{-1}|A = \frac{1}{|A|}A = adj(A^{-1})$$

8. A가 직교행렬이면 $\det(A)$는 -1 또는 1임을 보여라.

9. $\det(A)=1$이고 A의 모든 원이 정수이면, A^{-1}의 모든 원은 정수임을 보여라.

10. 연립방정식 $\begin{cases} a_1x+b_1y+c_1=0 \\ a_2x+b_2y+c_2=0 \\ a_3x+b_3y+c_3=0 \end{cases}$이 해를 갖기 위한 충분 조건은 $\begin{vmatrix} a_1 & b_1 & c_1 \\ a_2 & b_2 & c_2 \\ a_3 & b_3 & c_3 \end{vmatrix}=0$임을 보여라. 단, $\begin{vmatrix} a_1 & b_1 \\ a_2 & b_2 \end{vmatrix}\neq 0$, $\begin{vmatrix} a_1 & b_1 \\ a_3 & b_3 \end{vmatrix}\neq 0$, $\begin{vmatrix} a_2 & b_2 \\ a_3 & b_3 \end{vmatrix}\neq 0$이다(hint : Cramer의 공식을 이용하여라).

11. $A=\begin{bmatrix} 1 & 0 & 1 \\ 1 & 1 & 0 \\ 1 & 1 & 1 \end{bmatrix}$의 역행렬을 Cramer의 공식을 이용하여 구하여라.

보 충 문 제 2.3

01. 연립방정식 $\begin{cases} x+ay+bz=2 \\ cx+\ \ y+2z=2c \\ dx+2y+\ \ z=2d \end{cases}$ 에 대하여 다음 물음에 답하여라.

단, 연립방정식의 계수행렬을 A라 하고, $\begin{vmatrix} 1 & a & b \\ c & 1 & 2 \\ d & 2 & 1 \end{vmatrix}=3$이다.

(1) A^{-1}를 구하여라.

(2) Cramer의 공식을 이용하여 해 z를 구하여라.

(3) $Aadj(A)$를 구하여라.

답 (1) $A^{-1}=\frac{1}{3}\begin{bmatrix} -3 & 2b-a & 2a-b \\ -c+2d & 1-bd & bc-2 \\ 2c-d & ad-2 & 1-ac \end{bmatrix}$ (2) 0

(3) $\det(A)I_3=\begin{bmatrix} 3 & 0 & 0 \\ 0 & 3 & 0 \\ 0 & 0 & 3 \end{bmatrix}$

02. 연립방정식 $\begin{cases} y-3z=-5 \\ 2x+3y-\ \ z=\ \ 7 \\ 4x+5y-2z=\ 10 \end{cases}$ 에 대하여 다음 물음에 답하여라.

단, 연립방정식의 계수행렬을 A라 한다.

(1) A^{-1}를 구하고 이를 이용하여 해를 구하여라.

(2) Cramer의 공식을 이용하여 z를 구하여라.

(3) 가역행렬 $B=\begin{bmatrix} 1 & 1 & 1 \\ -1 & 1 & -1 \\ 1 & 1 & -1 \end{bmatrix}$에 대하여 $\det(B^{-1}A^{-1}B)$의 값을 구하여라.

답 (1) $A^{-1}=\frac{1}{6}\begin{bmatrix} -1 & -13 & 8 \\ 0 & 12 & -6 \\ -2 & 4 & -2 \end{bmatrix}$, $\begin{bmatrix} x \\ y \\ z \end{bmatrix}=\begin{bmatrix} -1 \\ 4 \\ 3 \end{bmatrix}$

(2) 3 (3) $\frac{1}{6}$

03. 행렬 $A=\begin{bmatrix}1&0&0\\2&1&0\\0&0&2\end{bmatrix}$에 대하여 다음 물음에 답하여라.

(1) A의 여인수행렬을 구하여라.

(2) $E_2E_1A=I_3$가 되는 두 기본행렬 E_1, E_2를 구하여라.

(3) A를 두 기본행렬의 곱으로 표현하여라.

(4) $|E_1^5A^5E_2^{-5}|$을 계산하여라.

(5) $|2adj(A^{-2})|$을 계산하여라.

답 (1) $\begin{bmatrix}2&-4&0\\0&2&0\\0&0&1\end{bmatrix}$ (2) $E_1=\begin{bmatrix}1&0&0\\-2&1&0\\0&0&1\end{bmatrix}$, $E_2=\begin{bmatrix}1&0&0\\0&1&0\\0&0&\frac{1}{2}\end{bmatrix}$

(3) $A=\begin{bmatrix}1&0&0\\2&1&0\\0&0&1\end{bmatrix}\begin{bmatrix}1&0&0\\0&1&0\\0&0&2\end{bmatrix}$ (4) 1

(5) $\frac{1}{2}$

04. n차 정방행렬 A, B가 가역행렬이면 $|adj(A)adj(B)|=|A|^{n-1}|B|^{n-1}$임을 보여라.

답 $\det(adj(A)adj(B))=\det(\det(A)A^{-1})\det(\det(B)B^{-1})=|A|^n\frac{1}{|A|}|B|^n\frac{1}{|B|}$

$=|A|^{n-1}|B|^{n-1}$

05. Cramer의 공식을 이용하여 다음 행렬들의 역행렬을 구하여라.

(1) $\begin{bmatrix}1&2&3\\2&5&3\\1&0&8\end{bmatrix}$ (2) $\begin{bmatrix}2&1&2\\3&2&2\\1&2&3\end{bmatrix}$

답 (1) $\begin{bmatrix}-40&16&9\\13&-5&-3\\5&-2&-1\end{bmatrix}$ (2) $\frac{1}{5}\begin{bmatrix}2&1&-2\\-7&4&2\\4&-3&1\end{bmatrix}$

제 3 장 R^n에서의 벡터

넓이, 길이, 질량과 같은 물리적인 양은 그 크기만 주어지면 완전히 해석된다. 이와 같은 양을 **스칼라**(scalar)라 한다. 바람의 이동이나 어떤 물체에 가해지는 힘과 같은 물리적인 양은 크기와 방향까지 지정되어야 완전히 해석되는데, 이렇게 크기와 방향을 갖는 물리적인 양을 **벡터**(vector)라 한다. 1절에서는 2차 및 3차 공간에서 벡터의 기하학적인 의미와 벡터들의 연산에 대한 성질을 고찰하여 n차 공간에서 벡터들의 연산으로 확장한다. 2절과 3절에서는 벡터들을 곱하는 두 가지 방법(내적, 외적)에 대하여 알아보고, 4절에서는 내적과 외적을 이용하여 3차 공간의 평면과 직선의 방정식을 구하는 방법에 대하여 알아본다.

3.1 벡터의 기하학적 의미

2차 및 3차 공간에서 벡터는 유향선분 또는 화살표로 표기한다. 벡터의 방향은 화살표의 시점과 종점으로 나타내고 크기는 시점과 종점을 잇는 유향선분의 길이로 나타낸다. 이 책에서 스칼라는 필기체 소문자 (a, b, k, l)를 사용하고, 벡터는 스칼라와 구별하기 위하여 인쇄체 소문자의 굵은 글씨 (**a**, **b**, **u**, **v**)로 표현한다. [그림 3.1] (a)의 경우 즉, 벡터 **v**의 시점이 A이고 종점이 B인 경우에 **v**는 $\mathbf{v}=\overrightarrow{AB}$로 표기한다. 벡터는 단지 크기와 방향을 갖는 물리적인 양이므로 벡터의 시점이 어디인가는 문제가 되지 않는다. [그림 3.1] (b)와 같이 두 벡터의 크기와 방향이 같을 때 두 벡터는 **동치**(equivalence)라고 한다. 즉, 동치인 벡터들은 모두 동일한 것으로 간주한다. 두 벡터 **v**, **w**가 동치일 때 $\mathbf{v}=\mathbf{w}$로 표기한다.

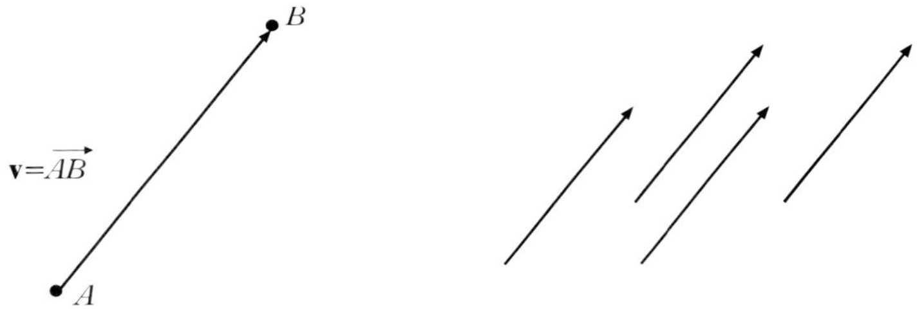

(a) 벡터 (b) 동치벡터들

[그림 3.1]

앞으로 1차 공간(직선)을 $\boldsymbol{R}$, 2차 공간(평면)을 $\boldsymbol{R}^2$($=\boldsymbol{R}\times\boldsymbol{R}$의 곱집합으로 생각), 3차 공간을 $\boldsymbol{R}^3$, n차 공간은 $\boldsymbol{R}^n$으로 표기하기로 하자.

벡터에 대한 여러 가지 문제들은 직교좌표계를 도입함으로써 간단해지는 경우가 많다. **v**를 $\boldsymbol{R}^2$의 임의의 벡터라 하고 **v**의 시점을 좌표계의 원점으로 옮겼을 때 종점의 좌표 (v_1, v_2)를 **v**의 **성분**(component)이라 부르고 $\mathbf{v}=(v_1, v_2)$로 표기한다(그림 3.2). 성분을 이용한 두 벡터의 동치 조건은 다음과 같이 요약된다.

$$\mathbf{v}=(v_1, v_2),\ \mathbf{w}=(w_1, w_2)\text{일 때,}\quad \mathbf{v}=\mathbf{w} \Leftrightarrow v_1=w_1,\ v_2=w_2.$$

정의 3.1 $\mathbf{v}=(v_1, v_2)$, $\mathbf{w}=(w_1, w_2)$일 때(그림 3.3), 두 벡터 $\mathbf{v}$와 $\mathbf{w}$의 합(sum)은 $\mathbf{v}+\mathbf{w}=(v_1+w_1, v_2+w_2)$로 정의하고 기하학적으로는 $\mathbf{v}$의 종점에 $\mathbf{w}$의 시점을 일치시켰을 때, $\mathbf{v}$의 시점에서 $\mathbf{w}$의 종점을 잇는 벡터를 의미한다. 즉, $\mathbf{v}$와 $\mathbf{w}$의 시점을 일치시켰을 때 만들어지는 평행사변형의 대각선이 된다. 또한 $\mathbf{v}+\mathbf{w}=\mathbf{w}+\mathbf{v}$임은 자명하다.

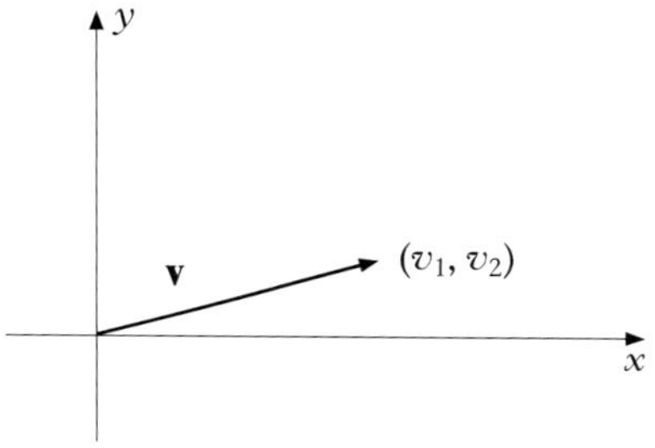

[그림 3.2]

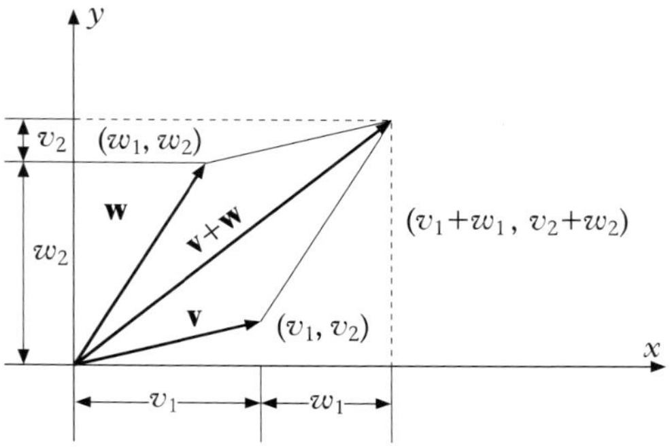

[그림 3.3]

크기가 0인 벡터를 **영벡터**(zero vector)라 하고 $\mathbf{0}$으로 표기한다. $\mathbf{v}$와 크기는 같고 방향이 반대인 벡터를 $\mathbf{v}$의 **음벡터**(negative vector)라 하고 $-\mathbf{v}$로 표기한다.

정의 3.2 $\mathbf{v}=(v_1, v_2)$, $\mathbf{w}=(w_1, w_2)$일 때, 두 벡터 $\mathbf{v}$와 $\mathbf{w}$의 차(difference) $\mathbf{v}-\mathbf{w}=(v_1-w_1, v_2-w_2)$로 정의하고, 기하학적으로는 $\mathbf{v}$와 $\mathbf{w}$의 시점을 일치시킬 때 $\mathbf{w}$의 종점에서 $\mathbf{v}$의 종점을 잇는 벡터가 된다(그림 3.4).

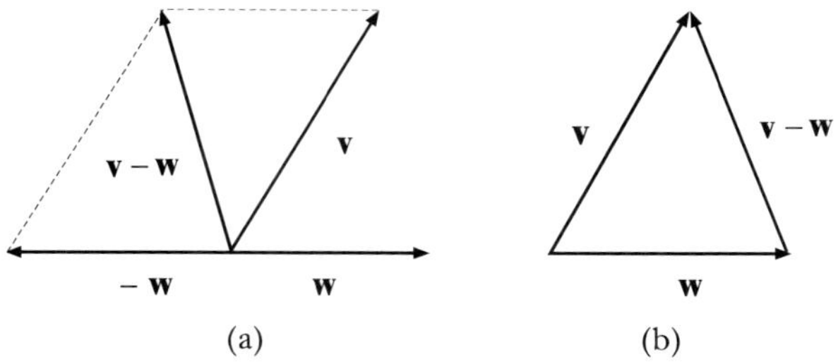

[그림 3.4]

예제 3.1

R^3의 세 점 $O=(0, 0, 0)$, $P_1=(2, -1, 4)$, $P_2=(7, 5, -8)$에 대하여 $\mathbf{v}=\overrightarrow{P_1P_2}$의 성분은 $\mathbf{v}=\overrightarrow{OP_2}-\overrightarrow{OP_1}=(5, 6, -12)$이다. 같은 방법으로 2차 공간에서 시점 $P_1=(x_1, y_1)$, 종점 $P_2=(x_2, y_2)$인 벡터는 $\overrightarrow{P_1P_2}=(x_2-x_1, y_2-y_1)$이다.

정의 3.3 R^2의 임의의 벡터 $\mathbf{v}=(v_1, v_2)$의 **스칼라배**는 $k\mathbf{v}=(kv_1, kv_2)$로 정의한다. 이때, $k>0$이면 $\mathbf{v}$와 같은 방향으로 k배의 크기를 갖는 벡터, $k<0$이면 $\mathbf{v}$와 반대 방향으로 $|k|$배의 크기를 갖는 벡터이다(그림 3.5). 만약 $k=0$이거나 $\mathbf{v}=\mathbf{0}$이면 $k\mathbf{v}=\mathbf{0}$으로 정의한다.

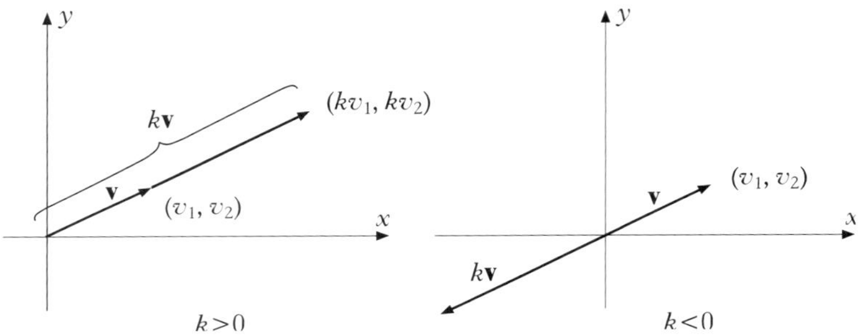

[그림 3.5]

R^n에서 벡터의 성분, 합, 차, 스칼라배도 R^2 또는 R^3와 같은 방법으로 정의한다. 다음 정리는 n차원 공간의 벡터들에 대한 연산법칙을 요약해 놓은 것이다.

정리 3.1 R^n의 세 벡터 $\mathbf{u}$, $\mathbf{v}$, $\mathbf{w}$와 임의의 스칼라 k, l에 대하여 다음이 성립한다.

(1) $\mathbf{u}+\mathbf{v}=\mathbf{v}+\mathbf{u}$　　(2) $(\mathbf{u}+\mathbf{v})+\mathbf{w}=\mathbf{u}+(\mathbf{v}+\mathbf{w})$

(3) $\mathbf{u}+\mathbf{0}=\mathbf{0}+\mathbf{u}$　　(4) $\mathbf{u}+(-\mathbf{u})=\mathbf{0}$

(5) $k(l\mathbf{u})=(kl)\mathbf{u}$　　(6) $k(\mathbf{u}+\mathbf{v})=k\mathbf{u}+k\mathbf{v}$

(7) $(k+l)\mathbf{u}=k\mathbf{u}+l\mathbf{u}$　　(8) $1\mathbf{u}=\mathbf{u}$

증명 2)만 증명하고 나머지는 연습문제로 남긴다.

$\mathbf{u}=(u_1, u_2, \cdots, u_n)$, $\mathbf{v}=(v_1, v_2, \cdots, v_n)$, $\mathbf{w}=(w_1, w_2, \cdots, w_n)$라 두면

$$
\begin{aligned}
(\mathbf{u}+\mathbf{v})+\mathbf{w} &= [(u_1,\ u_2,\ \cdots,\ u_n)+(v_1,\ v_2,\ \cdots,\ v_n)]+(w_1,\ w_2,\ \cdots,\ w_n) \\
&= (u_1+v_1,\ u_2+v_2,\ \cdots,\ u_n+v_n)+(w_1,\ w_2,\ \cdots,\ w_n) \\
&= [(u_1+v_1)+w_1,\ (u_2+v_2)+w_2,\ \cdots,\ (u_n+v_n)+w_n] \\
&= [u_1+(v_1+w_1),\ u_2+(v_2+w_2),\ \cdots,\ u_n+(v_n+w_n)] \\
&= (u_1,\ u_2,\ \cdots,\ u_n)+(v_1+w_1,\ v_2+w_2,\ \cdots,\ v_n+w_n) \\
&= \mathbf{u}+(\mathbf{v}+\mathbf{w}).
\end{aligned}
$$

$\mathbf{v}=\overrightarrow{AB}$이면, 선분 AB의 길이를 $\mathbf{v}$의 **노름**(norm)이라 부른다. $\mathbf{v}$의 노름은 $\|\mathbf{v}\|$로 표기하며 노름이 1인 벡터를 **단위벡터**(unit vector)라 한다. 평면 위의 벡터 $\mathbf{u}=(u_1,\ u_2)$와 3차 공간의 벡터 $\mathbf{v}=(v_1,\ v_2,\ v_3)$의 노름은 피타고라스 정리로부터 다음과 같이 구할 수 있다(그림 3.6 (a),(b)).

$$\|\mathbf{u}\| = \sqrt{u_1^2+u_2^2},\ \ \|\mathbf{v}\| = \sqrt{v_1^2+v_2^2+v_3^2}$$

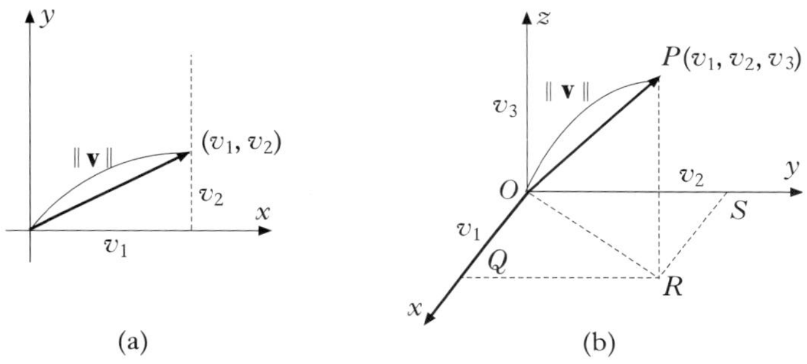

[그림 3.6]

같은 방법으로 n차원 공간의 벡터 $\mathbf{v}=(v_1,\ v_2,\ \cdots,\ v_n)$의 노름은

$$\|\mathbf{v}\| = \sqrt{v_1^2+v_2^2+\cdots+v_n^2}$$

이다.

3차 공간의 두 점 $P_1=(x_1,\ y_1,\ z_1)$, $P_2=(x_2,\ y_2,\ z_2)$ 사이의 **거리**(distance) d는 벡터 $\overrightarrow{P_1P_2}$의 노름이다(그림 3.7). 즉, $\|\overrightarrow{P_1P_2}\|=\|\overrightarrow{OP_2}-\overrightarrow{OP_1}\|$이다. 따라서

$$\begin{aligned} d(\overrightarrow{OP_1}, \overrightarrow{OP_2}) &= \|\overrightarrow{OP_2} - \overrightarrow{OP_1}\| \\ &= \sqrt{(x_2-x_1)^2 + (y_2-y_1)^2 + (z_2-z_1)^2} \end{aligned}$$

이 되고, $\boldsymbol{R}^n$에서도 동일한 방법으로 정의할 수 있다.

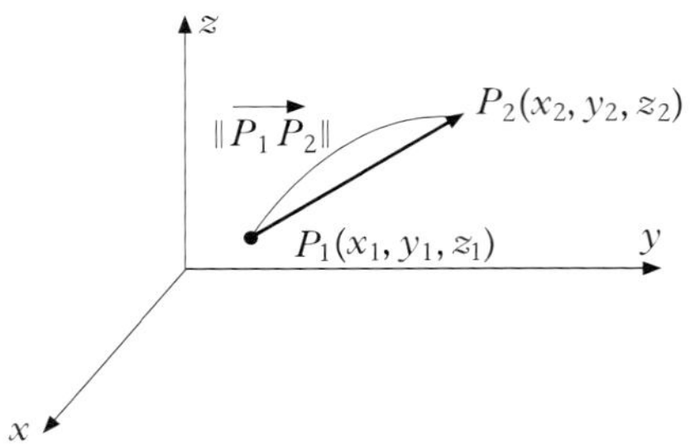

[그림 3.7]

위에서 언급된 개념들을 다음 예제로 확인해 보자.

예제 3.2

$\boldsymbol{R}^3$의 두 벡터 $\mathbf{u} = (1, 2, 3)$, $\mathbf{v} = (-1, 2, 1)$에 대하여 $\|\mathbf{u}\|$, $\|\mathbf{v}\|$, $\|\mathbf{u}+\mathbf{v}\|$, $d(\mathbf{u}, \mathbf{v})$를 구하여라.

풀이 ∘ ∘ ∘

$\|\mathbf{u}\| = \sqrt{1+4+9} = \sqrt{14}$, $\|\mathbf{v}\| = \sqrt{1+4+1} = \sqrt{6}$.

$\mathbf{u}+\mathbf{v} = (0, 4, 4)$이므로 $\|\mathbf{u}+\mathbf{v}\| = \sqrt{16+16} = 4\sqrt{2}$.

$\mathbf{v}-\mathbf{u} = (-2, 0, -2)$이므로 $d(\mathbf{u}, \mathbf{v}) = \|\mathbf{v}-\mathbf{u}\| = \sqrt{4+4} = 2\sqrt{2}$.

연습문제 3.1

1. 벡터 $\mathbf{v}=(7,\ 6,\ -3)$과 같은 방향을 가지고 시점이 $P(2,\ -1,\ 4)$인 벡터들의 종점의 좌표를 매개변수를 이용하여 구하여라.

2. 다음 식을 만족하는 스칼라 $c_1,\ c_2,\ c_3$를 구하여라.

$$c_1(2,\ 7,\ 8)+c_2(1,\ -1,\ 3)+c_3(3,\ 6,\ 11)=(0,\ 0,\ 0)$$

3. $\mathbf{v}=(1,\ 2,\ 4)$일 때, $\|k\mathbf{v}\|=3$이 되는 스칼라 k를 모두 구하여라.

4. $\mathbf{v}\neq\mathbf{0}$일 때, $\dfrac{\mathbf{v}}{\|\mathbf{v}\|}$의 노름이 1임을 보여라.

5. $\boldsymbol{R}^3$의 두 벡터 $\mathbf{u}=(1,\ 2,\ 3),\ \mathbf{v}=(-1,\ 2,\ 1)$ 사이의 거리를 구하여라.

6. $\mathbf{p}_0=(x_0,\ y_0,\ z_0),\ \mathbf{p}=(x,\ y,\ z)$일 때, $\|\mathbf{p}-\mathbf{p}_0\|=1$이 되는 모든 점들의 집합을 기하학적으로 설명하여라.

7. $\mathbf{u}=(3,\ 0,\ 1,\ 2),\ \mathbf{v}=(-1,\ 2,\ 7,\ -3),\ \mathbf{w}=(2,\ 0,\ 1,\ 1)$일 때, $\|3\mathbf{u}-5\mathbf{v}+\mathbf{w}\|$를 구하여라.

8. $\mathbf{u}=(1,\ 2,\ 3),\ \mathbf{v}=(2,\ -3,\ 1),\ \mathbf{w}=(3,\ 2,\ -1)$일 때, 다음 벡터들의 성분을 구하여라.
   (1) $\mathbf{v}-\mathbf{w}$
   (2) $7\mathbf{w}-3\mathbf{u}$
   (3) $3(\mathbf{u}-7\mathbf{v})$

9. 문제 8의 $\mathbf{u},\ \mathbf{v},\ \mathbf{w}$에 대하여 $2\mathbf{u}-\mathbf{v}+\mathbf{w}=7\mathbf{x}+2\mathbf{w}$를 만족하는 벡터 $\mathbf{x}$를 구하여라.

10. 두 점 $P(2,\ 3,\ -2),\ Q(7,\ -4,\ 1)$에 대하여 다음 물음에 답하여라.
    (1) $\|\overrightarrow{PQ}\|$을 구하여라.
    (2) P와 Q를 연결하는 선분의 중점을 구하여라.
    (3) P와 Q를 연결하는 선분을 1 : 3으로 내분하는 점을 구하여라.

(4) P와 Q를 연결하는 선분을 1 : 3으로 외분하는 점을 구하여라.

(5) $\overrightarrow{PQ}$ 방향으로 길이가 1인 벡터의 성분을 구하여라.

11. $\mathbf{u}=(3, 4)$, $\mathbf{v}=(1, 1, 1)$, $\mathbf{w}=(-8, 7, 4)$에 대하여 다음을 구하여라.

(1) $\|\mathbf{u}\|$

(2) $\|\mathbf{v}+\mathbf{w}\|$

(3) $\|\mathbf{v}\|+\|\mathbf{w}\|$

(4) $\|-2\mathbf{u}\|+\|2\mathbf{u}\|$

12. 벡터 $\mathbf{v}=(-2, 4, -1)$과 방향은 반대이고 종점이 $Q(2, 0, -7)$인 벡터들의 시점을 매개변수를 이용하여 구하여라.

13. 정리 3.1의 나머지 부분을 증명하여 증명을 완성하여라.

보 충 문 제 3.1

01. $\mathbf{u}=(2,\ 1,\ -5)$, $\mathbf{v}=(4,\ 3,\ 1)$, $\mathbf{w}=(-6,\ 2,\ 0)$에 대하여 다음을 계산하여라.

(1) $2\mathbf{u}-(\mathbf{v}+3\mathbf{w})$

(2) $3(\mathbf{x}+\mathbf{w})=2\mathbf{u}-\mathbf{v}+\mathbf{x}$일 때 $\|\mathbf{x}\|$의 값은?

답 (1) $(18,\ -7,\ -11)$ (2) $\dfrac{\sqrt{494}}{2}$

02. $k_1(2,\ 3,\ 5)+k_2(1,\ 2,\ 4)+k_3(-2,\ 2,\ 3)=(10,\ 1,\ 4)$을 만족하는 $k_1,\ k_2,\ k_3$를 구하여라.

답 $k_1=1,\ k_2=2,\ k_3=-3$

03. 벡터 $\mathbf{v}=(-2,\ 6,\ -1)$과 크기는 같고 방향이 반대이며 종점이 $Q(2,\ 0,\ -7)$인 벡터의 시점을 구하여라.

답 $(0,\ 6,\ -8)$

04. 벡터 $\mathbf{v}=(1,\ 3,\ -1)$과 방향은 반대이고 종점이 $Q(2,\ 1,\ -7)$인 벡터들의 시점을 매개변수를 이용하여 구하여라.

답 $\{(t+2,\ 3t+1,\ -t-7)\in \boldsymbol{R}^3 \mid t>0\}$

05. 두 점 $P(1,\ 3,\ 1)$, $Q(3,\ 4,\ 2)$에 대하여 다음 물음에 답하여라.

(1) $P,\ Q$를 연결하는 선분의 $\dfrac{3}{4}$에 해당하는 점을 구하여라.

(2) $P,\ Q$를 연결하는 선분의 $\dfrac{1}{4}$에 해당하는 점을 구하여라.

답 (1) $\dfrac{1}{4}(10,\ 15,\ 7)$ (2) $\dfrac{1}{4}(6,\ 13,\ 5)$

3.2 유클리드 내적

이 절에서는 벡터들을 곱하는 한 방법인 내적을 정의하고, 내적의 성질과 그 응용에 대하여 알아보자.

먼저 $\boldsymbol{R}^2$의 벡터들에 대한 내적을 알아보자. $\boldsymbol{R}^2$의 영벡터가 아닌 두 벡터 **u**와 **v**의 시점을 일치시키면, **u**와 **v** 사이의 각 θ는 $0° \leq \theta \leq 180°$을 만족한다(그림 3.8).

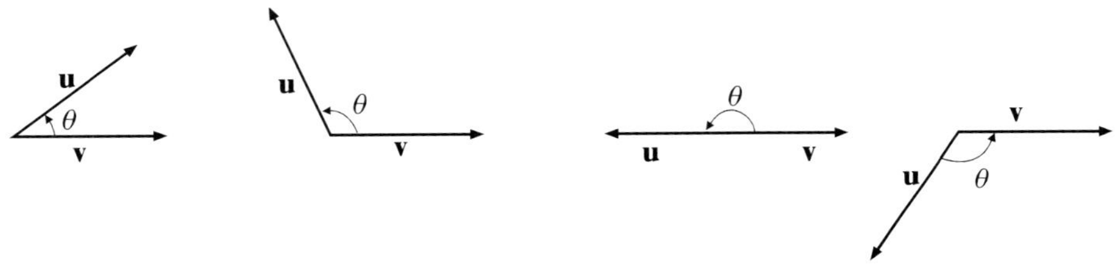

[그림 3.8]

정의 3.4 $\boldsymbol{R}^2$ 또는 $\boldsymbol{R}^3$의 두 벡터 **u**, **v**에 대하여 $\theta\,(0° \leq \theta \leq 180°)$가 **u**와 **v** 사이의 각일 때

$$\mathbf{u} \cdot \mathbf{v} = \begin{cases} \|\mathbf{u}\|\|\mathbf{v}\|\cos\theta, & \mathbf{u} \neq \mathbf{0},\ \mathbf{v} \neq \mathbf{0} \\ 0, & \mathbf{u} = \mathbf{0} \text{ 또는 } \mathbf{v} = \mathbf{0} \end{cases}$$

를 **u**와 **v**의 **유클리드 내적**(Euclidean inner product 또는 Euclidean dot product)이라 한다.

다음 예제에서 정의 3.4의 의미를 알아보자.

예제 3.3

[그림 3.9]에서 벡터 $\mathbf{u}=(0, 0, 1)$, $\mathbf{v}=(0, 2, 2)$ 사이의 각은 45°이다. 따라서 $\mathbf{u}$와 $\mathbf{v}$의 내적은 다음과 같다.

$$\begin{aligned}\mathbf{u}\cdot\mathbf{v} &= \|\mathbf{u}\|\|\mathbf{v}\|\cos\theta \\ &= \sqrt{0^2+0^2+1^2}\sqrt{0^2+2^2+2^2}\left(\frac{1}{\sqrt{2}}\right) \\ &= 2\end{aligned}$$

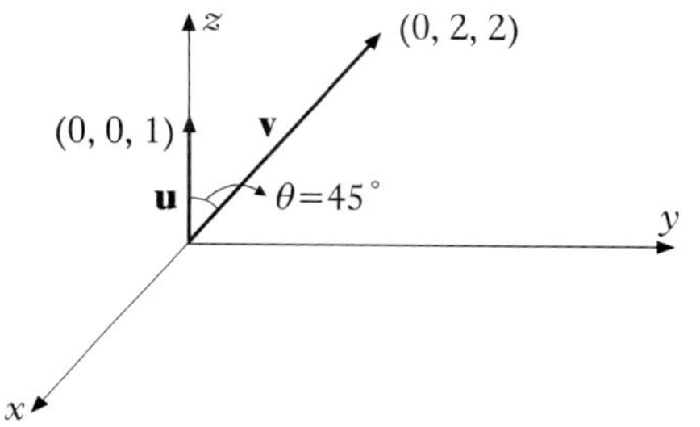

[그림 3.9]

정의 3.4에 의하여 두 벡터 $\mathbf{u}$, $\mathbf{v}$($\mathbf{u}\neq\mathbf{0}$, $\mathbf{v}\neq\mathbf{0}$)와 그 사이의 각 θ에 대하여 다음 정리가 성립함을 쉽게 알 수 있다.

정리 3.2 R^2 또는 R^3의 두 벡터 $\mathbf{u}$, $\mathbf{v}$($\mathbf{u}\neq\mathbf{0}$, $\mathbf{v}\neq\mathbf{0}$)와 그 사이의 각 θ에 대하여 다음이 성립한다.

$$\begin{aligned}\theta &: \text{예각} \Leftrightarrow \mathbf{u}\cdot\mathbf{v}>0 \\ \theta &: \text{둔각} \Leftrightarrow \mathbf{u}\cdot\mathbf{v}<0 \\ \theta &: \text{직각} \Leftrightarrow \mathbf{u}\cdot\mathbf{v}=0\end{aligned}$$

정리 3.2에서 "영벡터가 아닌 두 벡터가 수직이기 위한 필요충분조건은 이들의 유클리드 내적이 영이다"라는 사실을 알았다. 즉, 두 벡터 $\mathbf{u}$, $\mathbf{v}$가 직교하기 위한 필요충분조건은 $\mathbf{u}\cdot\mathbf{v}=0$이다. 이 때 $\mathbf{u}$와 $\mathbf{v}$는 **직교한다**고 말하고 $\mathbf{u}\perp\mathbf{v}$로 표기한다.

영벡터가 아닌 두 벡터 $\mathbf{u}=\overrightarrow{OP}=(u_1, u_2, u_3)$, $\mathbf{v}=\overrightarrow{OQ}=(v_1, v_2, v_3)$와 그 사이의 각 θ

에 대하여 cosine 제2법칙을 쓰면(그림 3.10)

$$\|\overrightarrow{PQ}\|^2 = \|\mathbf{u}\|^2 + \|\mathbf{v}\|^2 - 2\|\mathbf{u}\|\|\mathbf{v}\|\cos\theta$$

이고, $\overrightarrow{PQ} = \mathbf{v} - \mathbf{u}$이므로 다음이 성립한다.

$$\|\mathbf{u}\|\|\mathbf{v}\|\cos\theta = \frac{1}{2}(\|\mathbf{u}\|^2 + \|\mathbf{v}\|^2 - \|\mathbf{v}-\mathbf{u}\|^2)$$

이다. 따라서

$$\mathbf{u}\cdot\mathbf{v} = \|\mathbf{u}\|\|\mathbf{v}\|\cos\theta = \frac{1}{2}(\|\mathbf{u}\|^2 + \|\mathbf{v}\|^2 - \|\mathbf{v}-\mathbf{u}\|^2)$$

이다. 이 식에

$$\|\mathbf{u}\|^2 = u_1^2 + u_2^2 + u_3^2,\ \|\mathbf{v}\|^2 = v_1^2 + v_2^2 + v_3^2,$$
$$\|\mathbf{v}-\mathbf{u}\|^2 = (v_1 - u_1)^2 + (v_2 - u_2)^2 + (v_3 - u_3)^2$$

을 대입하여 정리하면 다음과 같은 간단한 식을 얻는다.

$$\mathbf{u}\cdot\mathbf{v} = u_1v_1 + u_2v_2 + u_3v_3$$

같은 방법으로 2차 공간(평면)의 두 벡터 $\mathbf{u} = (u_1,\ u_2)$, $\mathbf{v} = (v_1,\ v_2)$의 유클리드 내적은

$$\mathbf{u}\cdot\mathbf{v} = u_1v_1 + u_2v_2$$

이다.

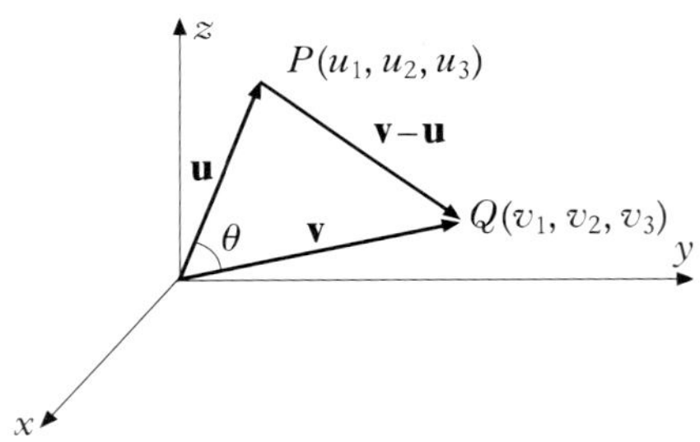

[그림 3.10]

예제 3.4

$\mathbf{u}=(0,\ 0,\ 1)$와 $\mathbf{v}=(0,\ 2,\ 2)$ 사이의 각을 구하여라.

풀이 • • •

$\mathbf{u}\cdot\mathbf{v}=\|\mathbf{u}\|\|\mathbf{v}\|\cos\theta$ 이므로 $\cos\theta=\dfrac{\mathbf{u}\cdot\mathbf{v}}{\|\mathbf{u}\|\|\mathbf{v}\|}=\dfrac{1}{\sqrt{2}}$이다. 따라서 사이의 각은 45°가 된다.

정의 3.5 • • • R^n의 두 벡터 $\mathbf{u}=(u_1,\ u_2,\ \cdots,\ u_n)$, $\mathbf{v}=(v_1,\ v_2,\ \cdots,\ v_n)$에 대하여 $\mathbf{u}$와 $\mathbf{v}$의 유클리드 내적은 다음과 같이 정의된다.

$$\mathbf{u}\cdot\mathbf{v}=u_1v_1+u_2v_2+\cdots+u_nv_n$$

정리 3.3 R^n의 세 벡터 $\mathbf{u}$, $\mathbf{v}$, $\mathbf{w}$와 스칼라 k에 대하여 다음이 성립한다.

(1) $\mathbf{v}\cdot\mathbf{v}=\|\mathbf{v}\|^2$

(2) $\mathbf{u}\cdot\mathbf{v}=\mathbf{v}\cdot\mathbf{u}$

(3) $\mathbf{u}\cdot(\mathbf{v}+\mathbf{w})=\mathbf{u}\cdot\mathbf{v}+\mathbf{u}\cdot\mathbf{w}$

(4) $k(\mathbf{u}\cdot\mathbf{v})=(k\mathbf{u})\cdot\mathbf{v}=\mathbf{u}\cdot(k\mathbf{v})$

(5) $\mathbf{v}\neq\mathbf{0}$이면 $\mathbf{v}\cdot\mathbf{v}>0$이고, $\mathbf{v}=\mathbf{0}\Leftrightarrow\mathbf{v}\cdot\mathbf{v}=0$이다.

증명 (4)만 증명하고 나머지는 연습문제로 남기겠다.

$\mathbf{u}=(u_1,\ u_2,\ \cdots,\ u_n)$, $\mathbf{v}=(v_1,\ v_2,\ \cdots,\ v_n)$을 R^n의 두 벡터라 하면

$$\begin{aligned}k(\mathbf{u}\cdot\mathbf{v})&=k(u_1v_1+u_2v_2+\cdots+u_nv_n)\\&=(ku_1)v_1+(ku_2)v_2+\cdots+(ku_n)v_n\\&=(k\mathbf{u})\cdot\mathbf{v}\end{aligned}$$

이다. 마찬가지로

$$k(\mathbf{u}\cdot\mathbf{v})=\mathbf{u}\cdot(k\mathbf{v})$$

이다. ∎

유클리드 내적은 한 벡터를 서로 수직인 두 벡터의 합으로 분해하는 문제에 유용하게 사용된다. [그림 3.11]에서와 같이 두 벡터 $\mathbf{u}$, $\mathbf{v}$에 대하여 $\mathbf{u}$를 $\mathbf{v}$와 같은 방향의 벡터 $\mathbf{w}_1$

과 $\mathbf{v}$에 수직인 벡터 $\mathbf{w}_2$의 합으로 유일하게 나타낼 수 있다. 이 때 $\mathbf{w}_1$을 $\mathbf{v}$상의 $\mathbf{u}$의 직교사영(orthogonal projection), $\mathbf{w}_2$를 $\mathbf{v}$에 대한 $\mathbf{u}$의 직교성분(orthogonal component)이라 한다.

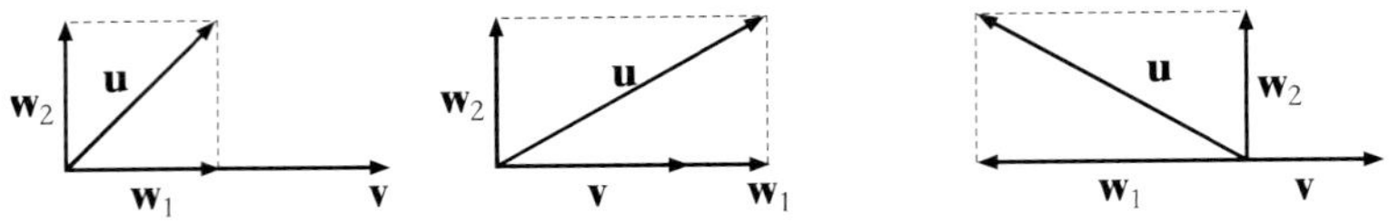

[그림 3.11]

다음 정리는 한 벡터를 서로 수직인 두 벡터의 합으로 분해하는 방법을 제시해 준다.

정리 3.4 R^n의 두 벡터 $\mathbf{u}$, $\mathbf{v}$에 대하여 $\mathbf{u}=\mathbf{w}_1+\mathbf{w}_2$의 꼴로 유일하게 나타낼 수 있다. 여기서,

$$\mathbf{w}_1 = \frac{\mathbf{u}\cdot\mathbf{v}}{\|\mathbf{v}\|^2}\mathbf{v} \qquad (\mathbf{v}\text{상의 }\mathbf{u}\text{의 직교사영})$$

$$\mathbf{w}_2 = \mathbf{u}-\frac{\mathbf{u}\cdot\mathbf{v}}{\|\mathbf{v}\|^2}\mathbf{v} \qquad (\mathbf{v}\text{에 대한 }\mathbf{u}\text{의 직교성분})$$

이다.

증명 $\mathbf{w}_1$은 $\mathbf{v}$상의 $\mathbf{u}$의 직교사영이므로 $\mathbf{w}_1=k\mathbf{v}$이다. 따라서

$$\mathbf{u}=\mathbf{w}_1+\mathbf{w}_2=k\mathbf{v}+\mathbf{w}_2 \tag{3.1}$$

식 (3.1)의 양변을 $\mathbf{v}$와 내적을 취한 후, $\mathbf{w}_2$는 $\mathbf{v}$에 수직이라는 사실을 이용하여 계산하면

$$\begin{aligned}\mathbf{u}\cdot\mathbf{v} &= (k\mathbf{v}+\mathbf{w}_2)\cdot\mathbf{v}\\ &= k\|\mathbf{v}\|^2+\mathbf{w}_2\cdot\mathbf{v}\\ &= k\|\mathbf{v}\|^2\end{aligned}$$

이다. 따라서 $k=\frac{\mathbf{u}\cdot\mathbf{v}}{\|\mathbf{v}\|^2}$가 된다. 이 k의 값을 $\mathbf{w}_1=k\mathbf{v}$와 $\mathbf{w}_2$에 대입하면 다음과 같다.

$$\mathbf{w}_1=k\mathbf{v}=\frac{\mathbf{u}\cdot\mathbf{v}}{\|\mathbf{v}\|^2}\mathbf{v},$$

$$\mathbf{w}_2 = \mathbf{u} - \mathbf{w}_1 = \mathbf{u} - \frac{\mathbf{u}\cdot\mathbf{v}}{\|\mathbf{v}\|^2}\mathbf{v}$$

예제 3.5

$\mathbf{u} = (2, -1, 3)$, $\mathbf{v} = (4, -1, 2)$일 때 $\mathbf{v}$상의 $\mathbf{u}$의 직교사영과 $\mathbf{v}$에 대한 $\mathbf{u}$의 직교성분을 구하여라.

풀이

$\mathbf{v}$상의 $\mathbf{u}$의 직교사영은

$$\mathbf{w}_1 = \frac{\mathbf{u}\cdot\mathbf{v}}{\|\mathbf{v}\|^2}\mathbf{v} = \frac{15}{21}(4, -1, 2) = \left(\frac{20}{7}, -\frac{5}{7}, \frac{10}{7}\right)$$

이고, $\mathbf{v}$에 대한 $\mathbf{u}$의 직교성분은

$$\begin{aligned}\mathbf{w}_2 = \mathbf{u} - \mathbf{w}_1 &= (2, -1, 3) - \left(\frac{20}{7}, -\frac{5}{7}, \frac{10}{7}\right)\\ &= \left(-\frac{6}{7}, -\frac{2}{7}, \frac{11}{7}\right)\end{aligned}$$

이다.

다음 정리는 유클리드 내적과 노름과의 관계를 설명해준다.

정리 3.5 $\mathbf{u}, \mathbf{v} \in \boldsymbol{R}^n$이면

(1) $|\mathbf{u}\cdot\mathbf{v}| \le \|\mathbf{u}\|\|\mathbf{v}\|$이고,
특히 $|\mathbf{u}\cdot\mathbf{v}| = \|\mathbf{u}\|\|\mathbf{v}\| \Leftrightarrow \mathbf{u}$와 $\mathbf{v}$는 동일한 직선상에 존재한다.

(2) $\|\mathbf{u}+\mathbf{v}\| \le \|\mathbf{u}\| + \|\mathbf{v}\|$이다(삼각 부등식).

예제 3.6

임의의 실수 $v_1, v_2, \cdots, v_n, w_1, w_2, \cdots, w_n$에 대하여 다음이 성립한다.

(1) $\left|\sum_{i=1}^{n} v_i w_i\right| \le \left(\sum_{i=1}^{n} v_i^2\right)^{\frac{1}{2}}\left(\sum_{i=1}^{n} w_i^2\right)^{\frac{1}{2}}$

(2) $\left(\sum_{i=1}^{n}(v_i+w_i)^2\right)^{\frac{1}{2}} \le \left(\sum_{i=1}^{n}v_i^2\right)^{\frac{1}{2}} + \left(\sum_{i=1}^{n}w_i^2\right)^{\frac{1}{2}}$

풀이 • • •

$\mathbf{v}=(v_1, v_2, \cdots, v_n)$, $\mathbf{w}=(w_1, w_2, \cdots, w_n)$를 R^n의 두 벡터로 보고 정리 3.5를 적용하면 된다.

연습문제 3.2

1. 다음에 주어진 벡터 $\mathbf{u}$, $\mathbf{v}$에 대하여 $\mathbf{u}$를 $\mathbf{v}$상의 $\mathbf{u}$의 직교사영과 $\mathbf{v}$에 대한 $\mathbf{u}$의 직교성분의 합으로 표시하여라.

   (1) $\mathbf{u}=(1, 2)$, $\mathbf{v}=(-3, 2)$　　(2) $\mathbf{u}=(0, 0, 1)$, $\mathbf{v}=(1, 1, 1)$

2. $\|\mathbf{u}+\mathbf{v}\|^2+\|\mathbf{u}-\mathbf{v}\|^2=2\|\mathbf{u}\|^2+2\|\mathbf{v}\|^2$임을 보여라.

3. 벡터공간 R^n의 한 벡터 $\mathbf{v}$가 R^n의 벡터들 $\mathbf{u}_1, \mathbf{u}_2, \cdots, \mathbf{u}_r$과 직교하면 $\mathbf{v}$는 $k_1\mathbf{u}_1+k_2\mathbf{u}_2+\cdots+k_r\mathbf{u}_r$과 직교함을 보여라(단, $k_1, \cdots, k_r$은 임의의 실수).

4. 유클리드 노름이 1이고 $(-2, 4)$와 수직인 R^2의 두 벡터를 구하여라.

5. 두 벡터 $\mathbf{u}=(4, -2, 2)$, $\mathbf{v}=(1, 1, 2)$에 대하여 다음을 구하여라.

   (1) $\mathbf{u}$와 $\mathbf{v}$ 사이의 각 θ

   (2) $\mathbf{v}$에 대한 $\mathbf{u}$의 직교성분

6. $\mathbf{u}=(1, 2)$, $\mathbf{v}=(4, -2)$, $\mathbf{w}=(6, 0)$일 때, 다음을 구하여라.

   (1) $\mathbf{u}\cdot(7\mathbf{v}+\mathbf{w})$　　(2) $\|(\mathbf{u}\cdot\mathbf{w})\mathbf{w}\|$

   (3) $\|\mathbf{u}\|(\mathbf{v}\cdot\mathbf{w})$　　(4) $(\|\mathbf{u}\|\mathbf{v})\cdot\mathbf{w}$

7. 다음과 같은 표현은 의미가 없음을 설명하여라.

   (1) $\mathbf{u} \cdot (\mathbf{v} \cdot \mathbf{w})$　　(2) $(\mathbf{u} \cdot \mathbf{v}) + \mathbf{w}$

   (3) $\|\mathbf{u} \cdot \mathbf{v}\|$　　(4) $k \cdot (\mathbf{u} + \mathbf{v})$

8. 정육면체의 한 대각선과 한 면의 사이의 각을 구하여라.

9. 꼭짓점이 $(1, -1)$, $(-2, 0)$, $(2, 4)$인 삼각형의 내각 중 가장 큰 각을 θ라고 할 때, $\cos\theta$값을 유클리드 내적을 이용하여 구하여라.

10. $\boldsymbol{R}^n$의 두 벡터 $\mathbf{u}$, $\mathbf{v}$에 대하여 다음 항등식을 증명하여라.

$$\mathbf{u} \cdot \mathbf{v} = \frac{1}{4}\|\mathbf{u} + \mathbf{v}\|^2 - \frac{1}{4}\|\mathbf{u} - \mathbf{v}\|^2$$

보충문제 3.2

01. 벡터 $(-3, 4)$와 직교하고 노름이 1인 두 벡터를 구하여라.

답 $\pm\frac{1}{5}(4, 3)$

02. R^3의 두 벡터 $(2, 1, k)$, $(3, k, 2)$가 직교하기 위한 k의 값을 구하여라.

답 $k=-2$

03. R^3의 두 벡터 $\mathbf{u}=(2, -1, 1)$, $\mathbf{v}=(1, 1, 2)$에 대하여 다음 물음에 답하여라.

(1) $\mathbf{u}$와 $\mathbf{v}$ 사이의 각 θ를 구하여라.

(2) $\mathbf{v}$상의 $\mathbf{u}$의 직교사영 $\mathbf{w}_1$과 $\mathbf{v}$에 대한 $\mathbf{u}$의 직교성분 $\mathbf{w}_2$를 구하여라.

답 (1) $\frac{\pi}{3}$ (2) $\mathbf{w}_1=\frac{1}{2}(1, 1, 2)$, $\mathbf{w}_2=\frac{1}{2}(3, -3, 0)$

04. 네 점 $O(0, 0, 0)$, $A=(1, 5, -2)$, $B=(1, 2, 3)$, $C=(3, 5, 1)$에 대하여 다음 물음에 답하여라.

(1) $\overrightarrow{OA}$와 $\overrightarrow{OB}$ 사이의 각 θ의 $\cos\theta$ 값을 구하여라.

(2) $\overrightarrow{OA}$상의 $\overrightarrow{OB}$의 직교사영을 구하여라.

(3) $\triangle ABC$의 세 변의 길이의 합을 구하여라.

답 (1) $\frac{\sqrt{105}}{42}$ (2) $\frac{1}{6}(1, 5, -2)$

(3) $\sqrt{34}+\sqrt{17}+\sqrt{13}$

05. 정육면체의 한 대각선과 한 변이 이루는 각 θ의 $\cos\theta$ 값을 구하여라.

답 $\frac{1}{\sqrt{3}}$

06. 서로 직교하고 노름이 1인 R^n의 두 벡터 $\mathbf{u}$, $\mathbf{v}$에 대하여 $\|\mathbf{u}-\mathbf{v}\|$를 구하여라.

답 $\sqrt{2}$

07. R^n의 두 벡터 $\mathbf{u}$, $\mathbf{v}$가 노름이 같으면 $\mathbf{u}+\mathbf{v}$와 $\mathbf{u}-\mathbf{v}$는 직교함을 보여라.

답 $(\mathbf{u}+\mathbf{v})\cdot(\mathbf{u}-\mathbf{v})=0$

08. R^n의 한 벡터 $\mathbf{u}$가 R^n의 두 벡터 $\mathbf{v}$, $\mathbf{w}$에 동시에 직교하면 임의의 실수 a, b에 대하여 $\mathbf{u}$는 $a\mathbf{v}+b\mathbf{w}$와 직교함을 보여라.

답 $\mathbf{u}\cdot(a\mathbf{v}+b\mathbf{w})=0$

09. 어느 외환 환전소에서 하루에 \$100를 100장, \$10를 1550장, \$1를 1000장 환전해 주었다. 이 때 달러당 25원의 환전 수수료를 받는다고 하자. 벡터 $\mathbf{u}=(100, 1550, 1000)$, $\mathbf{v}=(2500, 250, 25)$라 둘 때, $\mathbf{u}\cdot\mathbf{v}$는 무엇을 의미하는가?

답 하루 환전 수수료 총 수입

3.3 외 적

기하학, 물리학, 공학의 응용문제를 다룰 때 3차 공간에서 주어진 두 벡터와 동시에 수직하는 한 벡터를 만들어야 하는 경우가 종종 있다. 이 절에서는 이러한 벡터를 만드는 방법에 대하여 알아보자.

$\boldsymbol{R}^3$의 세 벡터 $\mathbf{i}=(1, 0, 0)$, $\mathbf{j}=(0, 1, 0)$, $\mathbf{k}=(0, 0, 1)$는 모두 노름이 1이고 각각 좌표축을 따라 놓여진다(그림 3.12). 이 벡터들을 $\boldsymbol{R}^3$의 **정규단위벡터**(standard unit vector)라 한다. $\boldsymbol{R}^3$의 모든 벡터들은 **i, j, k**를 이용하여 표시할 수 있다. 실제로 $\mathbf{u}=(u_1, u_2, u_3)$를 $\boldsymbol{R}^3$의 임의의 벡터라고 하면 다음과 같이 쓸 수 있다.

$$\begin{aligned}\mathbf{u}&=(u_1, u_2, u_3)=u_1(1, 0, 0)+u_2(0, 1, 0)+u_3(0, 0, 1)\\&=u_1\mathbf{i}+u_2\mathbf{j}+u_3\mathbf{k}\end{aligned}$$

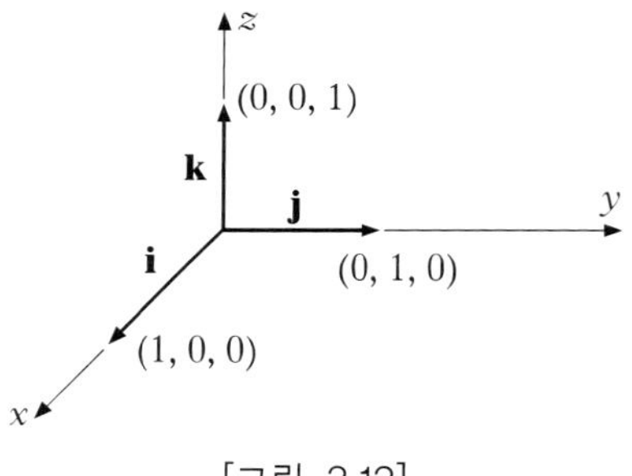

[그림 3.12]

정의 3.6 3차 공간의 두 벡터 $\mathbf{u}=(u_1, u_2, u_3)$, $\mathbf{v}=(v_1, v_2, v_3)$가 주어졌을 때, **외적**(outer product 또는 cross product) $\mathbf{u}\times\mathbf{v}$은 다음과 같이 정의된다.

$$\mathbf{u}\times\mathbf{v}=\left(\begin{vmatrix}u_2 & u_3\\ v_2 & v_3\end{vmatrix}, -\begin{vmatrix}u_1 & u_3\\ v_1 & v_3\end{vmatrix}, \begin{vmatrix}u_1 & u_2\\ v_1 & v_2\end{vmatrix}\right)$$

$$= (u_2v_3 - u_3v_2,\ u_3v_1 - u_1v_3,\ u_1v_2 - u_2v_1)$$

$$= \begin{vmatrix} u_2 & u_3 \\ v_2 & v_3 \end{vmatrix}\mathbf{i} - \begin{vmatrix} u_1 & u_3 \\ v_1 & v_3 \end{vmatrix}\mathbf{j} + \begin{vmatrix} u_1 & u_2 \\ v_1 & v_2 \end{vmatrix}\mathbf{k}$$

$$= \begin{vmatrix} \mathbf{i} & \mathbf{j} & \mathbf{k} \\ u_1 & u_2 & u_3 \\ v_1 & v_2 & v_3 \end{vmatrix}$$

예제 3.7

$\mathbf{i}\times\mathbf{j}$, $\mathbf{j}\times\mathbf{i}$, $\mathbf{j}\times\mathbf{k}$, $\mathbf{k}\times\mathbf{j}$, $\mathbf{k}\times\mathbf{i}$, $\mathbf{i}\times\mathbf{k}$, $\mathbf{i}\times\mathbf{i}$, $\mathbf{j}\times\mathbf{j}$, $\mathbf{k}\times\mathbf{k}$를 구하여라.

풀이 • • •

$$\mathbf{i}\times\mathbf{j} = \begin{vmatrix} \mathbf{i} & \mathbf{j} & \mathbf{k} \\ 1 & 0 & 0 \\ 0 & 1 & 0 \end{vmatrix} = \mathbf{k} = (0,\ 0,\ 1),$$

$$\mathbf{j}\times\mathbf{i} = \begin{vmatrix} \mathbf{i} & \mathbf{j} & \mathbf{k} \\ 0 & 1 & 0 \\ 1 & 0 & 0 \end{vmatrix} = -\mathbf{k} = (0,\ 0,\ -1).$$

같은 방법으로 나머지 벡터들의 외적을 구하면 다음과 같다.

$$\mathbf{j}\times\mathbf{k} = \mathbf{i} = -\mathbf{k}\times\mathbf{j},$$

$$\mathbf{k}\times\mathbf{i} = \mathbf{j} = -\mathbf{i}\times\mathbf{k},$$

$$\mathbf{i}\times\mathbf{i} = \mathbf{j}\times\mathbf{j} = \mathbf{k}\times\mathbf{k} = \mathbf{0}$$

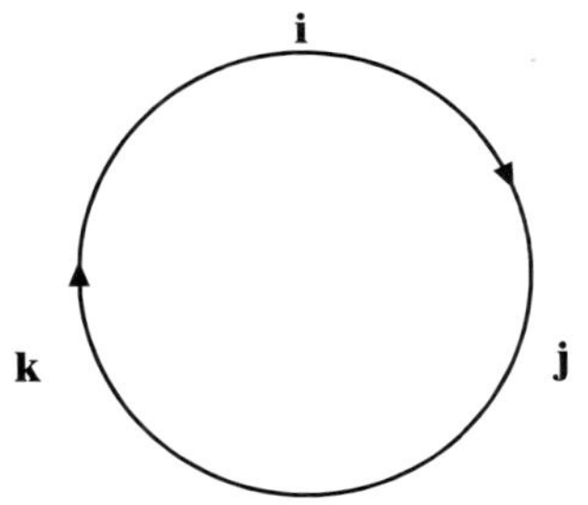

[그림 3.13]

[그림 3.13]에 따르면, 시계방향으로 연속되는 두 벡터의 외적은 그 다음 벡터이고, 시계 반대방향으로 연속되는 두 벡터의 외적은 그 다음 벡터에 '–'부호를 붙인 벡터이다.

예제 3.8

$\mathbf{u}=(1,\ 2,\ -2)$, $\mathbf{v}=(3,\ 0,\ 1)$에 대하여 $\mathbf{u}\times\mathbf{v}$를 구하여라.

풀이 • • •

$$\mathbf{u}\times\mathbf{v}=\begin{vmatrix} \mathbf{i} & \mathbf{j} & \mathbf{k} \\ 1 & 2 & -2 \\ 3 & 0 & 1 \end{vmatrix}=2\mathbf{i}-7\mathbf{j}-6\mathbf{k}=(2,\ -7,\ -6).$$

주의 3차 공간의 세 벡터 $\mathbf{u}$, $\mathbf{v}$, $\mathbf{w}$에 대하여 $(\mathbf{u}\times\mathbf{v})\times\mathbf{w}\neq\mathbf{u}\times(\mathbf{v}\times\mathbf{w})$이다. 예를 들면,

$$(\mathbf{i}\times\mathbf{j})\times\mathbf{j}=\mathbf{k}\times\mathbf{j}=-\mathbf{i}$$

이고

$$\mathbf{i}\times(\mathbf{j}\times\mathbf{j})=\mathbf{i}\times\mathbf{0}=\mathbf{0}$$

이다. 따라서

$$(\mathbf{i}\times\mathbf{j})\times\mathbf{j}\neq\mathbf{i}\times(\mathbf{j}\times\mathbf{j})$$

이다.

주의 두 벡터의 내적을 취한 결과는 스칼라이지만 외적을 취한 결과는 또다른 하나의 벡터이다. 또한, 벡터의 외적은 3차 공간에서만 정의된다.

다음 정리는 외적의 계산 법칙 및 내적과 외적의 관계를 규명해 주는 중요한 정리이다.

정리 3.6 3차 공간의 영벡터가 아닌 세 벡터 $\mathbf{u}$, $\mathbf{v}$, $\mathbf{w}$와 스칼라 k에 대하여 다음이 성립한다.

(1) $\mathbf{u}\cdot(\mathbf{u}\times\mathbf{v})=0$ 즉, $\mathbf{u}\times\mathbf{v}\perp\mathbf{u}$

(2) $\mathbf{v}\cdot(\mathbf{u}\times\mathbf{v})=0$ 즉, $\mathbf{u}\times\mathbf{v}\perp\mathbf{v}$

(3) $\|\mathbf{u}\times\mathbf{v}\|^2=\|\mathbf{u}\|^2\|\mathbf{v}\|^2-(\mathbf{u}\cdot\mathbf{v})^2$ (Lagrange 공식)

(4) $\mathbf{u}\times\mathbf{v}=-(\mathbf{v}\times\mathbf{u})$

(5) $\mathbf{u}\times(\mathbf{v}+\mathbf{w})=(\mathbf{u}\times\mathbf{v})+(\mathbf{u}\times\mathbf{w})$

(6) $(\mathbf{u}+\mathbf{v})\times\mathbf{w}=(\mathbf{u}\times\mathbf{w})+(\mathbf{v}\times\mathbf{w})$

(7) $k(\mathbf{u}\times\mathbf{v})=(k\mathbf{u})\times\mathbf{v}=\mathbf{u}\times(k\mathbf{v})$

(8) $\mathbf{u}\times\mathbf{0}=\mathbf{0}\times\mathbf{u}=\mathbf{0}$

(9) $\mathbf{u}\times\mathbf{u}=\mathbf{0}$

증명 (1), (3)만 증명하고 나머지는 독자에게 맡긴다.
$\mathbf{u}=(u_1,\ u_2,\ u_3)$, $\mathbf{v}=(v_1,\ v_2,\ v_3)$라고 하자.

$$(1)\ \ \mathbf{u}\cdot(\mathbf{u}\times\mathbf{v})=(u_1,\ u_2,\ u_3)\cdot\begin{vmatrix}\mathbf{i} & \mathbf{j} & \mathbf{k}\\ u_1 & u_2 & u_3\\ v_1 & v_2 & v_3\end{vmatrix}$$

$$=(u_1,\ u_2,\ u_3)\cdot(u_2v_3-u_3v_2,\ u_3v_1-u_1v_3,\ u_1v_2-u_2v_1)$$

$$=u_1(u_2v_3-u_3v_2)+u_2(u_3v_1-u_1v_3)+u_3(u_1v_2-u_2v_1)$$

$$=0.$$

$$(3)\ \ \|\mathbf{u}\times\mathbf{v}\|^2=(u_2v_3-u_3v_2)^2+(u_3v_1-u_1v_3)^2+(u_1v_2-u_2v_1)^2 \tag{3.2}$$

이고,

$$\|\mathbf{u}\|^2\|\mathbf{v}\|^2-(\mathbf{u}\cdot\mathbf{v})^2=(u_1^2+u_2^2+u_3^2)(v_1^2+v_2^2+v_3^2)-(u_1v_1+u_2v_2+u_3v_3)^2 \tag{3.3}$$

이므로 식 (3.2)와 식 (3.3)의 우변을 계산한 후 비교함으로써 증명된다. ∎

예제 3.9

$\mathbf{u}=(1,\ 2,\ -2)$, $\mathbf{v}=(3,\ 0,\ 1)$일 때, 예제 3.8에서 $\mathbf{u}\times\mathbf{v}=(2,\ -7,\ -6)$임을 보였다. 이제 $\mathbf{u}\times\mathbf{v}$는 $\mathbf{u}$와 $\mathbf{v}$에 동시에 수직임을 알아보자.

$$\mathbf{u}\cdot(\mathbf{u}\times\mathbf{v})=(1)(2)+(2)(-7)+(-2)(-6)=0$$

$$\mathbf{v}\cdot(\mathbf{u}\times\mathbf{v})=(3)(2)+(0)(-7)+(1)(-6)=0$$

따라서 $\mathbf{u}\times\mathbf{v}$는 $\mathbf{u}$와 $\mathbf{v}$에 동시에 수직이다.

외적을 취한 결과는 벡터이므로 크기와 방향을 갖는다. 지금부터 이 벡터의 방향을 결정하는 방법과 크기에 대한 기하학적 의미를 살펴보자.

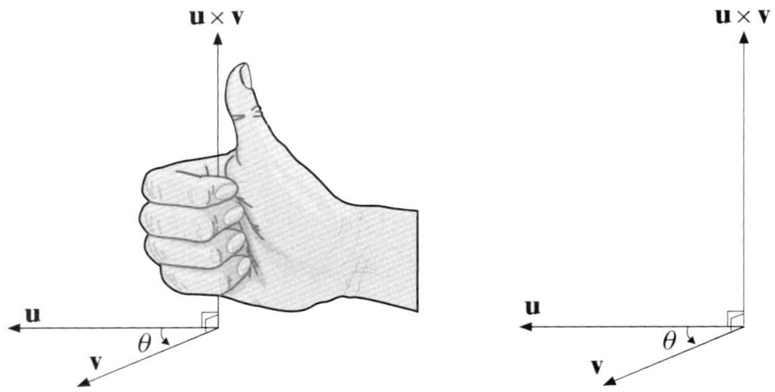

[그림 3.14]

정리 3.6으로부터 $\mathbf{u}\neq\mathbf{0}$, $\mathbf{v}\neq\mathbf{0}$이면 $\mathbf{u}\times\mathbf{v}$는 $\mathbf{u}$와 $\mathbf{v}$에 동시에 수직임을 알았다. 그리고 $\mathbf{u}\times\mathbf{v}$의 방향은 [그림 3.14]와 같이 '오른손 법칙'을 이용해서 정할 수 있다. 즉, $\mathbf{u}$와 $\mathbf{v}$를 포함하는 평면 위에서 오른손의 손가락들이 $\mathbf{u}$에서 $\mathbf{v}$로 향하도록 오른손으로 감싸 쥘 때 오른손의 엄지손가락 방향이 $\mathbf{u}\times\mathbf{v}$의 방향이다. 이제 $\|\mathbf{u}\times\mathbf{v}\|$의 의미를 알아보자.

$\mathbf{u}$와 $\mathbf{v}$가 영벡터가 아닌 벡터이면 Lagrange 공식에 의하여

$$\|\mathbf{u}\times\mathbf{v}\|^2=\|\mathbf{u}\|^2\|\mathbf{v}\|^2-(\mathbf{u}\cdot\mathbf{v})^2 \tag{3.4}$$

이다. 이때 θ가 $\mathbf{u}$와 $\mathbf{v}$ 사이의 각이면 $\mathbf{u}\cdot\mathbf{v}=\|\mathbf{u}\|\|\mathbf{v}\|\cos\theta$이므로 식 (3.4)는 다음과 같이 쓸 수 있다.

$$\begin{aligned}\|\mathbf{u}\times\mathbf{v}\|^2&=\|\mathbf{u}\|^2\|\mathbf{v}\|^2-\|\mathbf{u}\|^2\|\mathbf{v}\|^2\cos^2\theta\\&=\|\mathbf{u}\|^2\|\mathbf{v}\|^2(1-\cos^2\theta)\\&=\|\mathbf{u}\|^2\|\mathbf{v}\|^2\sin^2\theta\end{aligned}$$

따라서

$$\|\mathbf{u}\times\mathbf{v}\|=\|\mathbf{u}\|\|\mathbf{v}\|\sin\theta \tag{3.5}$$

이다. 식 (3.5)의 $\|\mathbf{v}\|\sin\theta$는 $\mathbf{u}$와 $\mathbf{v}$에 의하여 결정되는 평행사변형의 높이와 같다(그림 3.15). 그러므로 식 (3.5)로부터 이 평행사변형의 넓이 S는 다음과 같이 주어진다.

$$S=(\text{밑변})(\text{높이})=\|\mathbf{u}\|\|\mathbf{v}\|\sin\theta=\|\mathbf{u}\times\mathbf{v}\|$$

다시 말해서, $\|\mathbf{u}\times\mathbf{v}\|$는 '$\mathbf{u}$와 $\mathbf{v}$에 의하여 결정되는 평행사변형의 넓이와 같다'는 기하학적인 의미를 갖는다.

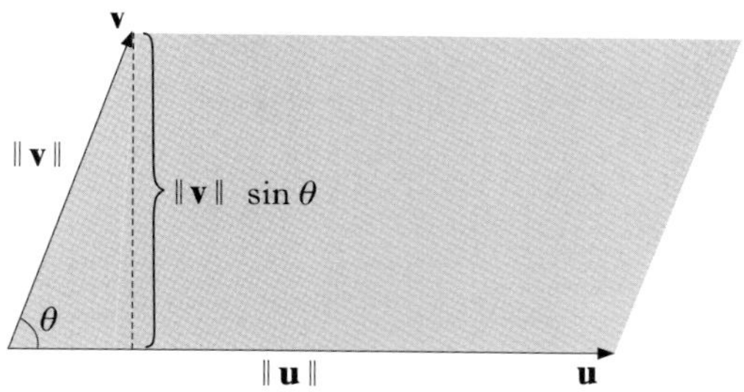

[그림 3.15]

예제 3.10

3차 공간상의 세 점 $P_1(2, 2, 0)$, $P_2(-1, 0, 2)$, $P_3(0, 4, 3)$로 이루어지는 삼각형의 넓이 S를 구하여라.

풀이 • • •

삼각형의 넓이 S는 벡터 $\overrightarrow{P_1P_2}$와 $\overrightarrow{P_1P_3}$에 의하여 만들어지는 평행사변형의 넓이의 1/2이다 (그림 3.16). 그리고

$$\overrightarrow{P_1P_2} = (-3, -2, 2),\ \overrightarrow{P_1P_3} = (-2, 2, 3)$$

이므로 이들의 외적은 다음과 같다.

$$\overrightarrow{P_1P_2} \times \overrightarrow{P_1P_3} = (-10, 5, -10)$$

따라서 삼각형의 넓이 S는 다음과 같다.

$$S = \frac{1}{2}\|\overrightarrow{P_1P_2} \times \overrightarrow{P_1P_3}\| = \frac{15}{2}$$

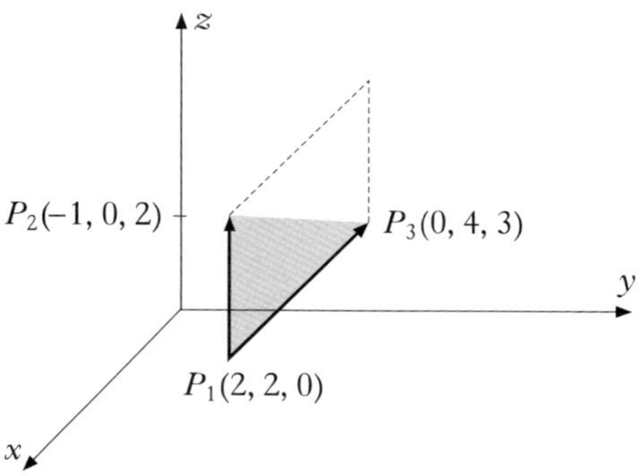

[그림 3.16]

3차 공간에서 동일한 평면 위에 있지 않은 영벡터가 아닌 세 벡터 $\mathbf{u}$, $\mathbf{v}$, $\mathbf{w}$를 세 변으로 하는 평행육면체의 부피 V를 구하는 문제를 생각해 보자.

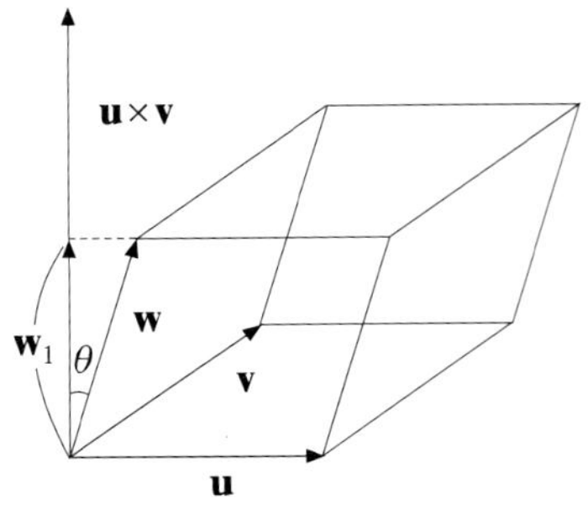

[그림 3.17]

[그림 3.17]에서 $\mathbf{u}$와 $\mathbf{v}$로 이루어지는 평행사변형의 넓이를 S, $\mathbf{u}\times\mathbf{v}$와 $\mathbf{w}$가 이루는 각을 θ, $\mathbf{u}\times\mathbf{v}$상의 $\mathbf{w}$의 직교사영을 $\mathbf{w}_1$이라 하면, 부피 V는 다음과 같이 계산할 수 있다.

(1) θ가 예각이면 $\cos\theta>0$이고, $\|\mathbf{w}_1\|=\|\mathbf{w}\|\cos\theta$이므로

$$\begin{aligned} V&=S\|\mathbf{w}_1\|=S\|\mathbf{w}\|\cos\theta \\ &=\|\mathbf{u}\times\mathbf{v}\|\|\mathbf{w}\|\cos\theta \\ &=(\mathbf{u}\times\mathbf{v})\cdot\mathbf{w}. \end{aligned}$$

(2) θ가 둔각이면 $\cos\theta<0$이고, $\|\mathbf{w}_1\|=-\|\mathbf{w}\|\cos\theta$이므로

$$\begin{aligned} V&=S\|\mathbf{w}_1\|=-S\|\mathbf{w}\|\cos\theta \\ &=-\|\mathbf{u}\times\mathbf{v}\|\|\mathbf{w}\|\cos\theta \\ &=-(\mathbf{u}\times\mathbf{v})\cdot\mathbf{w}. \end{aligned}$$

(1), (2)를 종합하면 부피는 다음과 같다.

$$V=|(\mathbf{u}\times\mathbf{v})\cdot\mathbf{w}|$$

예제 3.11

3차 공간에서 다음 세 벡터 $\mathbf{u}$, $\mathbf{v}$, $\mathbf{w}$로 이루어지는 평행육면체의 부피 V를 구하여라. 단, $\mathbf{u}=(0,\ 2,\ -1)$, $\mathbf{v}=(3,\ 2,\ -1)$, $\mathbf{w}=(4,\ -3,\ 2)$.

풀이 • • •

$\mathbf{u}\times\mathbf{v}=\begin{vmatrix} \mathbf{i} & \mathbf{j} & \mathbf{k} \\ 0 & 2 & -1 \\ 3 & 2 & -1 \end{vmatrix}=(0,\ -3,\ -6)$이므로 $V=|(\mathbf{u}\times\mathbf{v})\cdot\mathbf{w}|=3$이다.

연습문제 3.3

1. 벡터 $\mathbf{u}=(-7,\ 3,\ 1)$와 $\mathbf{v}=(2,\ 0,\ 4)$에 동시에 수직인 벡터를 모두 구하여라.

2. $\mathbf{u}=(-1,\ 3,\ 2)$, $\mathbf{v}=(1,\ 1,\ -1)$일 때, $\mathbf{u}\times\mathbf{x}=\mathbf{v}$가 되는 벡터 $\mathbf{x}$를 구하여라.

3. 다음 물음에 답하여라.
   (1) $\mathbf{v}=(-1,\ 2)$와 방향이 같고 크기가 10인 벡터를 구하여라.
   (2) $\mathbf{u}$, $\mathbf{v}$가 3차 공간의 벡터일 때, $(\mathbf{u}+3\mathbf{v})\times\mathbf{v}+(-2\mathbf{u}+\mathbf{v})\times\mathbf{u}$를 간단히 하여라.
   (3) $\mathbf{u}=(-1,\ 2,\ 1)$, $\mathbf{v}=(2,\ 1,\ 2)$에 동시에 직교하는 벡터를 모두 구하여라.

4. 네 점 $O(0,\ 0,\ 0)$, $P(1,\ 5,\ -2)$, $Q(1,\ 2,\ 3)$, $R(3,\ 5,\ 1)$에 대하여 다음 물음에 답하여라.
   (1) $\triangle PQR$의 넓이를 구하여라.
   (2) 세 점 P, Q, R을 포함하는 평행사변형의 넓이를 구하여라.
   (3) $\overrightarrow{OP}$, $\overrightarrow{OQ}$, $\overrightarrow{OR}$로 이루어지는 평행육면체의 부피를 구하여라.

5. $\mathbf{u}=(u_1,\ u_2,\ u_3)$, $\mathbf{v}=(v_1,\ v_2,\ v_3)$, $\mathbf{w}=(w_1,\ w_2,\ w_3)$에 대하여 다음 물음에 답하여라.
   (1) $\mathbf{u}\cdot(\mathbf{v}\times\mathbf{w})=\begin{vmatrix} u_1 & u_2 & u_3 \\ v_1 & v_2 & v_3 \\ w_1 & w_2 & w_3 \end{vmatrix}$임을 보여라.
   (2) $\mathbf{u}=(-1,\ 4,\ 7)$, $\mathbf{v}=(6,\ -7,\ 3)$, $\mathbf{w}=(4,\ 0,\ 1)$일 때, $\mathbf{u}\cdot(\mathbf{v}\times\mathbf{w})$을 구하여라.

6. $\mathbf{u}\times\mathbf{v}\times\mathbf{w}$의 표현은 의미가 없음을 설명하여라.

7. $\mathbf{u}$, $\mathbf{v}$, $\mathbf{w}$가 3차 공간에서 영벡터가 아닌 벡터들이고 그 중 어느 2개도 동일한 직선상에 있지 않을 때, 다음을 보여라.
   (1) $\mathbf{u}\times(\mathbf{v}\times\mathbf{w})$는 $\mathbf{v}$와 $\mathbf{w}$에 의하여 결정되는 평면에 존재한다.
   (2) $(\mathbf{u}\times\mathbf{v})\times\mathbf{w}$는 $\mathbf{u}$와 $\mathbf{v}$에 의하여 결정되는 평면에 존재한다.

8. $\mathbf{u}$, $\mathbf{v}$, $\mathbf{w}$가 3차 공간에서 영벡터가 아닌 벡터들이고 k가 임의의 스칼라일 때, 다음을 증명하여라.
   (1) $(\mathbf{u}+k\mathbf{v})\times\mathbf{v}=\mathbf{u}\times\mathbf{v}$
   (2) $(\mathbf{u}\times\mathbf{v})\cdot\mathbf{w}=\mathbf{u}\cdot(\mathbf{v}\times\mathbf{w})$
   (3) $(\mathbf{u}\times\mathbf{v})\times\mathbf{w}=(\mathbf{u}\cdot\mathbf{w})\mathbf{v}-(\mathbf{v}\cdot\mathbf{w})\mathbf{u}$ (hint : 먼저 $\mathbf{w}=\mathbf{i}$, $\mathbf{j}$, $\mathbf{k}$인 경우를 각각 보이고 $\mathbf{w}=(w_1, w_2, w_3)=w_1\mathbf{i}+w_2\mathbf{j}+w_3\mathbf{k}$를 이용하여라).

보 충 문 제 3.3

01. 3차 공간의 두 벡터 $\mathbf{u}$, $\mathbf{v}$에 대하여 $\|\mathbf{u}\|=2$, $\|\mathbf{v}\|=\sqrt{3}$, $\|\mathbf{u}\times\mathbf{v}\|=3$일 때, 다음을 구하여라.

(1) $\mathbf{u}$와 $\mathbf{v}$ 사이의 각 θ를 구하여라.

(2) $\mathbf{u}\cdot\mathbf{v}$를 구하여라.

답 (1) $\theta=\frac{\pi}{3}$ (2) $\sqrt{3}$

02. R^3의 두 벡터 $\mathbf{u}=(1, 1, 1)$, $\mathbf{v}=(-1, 3, 1)$에 대하여 다음 물음에 답하여라.

(1) $\mathbf{u}$와 $\mathbf{v}$ 사이의 각 θ에 대한 $\cos\theta$를 구하여라.

(2) $\mathbf{u}$와 $\mathbf{v}$에 동시에 수직인 벡터들을 모두 구하여라.

답 (1) $\cos\theta=\sqrt{\frac{3}{11}}$ (2) $k(-2, -2, 4)$, $k\neq 0$

03. 벡터 $\mathbf{v}=(7, 6, -3)$과 크기 및 방향이 같은 벡터 $\overrightarrow{PQ}$에 대하여 다음 물음에 답하여라. 단, $O=(0, 0, 0)$, $P=(2, -1, -2)$이다.

(1) 점 Q의 좌표를 구하여라.

(2) $\overrightarrow{OP}$상의 $\overrightarrow{OQ}$의 직교사영 $\mathbf{w}_1$을 구하여라.

(3) $\overrightarrow{OP}$와 $\overrightarrow{OQ}$에 동시에 수직인 두 벡터를 구하여라.

(4) $\overrightarrow{OP}$와 $\overrightarrow{OQ}$로 이루어지는 삼각형의 넓이를 구하여라.

답 (1) $Q=(9, 5, -5)$ (2) $\mathbf{w}_1=\frac{23}{9}(2, -1, -2)$

(3) $\pm(15, -8, 19)$ (4) $\frac{\sqrt{650}}{2}$

04. 네 점 $O(0, 0, 0)$, $P(3, 2, -1)$, $Q(1, 0, -1)$, $R(2, 1, 3)$에 대하여 다음 물음에 답하여라.

(1) $\triangle PQR$의 넓이를 구하여라.

(2) 세 점 P, Q, R을 포함하는 평행사변형의 넓이를 구하여라.

(3) $\overrightarrow{OP}, \overrightarrow{OQ}, \overrightarrow{OR}$로 이루어지는 평행육면체의 부피를 구하여라.

(4) 점 $S(3, 3, 0)$에 대하여 $\overrightarrow{PS}$와 $\triangle PQR$ 사이의 각 θ를 구하여라.

답 (1) $4\sqrt{2}$ (2) $8\sqrt{2}$

(3) 8 (4) $\frac{\pi}{6}$

05. R^3의 세 벡터 $\mathbf{u}, \mathbf{v}, \mathbf{w}$에 대하여 다음 물음에 답하여라.

(1) $\mathbf{u}\times(\mathbf{v}+\mathbf{w})=(\mathbf{u}\times\mathbf{v})+(\mathbf{u}\times\mathbf{w})$임을 보여라.

(2) $\mathbf{u}\times\mathbf{v}=\mathbf{0}$일 필요충분조건은 $\mathbf{u}$와 $\mathbf{v}$가 평행임을 보여라.

(3) $\|\mathbf{u}\times\mathbf{v}\|=\|\mathbf{u}\|\|\mathbf{v}\|$일 필요충분조건은 $\mathbf{u}$와 $\mathbf{v}$가 서로 수직임을 보여라.

(4) $\|\mathbf{u}+\mathbf{v}\|=\|\mathbf{u}-\mathbf{v}\|$일 필요충분조건은 $\mathbf{u}$와 $\mathbf{v}$가 서로 수직임을 보여라.

(5) $\mathbf{u}\times(\mathbf{v}\times\mathbf{w})\neq(\mathbf{u}\times\mathbf{v})\times\mathbf{w}$인 예를 하나만 들어라.

답 (1)~(4) 생략 (5) $\mathbf{i}\times(\mathbf{i}\times\mathbf{j})=-\mathbf{j}\neq\mathbf{0}=(\mathbf{i}\times\mathbf{i})\times\mathbf{j}$

06. 내적과 외적의 차이점과 그 응용의 예를 들어라.

답 생략

3.4 3차 공간에서의 직선과 평면

이 절에서는 벡터를 이용하여 3차 공간에서의 직선과 평면의 방정식을 유도해 보자. 평면해석기하에서 한 직선은 그 직선의 기울기와 직선상의 한 점에 의하여 결정된다. 마찬가지로 3차 공간에서 한 평면은 그 평면의 경사와 평면 위의 한 점에 의하여 결정된다고 할 수 있다. 평면의 경사는 그 평면에 수직인 벡터를 사용하여 표현할 수 있다. 평면에 수직인 벡터를 그 평면에 대한 **법선벡터**(normal vector)라 한다.

점 $P_0(x_0, y_0, z_0)$를 지나고, 영벡터가 아닌 벡터 $\mathbf{n}=(a, b, c)$를 법선벡터로 갖는 평면의 방정식을 구해보자.

[그림 3.18]로부터 구하고자 하는 평면은 $\overrightarrow{P_0P}$가 $\mathbf{n}$에 수직인 점 $P(x, y, z)$들로 이루어진다. 즉,

$$\mathbf{n}\cdot\overrightarrow{P_0P}=0$$

을 만족하는 점 P들의 집합이 구하고자 하는 평면이다. 그런데

$$\overrightarrow{P_0P}=(x-x_0,\ y-y_0,\ z-z_0)$$

이므로 구하고자 하는 평면의 방정식은 다음과 같이 쓸 수 있다.

$$a(x-x_0)+b(y-y_0)+c(z-z_0)=0 \tag{3.6}$$

이 식을 평면방정식의 **점수선(point-normal)형식**이라 부른다.

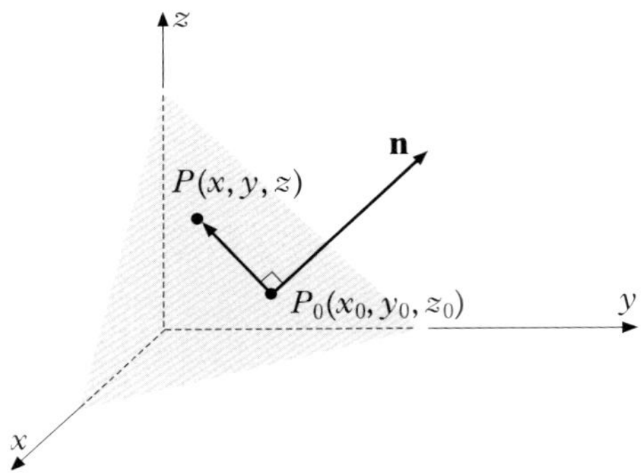

[그림 3.18]

예제 3.12

3차 공간의 한 점 $(3, -1, 7)$을 지나고 벡터 $\mathbf{n} = (4, 2, -5)$에 수직인 평면의 방정식을 구하여라.

풀이 • • •

식 (3.6)을 이용하면 점수선형식은 다음과 같다.

$$4(x-3)+2(y+1)-5(z-7)=0$$

이 식을 간단하게 하면 평면의 방정식은

$$4x+2y-5z+25=0$$

이 된다.

일반적으로 $ax+by+cz+d=0$을 만족하는 점들의 집합은 법선벡터가 $\mathbf{n} = (a, b, c)$인 평면이다. 단, a, b, c, d는 상수이고, a, b, c중 적어도 하나는 0이 아니다.

다음 예제들로 평면의 방정식을 구하는 방법을 자세히 알아보자.

예제 3.13

3차 공간의 세 점 $P(1, 2, -1)$, $Q(2, 3, 1)$, $R(3, -1, 2)$를 지나는 평면의 방정식을 구하여라.

풀이 • • •

세 점 P, Q, R은 동일한 평면 위의 점이므로 벡터 $\overrightarrow{PQ}=(1, 1, 2)$와 $\overrightarrow{PR}=(2, -3, 3)$은 평면에 평행하다. 따라서 $\overrightarrow{PQ}$와 $\overrightarrow{PR}$에 동시에 수직인 벡터 $\overrightarrow{PQ}\times\overrightarrow{PR}=(9, 1, -5)$는 이 평면의 법선벡터이다. 그리고 P가 평면 위의 점이기 때문에 평면의 점수선형식은

$$9(x-1)+(y-2)-5(z+1)=0$$

이다. 따라서 평면의 방정식은 다음과 같다.

$$9x+y-5z-16=0$$

예제 3.14

점 $P=(1, 2, 3)$을 지나고 평면 $9x+y-5z-16=0$에 평행한 평면의 방정식을 구하여라.

풀이 • • •

구하고자 하는 평면의 법선벡터는 $\mathbf{n}=(9, 1, -5)$이다. 그러므로 평면의 점수선형식은

$$9(x-1)+(y-2)-5(z-3)=0$$

이다. 따라서 평면의 방정식은 다음과 같다.

$$9x+y-5z+4=0$$

예제 3.15

3차 공간의 두 점 $P(1, 2, -1)$, $Q(2, 3, 1)$를 포함하고 평면 $9x+y-5z=0$에 수직인 평면의 방정식을 구하여라.

풀이 • • •

주어진 평면을 π_1, 구하고자 하는 평면을 π_0라 두자. 평면 π_0는 두 점 P, Q를 포함하므로 벡터 $\overrightarrow{PQ}=(1, 1, 2)$에 평행이다. 또 평면 π_0는 평면 π_1에 수직이므로 평면 π_0는 평면 π_1의 법선벡터 $\mathbf{n}=(9, 1, -5)$과 평행이다. 따라서 평면 π_0의 법선벡터는

$$\overrightarrow{PQ}\times\mathbf{n}=\begin{vmatrix}\mathbf{i} & \mathbf{j} & \mathbf{k}\\ 1 & 1 & 2\\ 9 & 1 & -5\end{vmatrix}=(-7, 23, -8)$$

이다. 또 평면 π_0는 점 P를 지나므로 평면 π_0의 점수선형식은

$$-7(x-1)+23(y-2)-8(z+1)=0$$

이다. 따라서 평면의 방정식은 다음과 같다.

$$-7x+23y-8z-47=0$$

지금부터는 3차 공간의 한 점 $P_0(x_0,\ y_0,\ z_0)$를 지나고, 영벡터가 아닌 벡터 $\mathbf{v}=(a,\ b,\ c)$에 평행한 직선 l의 방정식을 구해보자.

직선 l은 $\mathbf{v}$와 평행하고 점 $P_0(x_0,\ y_0,\ z_0)$를 지나므로 직선 l은 다음 식을 만족하는 점 $P(x,\ y,\ z)$들로 이루어진다는 것은 [그림 3.19]로부터 명백하다.

$$\overrightarrow{P_0P}=t\mathbf{v},\ -\infty<t<\infty \tag{3.7}$$

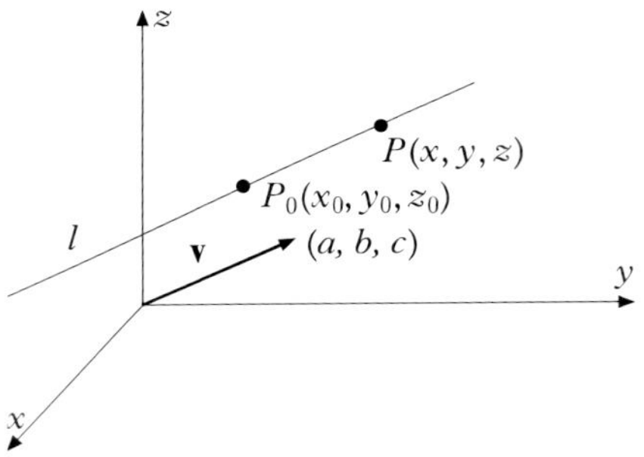

[그림 3.19]

따라서 식 (3.7)을 다시 쓰면

$$(x-x_0,\ y-y_0,\ z-z_0)=(ta,\ tb,\ tc),\ -\infty<t<\infty$$

가 되어 직선 l은 다음과 같은 **매개방정식**(parametric equation)으로 주어진다.

$$\begin{cases} x=x_0+ta \\ y=y_0+tb, \quad -\infty<t<\infty \\ z=z_0+tc \end{cases} \tag{3.8}$$

예제 3.16

벡터 $\mathbf{v}=(4, 5, -7)$에 평행하고 점 $(1, 2, -3)$을 지나는 직선의 방정식은 식 (3.8)에 의하여 다음과 같은 매개방정식으로 주어진다.

$$\begin{cases} x = 1+4t \\ y = 2+5t, \quad -\infty < t < \infty \\ z = -3-7t \end{cases}$$

예제 3.17

두 점 $P(2, 4, -1)$, $Q(5, 0, 7)$를 지나는 직선의 방정식을 구하여라.

풀이 • • •

벡터 $\overrightarrow{PQ}=(3, -4, 8)$은 직선에 평행하고 점 $P(2, 4, -1)$는 직선상의 점이므로 직선의 방정식은 식 (3.8)에 의하여 다음과 같이 주어진다.

$$\begin{cases} x = 2+3t \\ y = 4-4t, \quad -\infty < t < \infty \\ z = -1+8t \end{cases}$$

예제 3.18

다음과 같은 두 평면에 대한 교선의 방정식을 구하여라.

$$3x+2y-4z-6=0, \; x-3y-2z-4=0$$

풀이 • • •

$z=t(-\infty < t < \infty)$라 두고 위의 방정식을 풀면

$$x=\frac{26}{11}+\frac{16}{11}t, \; y=-\frac{6}{11}-\frac{2}{11}t, \; z=t$$

를 얻는다. 따라서 교선의 매개방정식은 다음과 같다.

$$\begin{cases} x=\dfrac{26}{11}+\dfrac{16}{11}t \\ y=-\dfrac{6}{11}-\dfrac{2}{11}t, \quad -\infty < t < \infty \\ z=t \end{cases}$$

$abc \neq 0$일 때, 식 (3.8)은 다음과 같이 쓸 수 있다.

$$\frac{x-x_0}{a}=t,\ \frac{y-y_0}{b}=t,\ \frac{z-z_0}{c}=t$$

이제 매개변수 t를 소거하면 다음과 같은 방정식을 얻는다. 이 방정식을 직선의 대칭방정식(symmetric equation)이라 한다.

$$\frac{x-x_0}{a}=\frac{y-y_0}{b}=\frac{z-z_0}{c}$$

이 방정식에서 직선 l을 교선으로 갖는 두 평면을 다음과 같이 구할 수 있다.

$$\begin{cases}\dfrac{x-x_0}{a}=\dfrac{y-y_0}{b}\\[2mm] \dfrac{x-x_0}{a}=\dfrac{z-z_0}{c}\end{cases}\quad \text{또는}\quad \begin{cases}\dfrac{x-x_0}{a}=\dfrac{y-y_0}{b}\\[2mm] \dfrac{y-y_0}{b}=\dfrac{z-z_0}{c}\end{cases}\quad \text{또는}\quad \begin{cases}\dfrac{x-x_0}{a}=\dfrac{z-z_0}{c}\\[2mm] \dfrac{y-y_0}{b}=\dfrac{z-z_0}{c}\end{cases}$$

주의 직선의 대칭방정식은 직선을 표현하는 방법 중 하나이다.

예제 3.19

다음과 같은 직선을 교선으로 갖는 한 쌍의 평면을 구하여라.

$$\begin{cases}x=\ \ \ 3+2t\\ y=-4+7t,\quad -\infty<t<\infty\\ z=\ \ \ 1+3t\end{cases}$$

풀이 • • •

이 직선의 대칭방정식은

$$\frac{x-3}{2}=\frac{y+4}{7}=\frac{z-1}{3}$$

이므로 이 직선은 다음과 같은 두 평면의 교선이다.

$$\frac{x-3}{2}=\frac{y+4}{7},\ \frac{y+4}{7}=\frac{z-1}{3}$$

또는

$$7x-2y-29=0,\ 3y-7z+19=0$$

이다.

연습문제 3.4

1. 점 $P_0(2, 6, 1)$을 지나고 법선벡터가 $\mathbf{n}=(1, 4, 2)$인 평면방정식의 점수선형식을 구하여라.

2. 점 $P_0(2, 4, 6)$을 지나고 벡터 $\mathbf{n}=(1, 2, 5)$에 평행한 직선의 매개방정식을 구하여라.

3. xy-평면, xz-평면, yz-평면의 방정식을 구하여라.

4. 세 점 $P(2, 1, 2)$, $Q(3, 7, 1)$, $R(5, 7, 4)$에 의해 결정되는 삼각형의 넓이 S와 세 변의 길이의 합 T를 구하여라.

5. 한 점 $P(x_1, y_1, z_1)$와 평면 $ax+by+cz+d=0$ 사이의 거리는

$$D=\frac{|ax_1+by_1+cz_1+d|}{\sqrt{a^2+b^2+c^2}}$$

이다. 평행한 두 평면, $x+2y-3z=4$와 $3x+6y-9z=7$ 사이의 거리 D를 구하여라.

6. 두 점 $P(-1, 2, -4)$, $Q(0, -2, 2)$로부터 같은 거리에 있는 점들로 이루어진 평면의 방정식을 구하여라.

7. 직선 $\begin{cases} x-3=4t \\ y+7=2t \\ z-6=-t \end{cases}$, $-\infty<t<\infty$와 평면 $5x-3y+3z=1$의 교점을 구하여라.

8. 점 $P(1, 0, -2)$를 지나고 직선 $\begin{cases} x+1=t \\ y\quad\;\, =t \\ z+2=4t \end{cases}$, $-\infty<t<\infty$를 포함하는 평면의 방정식을 구하여라.

9. 세 점 $P(2, 1, 2)$, $Q(3, 7, 1)$, $R(5, 7, 4)$에 대하여 다음 물음에 답하여라.
   (1) 세 점 P, Q, R에 의해 결정되는 평행사변형의 넓이를 구하여라.

(2) $\triangle PQR$에 수직인 단위벡터들을 구하여라.

(3) 세 점 P, Q, R에 의해 결정되는 평면과 yz-평면과의 사이의 각 θ의 $\cos\theta$값을 구하여라.

(4) $\triangle PQR$을 포함하는 평면과 xz-평면과의 교선의 매개방정식을 구하여라.

(5) $\overrightarrow{PQ}$에 평행하고 점 $S(1, 2, -3)$을 지나는 직선을 교선으로 갖는 한 쌍의 평면을 구하여라.

10. 세 점 $P_1(1, 2, -1)$, $P_2(3, 1, 0)$, $P_3(2, -2, 1)$에 대하여 다음 물음에 답하여라.

(1) $\triangle P_1P_2P_3$의 넓이를 구하여라.

(2) 세 점 P_1, P_2, P_3를 포함하는 평면에 수직인 단위벡터를 구하여라.

(3) $\overrightarrow{OP_1}$, $\overrightarrow{OP_2}$, $\overrightarrow{OP_3}$로 이루어지는 평행육면체의 부피를 구하여라.

11. 외적을 이용하여 세 점 $P(1, 3, 0)$, $Q(-1, 2, -1)$, $R(0, -3, 2)$를 포함하는 평면의 방정식과 그 평면의 법선벡터를 구하여라.

12. 원점을 지나고 $3x+4y-z+7=0$에 평행한 평면의 방정식을 구하여라.

13. 원점을 지나고 두 평면 $x+y+z=1$, $2x+y-z=-2$에 동시에 수직인 평면의 방정식을 구하여라.

보충문제 3.4

01. 네 점 $O(0, 0, 0)$, $A(2, 1, 2)$, $B(3, 7, 1)$, $C(5, 7, 4)$에 대하여 다음 물음에 답하여라.

(1) $\overrightarrow{OA}$에 평행하고 점 $P(1, 1, 1)$을 지나는 직선 l의 매개방정식을 구하여라.

(2) 점 $(2, a, b)$가 (1)의 직선 l 위에 놓이기 위한 a, b의 값을 구하여라.

(3) $\overrightarrow{OA}$, $\overrightarrow{OB}$, $\overrightarrow{OC}$로 만들어지는 평행육면체의 부피를 구하여라.

(4) $\triangle ABC$를 포함하는 평면의 방정식을 구하여라.

(5) $\triangle ABC$를 포함하는 평면과 xz-평면과의 교선의 매개방정식을 구하여라.

답 (1) $\begin{cases} x=1+2t \\ y=1+t, \; -\infty<t<\infty \\ z=1+2t \end{cases}$ (2) $a=\dfrac{3}{2}$, $b=2$

(3) 7 (4) $18x-5y-12z=7$

(5) $\begin{cases} x=\dfrac{2}{3}t+\dfrac{7}{18} \\ y=0 \\ z=t \end{cases}, \; -\infty<t<\infty$

02. R^3의 두 점 $P(1, 2, -1)$, $Q(1, 3, 1)$에 대하여 다음 물음에 답하여라.

(1) 두 점 P, Q를 지나는 직선의 매개방정식을 구하여라.

(2) 두 점 P, Q를 포함하고 평면 $4x+y-2z=0$에 수직인 평면의 방정식을 구하여라.

답 (1) $\begin{cases} x=1 \\ y=2+t, \; -\infty<t<\infty \\ z=-1+2t \end{cases}$ (2) $x-2y+z=-4$

03. R^2의 영벡터가 아닌 벡터 $\mathbf{n}=(a, b)$에 대하여 다음 물음에 답하여라.

(1) 벡터 $\mathbf{n}$은 직선 $ax+by+c=0$과 수직임을 보여라.

(2) (1)을 이용하여 점 $P_0(x_0, y_0)$에서 직선 $ax+by+c=0$까지 거리를 구하여라.

답 (1) 직선상의 두 점을 P_1, P_2라 두고 $\mathbf{n}\cdot\overrightarrow{P_1P_2}=0$임을 보인다.

(2) 거리$=\dfrac{|ax_0+by_0+c|}{\sqrt{a^2+b^2}}$

04. 점 (1, 2, 3)을 지나고 두 평면 $4x+2y-7z=11$, $2x-4y+z=1$에 동시에 수직인 평면의 방정식을 구하여라.

답 $13x+9y+10z=61$

05. 점 (2, 4, −1)을 지나고 두 평면 $x-y-4z=2$, $-2x+y+2z=3$의 교선을 포함하는 평면의 방정식을 구하여라.

답 $x-y-4z=2$

06. 원점 $O(0, 0, 0)$와 직선 $\dfrac{x+3}{2}=\dfrac{y-2}{1}=\dfrac{z+1}{3}$위의 점 P에 대하여 다음 물음에 답하여라.

(1) $\|\overrightarrow{OP}\|$의 최솟값을 구하여라.

(2) $\|\overrightarrow{OP}\|$이 최솟값을 가질 때 $\overrightarrow{OP}$를 구하여라.

답 (1) $\dfrac{\sqrt{42}}{2}$ (2) $\overrightarrow{OP}=\left(-2, \dfrac{5}{2}, \dfrac{1}{2}\right)$

07. 직선 $\dfrac{x+3}{2}=\dfrac{y-2}{1}=\dfrac{z+1}{3}$과 평면 $x-y-4z=8$에 대하여 다음 물음에 답하여라.

(1) 직선과 평면이 이루는 각을 θ라 할 때 $\sin\theta$의 값을 구하여라.

(2) 평면위의 한 점 (1, 1, −2)에서 직선까지의 거리를 구하여라.

답 (1) $-\dfrac{11}{42}\sqrt{7}$ (2) $\dfrac{\sqrt{826}}{7}$

제 4 장 벡터공간

한 집합에서 집합의 원소들 사이에 덧셈과 스칼라배 연산을 잘 정의하면 수학적으로 의미가 있는 벡터공간(또는 선형공간)이라는 새로운 수학적 대상을 만들 수 있다. 벡터공간은 수학 뿐 아니라 이·공학의 여러 분야에서 널리 응용되고 있다. 1절에서는 일반적인 벡터공간을 정의하고, 2절에서는 부분공간을 정의하고, 이 개념을 이용하여 벡터공간의 개념을 확장한다. 3절, 4절, 5절에서는 벡터공간의 구조를 알아보고, 6절과 7절에서는 일반적인 벡터공간에 내적을 정의하고, 내적을 이용하여 벡터공간의 특성과 구조를 심층 분석한다.

4.1 일반적인 벡터공간

지금까지는 집합의 원소들 사이에 덧셈이나 스칼라배 연산을 정의하지 않았다. 이 절에서는 집합의 원소들 사이에 덧셈과 스칼라배 연산을 정의하여 벡터공간이라는 새로운 수학적 대상을 만들어 보자. 예를 들어 $m \times n$ 행렬 전체의 집합을 M_{mn}이라 하자. M_{mn}의 임의의 두 행렬 A, B와 스칼라(실수) k에 대하여 합 $A+B$(덧셈)와 스칼라배 kA는 모두 M_{mn}의 원소이고, 정리 1.1의 (1)~(8)이 성립함을 1장에서 공부하였다. 이렇게 행렬의 덧셈과 스칼라배 연산이 정의된 집합 M_{mn}은 새로운 수학적 연구대상인 벡터공간이 된다. 정의 4.1에서 일반적인 벡터공간의 정의에 대하여 알아보자.

정의 4.1 **(벡터공간의 공리)** 덧셈과 스칼라배 연산이 정의된 집합 V가 다음 10가지 조건을 만족할 때, V를 **벡터공간**(vector space) 또는 **선형공간**이라 한다.

(1) V의 임의의 두 원소 $\mathbf{u}, \mathbf{v}$에 대하여 $\mathbf{u}+\mathbf{v} \in V$이다(덧셈에 대해 닫혀 있다). 또 임의의 $\mathbf{u}, \mathbf{v}, \mathbf{w} \in V$에 대하여 다음을 만족한다.

A1) $\mathbf{u}+\mathbf{v}=\mathbf{v}+\mathbf{u}$ (교환법칙)

A2) $(\mathbf{u}+\mathbf{v})+\mathbf{w}=\mathbf{u}+(\mathbf{v}+\mathbf{w})$ (결합법칙)

A3) 임의의 $\mathbf{v} \in V$에 대하여 $\mathbf{v}+\mathbf{0}=\mathbf{v}=\mathbf{0}+\mathbf{v}$가 되는 원소 $\mathbf{0}$이 V에 존재한다.

A4) 임의의 $\mathbf{v} \in V$에 대하여 $\mathbf{v}+(-\mathbf{v})=\mathbf{0}=(-\mathbf{v})+\mathbf{v}$가 되는 $-\mathbf{v}$가 V에 존재한다.

(2) 임의의 스칼라 k와 V의 임의의 원소 $\mathbf{v}$에 대하여 $k\mathbf{v} \in V$이다(스칼라배 연산에 대해 닫혀 있다). 또 임의의 스칼라 k, l과 임의의 $\mathbf{u}, \mathbf{v} \in V$에 대하여 다음을 만족한다.

S1) $k(l\mathbf{u})=(kl)\mathbf{u}$

S2) $(k+l)\mathbf{u}=k\mathbf{u}+l\mathbf{u}$

S3) $k(\mathbf{u}+\mathbf{v})=k\mathbf{u}+k\mathbf{v}$

S4) $1\mathbf{v}=\mathbf{v}$

정의 4.1에서 A3)의 벡터 **0**을 벡터공간 V의 **영벡터**(zero vector)라 부르고, A4)의 벡터 $-\mathbf{v}$를 $\mathbf{v}$의 **음벡터**(negative vector)라 부른다. 이 때 이 영벡터와 음벡터는 각각 정의된 덧셈 연산의 항등원과 역원이 된다. 또한 이 영벡터와 임의의 벡터에 대한 음벡터는 유일하다(증명은 생략한다).

주의 벡터들의 합 $\mathbf{u}+\mathbf{v}$의 '+' 기호는 실수의 덧셈 기호가 아니다. 따라서 다른 기호(예를 들면, $\mathbf{u}\oplus\mathbf{v}$)를 이용하여 벡터들의 덧셈을 정의해야 하나 여러 종류의 기호를 사용하면 복잡하여 오히려 혼란을 초래할 수 있고, 문맥상 벡터들의 합을 의미하는 기호가 분명하므로 실수의 덧셈 기호를 그대로 사용한다. 같은 이유로 스칼라배 $k\mathbf{u}$도 $k*\mathbf{u}$ 등과 같이 다른 기호를 사용하지 않고 $k\mathbf{u}$를 그대로 사용한다.

주의 S1)의 좌변 $k(l\mathbf{u})$는 벡터 $\mathbf{u}$를 l(스칼라) 배한 연산을 시행($l\mathbf{u}$는 또다른 하나의 벡터)한 후 벡터 $l\mathbf{u}$에 다시 한 번 k(스칼라) 배한 연산이고, S1)의 우변 $(kl)\mathbf{u}$는 벡터 $\mathbf{u}$를 kl(스칼라 kl은 실수 k와 실수 l에 실수의 곱셈 연산을 한 것) 배 한 연산이다. S2)의 좌변은 두 실수 k와 l을 실수의 덧셈 연산 후 벡터 $\mathbf{u}$에 $k+l$(스칼라) 배 연산을 한 것이고, S2)의 우변은 벡터 $\mathbf{u}$에 k(스칼라)배 연산한 결과와 벡터 $\mathbf{u}$에 l(스칼라)배 연산한 결과에 벡터들의 덧셈 연산을 한 것이다. 연산의 의미를 잘 이해하면 벡터공간을 공부하기가 쉬워진다.

벡터공간의 공리를 만족하는 벡터들에 대해 의미를 부여하기 때문에 벡터공간을 공부함에 있어서는 벡터들의 성질뿐만 아니라 연산까지도 숙지해야 한다. 한 집합에서 원소들 사이에 연산이 잘 정의되지 않으면 벡터공간이 되지 않을 수도 있다(연습문제 1. 참조). 1장에서 정의한 $m\times n$ 행렬의 덧셈과 스칼라배 연산, 3장에서 정의한 $\boldsymbol{R}^n$의 벡터들의 덧셈과 스칼라배 연산을 각각 M_{mn}과 $\boldsymbol{R}^n$의 **표준연산**(standard operation)이라 한다. 벡터공간을 논함에 있어 연산에 대한 특별한 언급이 없는 경우에는 표준연산이 정의된 것으로 간주한다. 3장에서 배운 벡터의 개념을 일반화하여 앞으로는 벡터공간 V의 원소들을 **벡터**라고 부르겠다.

다음 예들은 벡터공간의 개념을 이해하는데 도움을 줄 것이다.

예제 4.1

(1) $V=\{\mathbf{0}\}$에 $\mathbf{0}+\mathbf{0}=\mathbf{0}$, $k\mathbf{0}=\mathbf{0}$으로 연산을 정의하면 V가 벡터공간이 됨은 자명하다. 이 벡터공간을 **영벡터공간**(zero vector space)이라고 부른다.

(2) 표준연산이 정의된 $m\times n$ 행렬 전체의 집합 M_{mn}은 벡터공간이다.

(3) 덧셈과 스칼라배 연산이 표준연산으로 정의된 다음 집합은 벡터공간이다.

$$V=\boldsymbol{R}^n=M_{1n}=\{(x_1,\ x_2,\ \cdots,\ x_n)\,|\,x_i\in\boldsymbol{R},\ 1\le i\le n\}.$$

(4) $(\boldsymbol{R}^n)^T=M_{n1}=\left\{\begin{bmatrix}x_1\\x_2\\\vdots\\x_n\end{bmatrix}\middle|\,x_i\in\boldsymbol{R},\ 1\le i\le n\right\}$ 은 벡터공간이다.

(5) W_1을 $\boldsymbol{R}^3$에서 원점을 통과하는 직선위의 점들의 집합이라 할 때, $\boldsymbol{R}^3$의 표준연산을 W_1의 연산으로 정의하면 W_1은 벡터공간이 된다.

(6) W_2를 $\boldsymbol{R}^3$에서 원점을 통과하는 평면위의 점들의 집합이라 할 때, $\boldsymbol{R}^3$의 표준연산을 W_2의 연산으로 정의하면 W_2는 벡터공간이 된다.

(7) P_n을 최고차항의 차수가 n이하인 실수 계수 다항식 전체의 집합이라 하고 다항식에서의 덧셈과 스칼라배 연산을 P_n의 연산(P_n의 표준연산 또는 간단히 표준연산이라 한다)으로 정의하면 P_n은 벡터공간이다. 또한 P를 실수를 계수로 갖는 다항식 전체의 집합이라 하고 P_n의 표준연산을 P의 연산으로 정의하면 P는 벡터공간이다.

(8) 집합 $V=\{f\,|\,f:\boldsymbol{R}\rightarrow\boldsymbol{R}\}$의 두 함수 $\mathbf{f}=f(x)$, $\mathbf{g}=g(x)$에 대하여 덧셈 $\mathbf{f}+\mathbf{g}$와 스칼라배 $k\mathbf{f}$를 다음과 같이 정의하면 V는 벡터공간이다.

$$(\mathbf{f}+\mathbf{g})(x)=f(x)+g(x)$$
$$(k\mathbf{f})(x)=kf(x)$$

다시 말하면 x에서 $\mathbf{f}+\mathbf{g}$의 함수 값은 x에서 $\mathbf{f}$와 $\mathbf{g}$의 함수 값을 더해서 얻어지며(그림 4.1 (a)) 마찬가지로 x에서 $k\mathbf{f}$의 함수 값은 x에서 $\mathbf{f}$의 함수 값에 k를 곱해서 얻어진다(그림 4.1 (b)).

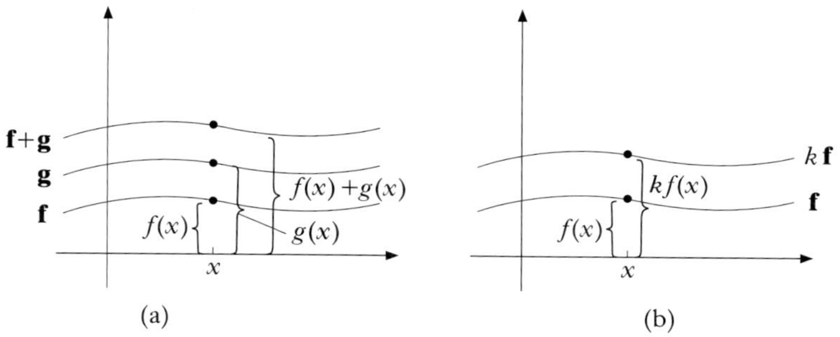

[그림 4.1]

(9) 집합 $V=\{x\in \boldsymbol{R}\,|\,x>0\}$의 두 원소 x, y의 덧셈 $x+y$와 스칼라배 kx를 다음과 같이 정의하면 V는 벡터공간이다.

$$x+y=xy,\ kx=x^k$$

이 벡터공간에서의 영벡터는 1이고, V의 임의의 원소 x에 대한 음벡터 $\frac{1}{x}$임을 알 수 있다.

(10) $\boldsymbol{R}^2$의 표준연산이 정의된 집합 $V=\{(x,\ y)\in \boldsymbol{R}^2\,|\,x+y=2\}$는 벡터공간이 아니다. 실제로 $(x_1,\ y_1),\ (x_2,\ y_2)\in V$에 대해

$$(x_1+x_2)+(y_1+y_2)=2+2=4$$

이므로

$$(x_1+x_2,\ y_1+y_2)\not\in V$$

이기 때문이다.

(11) 최고차항의 차수가 n인 실수 계수 다항식 전체의 집합 (P_n-P_{n-1})에 P_n의 표준연산을 P_n-P_{n-1}에서의 연산으로 정의하면 P_n-P_{n-1}은 벡터공간이 되지 않는다. 왜냐하면, $p(x)=2x^n+1$, $q(x)=-2x^n+3x$라 두면 $p(x)+q(x)=3x+1$이 되어 차수가 n이 아니기 때문이다.

(12) V를 $\boldsymbol{R}^2$의 제 I 사분면에 있는 모든 점들의 집합이라고 하고 $\boldsymbol{R}^2$의 표준연산을 집합 V의 연산으로 정의하면 V는 벡터공간이 되지 않는다. 왜냐하면 V에는 음벡터가 없기 때문이다(그림 4.2).

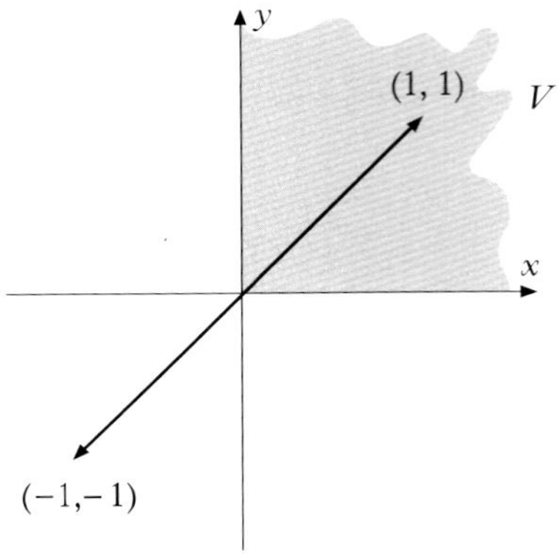

[그림 4.2]

지금까지 벡터공간에 대한 몇 가지 예들과 벡터공간이 되지 않는 몇 가지 예들을 살펴보았다. 다음은 벡터공간의 성질을 기술하는데 유용한 정리를 알아보자.

정리 4.1 V가 벡터공간이면 임의의 스칼라 k와 임의의 $\mathbf{v} \in V$에 대하여 다음이 성립한다.

(1) $0\mathbf{v} = \mathbf{0}$

(2) $(-k)\mathbf{v} = -k\mathbf{v}$, 특히 $(-1)\mathbf{v} = -\mathbf{v}$

(3) $k\mathbf{0} = \mathbf{0}$

(4) $k\mathbf{v} = \mathbf{0} \Leftrightarrow k = 0$ 또는 $\mathbf{v} = \mathbf{0}$

증명 (1), (2)만 증명하고 나머지는 독자에게 남긴다.

(1) $0\mathbf{v} + 0\mathbf{v} = (0+0)\mathbf{v}$ (공리 S2)

$= 0\mathbf{v}$ (0의 성질)

공리 A4)에 따르면 벡터 $0\mathbf{v}$는 음벡터 $-0\mathbf{v}$를 가지므로 양변에 음벡터 $-0\mathbf{v}$를 더하면

$$[0\mathbf{v} + 0\mathbf{v}] + (-0\mathbf{v}) = 0\mathbf{v} + (-0\mathbf{v})$$

$$0\mathbf{v} + [0\mathbf{v} + (-0\mathbf{v})] = 0\mathbf{v} + (-0\mathbf{v}) \quad \text{(공리 A2)}$$

$$0\mathbf{v} + \mathbf{0} = \mathbf{0} \quad \text{(공리 A4)}$$

$$0\mathbf{v} = \mathbf{0} \quad \text{(공리 A3)}$$

(2) $(-1)\mathbf{v} = -\mathbf{v}$를 증명하기 위하여 $\mathbf{v} + (-1)\mathbf{v} = \mathbf{0}$임을 보이자.

$$\begin{aligned}\mathbf{v}+(-1)\mathbf{v} &= 1\mathbf{v}+(-1)\mathbf{v} && \text{(공리 S4)}\\ &= (1+(-1))\mathbf{v} && \text{(공리 S2)}\\ &= 0\mathbf{v} && \text{(정수의 성질)}\\ &= \mathbf{0} && \text{((1) 이용)}\end{aligned}$$

연습문제 4.1

1. $\boldsymbol{R}^3$에서 덧셈과 스칼라배 연산이 다음과 같이 정의될 때, $\boldsymbol{R}^3$는 벡터공간이 아님을 보여라.

$$(x, y, z)+(x', y', z')=(x+x', y+y', z+z')$$
$$k(x, y, z)=(kx, y, z)$$

2. $\boldsymbol{R}^n$의 표준연산이 정의된 집합 $\{(x, x, \cdots, x) \mid x \in \boldsymbol{R}\}$은 벡터공간임을 보여라.

3. V가 벡터공간이고 $\mathbf{u}, \mathbf{v}, \mathbf{w} \in V$이면 $\mathbf{u}+\mathbf{v}=\mathbf{u}+\mathbf{w}$일 필요충분조건은 $\mathbf{v}=\mathbf{w}$임을 보여라.

4. $V=\left\{\begin{bmatrix}x_1\\x_2\end{bmatrix} \in M_{21} \,\middle|\, \begin{bmatrix}x_1\\x_2\end{bmatrix}+\begin{bmatrix}y_1\\y_2\end{bmatrix}=\begin{bmatrix}x_1+y_2\\x_2+y_1\end{bmatrix},\ k\begin{bmatrix}x_1\\x_2\end{bmatrix}=\begin{bmatrix}kx_1\\kx_2\end{bmatrix}\right\}$는 벡터공간이 아님을 보여라.

5. $\boldsymbol{R}^3$의 부분집합 $W_1=\{(a, b, c) \in \boldsymbol{R}^3 \mid a \geq 0\}$, $W_2=\{\mathbf{v} \in \boldsymbol{R}^3 \mid \|\mathbf{v}\| \leq 1\}$, $W_3=\{(a, b, c) \in \boldsymbol{R}^3 \mid a, b, c \in \boldsymbol{Q}\}$는 벡터공간이 아님을 보여라. 단, Q는 유리수 전체의 집합을 의미한다.

6. 다음 집합들은 벡터공간이 아님을 보여라.
   (1) $W_1=\{A \in M_{22} \mid \det(A)=0\}$
   (2) $W_2=\{A \in M_{22} \mid A^2=A\}$

7. T가 n차 정방행렬일 때, $W=\{A \in M_{nn} | AT=TA\}$는 벡터공간임을 보여라.

8. 실수 전체에서 연속인 함수들의 집합 $C(\boldsymbol{R})$에 통상적인 함수의 덧셈과 스칼라배 연산을 정의하면 $C(\boldsymbol{R})$은 벡터공간이 됨을 보여라.

9. 다음 집합들은 벡터공간이 됨을 보여라.
   (1) $W_1 = \{\mathbf{f}(\mathbf{x}) \in C(\boldsymbol{R}) | f(3)=0\}$
   (2) $W_2 = \{\mathbf{f}(\mathbf{x}) \in C(\boldsymbol{R}) | f(7)=f(1)\}$

10. 공리 S2) $(k+l)\mathbf{v}=k\mathbf{v}+l\mathbf{v}$의 두 덧셈기호 '+'는 서로 다른 연산이다. 이를 설명하여라.

보 충 문 제 4.1

01. 표준연산으로 정의된 3차 공간 $\boldsymbol{R}^3$에 대하여 다음 물음에 답하여라.

(1) 원점을 지나는 직선위의 점들의 집합이 벡터공간이 되지 않는 경우가 있는가? 원점을 지나지 않는 경우는 어떠한가? 예를 들어 설명하여라.

(2) 원점을 지나는 평면위의 점들의 집합이 벡터공간이 되지 않는 경우가 있는가? 원점을 지나지 않는 경우는 어떠한가? 예를 들어 설명하여라.

답 (1) 원점을 지나는 직선위의 점들의 집합은 벡터공간이 되고, 원점을 지나지 않는 직선위의 점들의 집합은 벡터공간이 되지 않는다.

예) 원점을 지나지 않는 직선 $\{(1, 1, t) \mid t \in \boldsymbol{R}\}$에는 영벡터가 없다.

(2) 원점을 지나는 평면위의 점들의 집합은 벡터공간이 되고, 원점을 지나지 않는 평면위의 점들의 집합은 벡터공간이 되지 않는다.

예) 원점을 지나지 않는 평면에는 $\{(x, y, z) \in \boldsymbol{R}^3 \mid x+y+z=1\}$에는 영벡터가 없다.

02. 두 집합 $W_1 = \{(x, y, z) \mid x+2y-3z=0\}$, $W_2 = \{(x, y, z) \mid 3x-2y+5z=0\}$에 $\boldsymbol{R}^3$의 표준연산을 정의하였을 때, 다음 물음에 답하여라.

(1) W_1, W_2, $W_1 \cap W_2$는 벡터공간이 됨을 보이고, $W_1 \cap W_2$의 기하학적 의미를 설명하여라.

(2) $W_1 \cup W_2$의 기하학적 의미를 설명하고, $W_1 \cup W_2$는 벡터공간이 되지 않음을 보여라.

답 (1) $W_1 \cap W_2$는 원점을 지나는 두 평면 $x+2y-3z=0$, $3x-2y+5z=0$의 교선위의 점들의 집합이다. 즉, 원점을 지나는 직선위의 점들의 집합이므로 예제 4.1에 의하여 $W_1 \cap W_2$는 벡터공간이 된다.

(2) $W_1 \cup W_2$는 원점을 지나는 평면 $x+2y-3z=0$ 위의 점들과 원점을 지나는 또다른 평면 $3x-2y+5z=0$ 위의 점들의 합집합이다.

$(3, 0, 1), (2, 1, 0) \in W_1 \cup W_2$이지만 $(3, 0, 1)-(2, 1, 0) \notin W_1 \cup W_2$이다. 따라서 $W_1 \cup W_2$는 벡터공간이 되지 않는다.

03. A가 $m \times n$ 행렬이고 $\mathbf{b}$는 영행렬이 아닌 $m \times 1$ 행렬일 때, 다음 물음에 답하여라.

(1) 연립방정식 $A\mathbf{x}=\mathbf{0}$의 해들의 집합은 벡터공간이 되는가?

(2) 연립방정식 $A\mathbf{x}=\mathbf{b}$의 해들의 집합은 벡터공간이 되는가?

답 (1) 벡터공간이다. (2) 벡터공간이 아니다.

4.2 부분공간

벡터공간 V의 공집합이 아닌 부분집합 W에 대하여 V의 연산을 W에 정의하면 W가 벡터공간이 되는 경우가 있다. 이 절에서는 이러한 부분집합에 대해서 자세히 다룬다.

정의 4.2 ••• W가 벡터공간 V의 공집합이 아닌 부분집합일 때, 다음 두 조건을 만족하는 W를 V의 **부분공간**(subspace)이라 한다.
(1) 임의의 $\mathbf{u}, \mathbf{v} \in W$에 대하여 $\mathbf{u}+\mathbf{v} \in W$이다.
(2) 임의의 스칼라 k와 임의의 $\mathbf{v} \in W$에 대하여 $k\mathbf{v} \in W$이다.

주의 W에 정의된 연산은 V의 연산과 동일한 연산이어야 한다.

V의 부분공간 W는 벡터공간의 공리 (1), (2)를 만족하므로 W가 나머지 공리들을 만족함을 보이면 W도 벡터공간이 된다. 공리 A1), A2), S1), S2), S3), S4)는 V의 모든 벡터들에 대하여 만족되므로 W의 벡터들에 대해서도 자동적으로 만족된다. 이제 W가 공리 A3), A4)를 만족함을 보이자.

$\mathbf{u}$를 W의 임의의 벡터라고 하자. 공리 (2)에 의하여 임의의 스칼라 k에 대하여 $k\mathbf{u}$도 W의 원소이므로 $k=0$인 경우인 $0\mathbf{u}=\mathbf{0}$도 W의 원소이다. 또한 $k=-1$로 두면 $(-1)\mathbf{u} = -\boldsymbol{u}$도 W의 원소이다. 따라서 W는 벡터공간이 된다. 즉, 벡터공간의 부분공간도 벡터공간이다.

영벡터공간이 아닌 모든 벡터공간은 최소한 두 개의 자명한 부분공간(자기 자신과 영벡터공간)을 갖는다. 이제 자명한 부분공간이 아닌 예를 들어보자.

예제 4.2

4.1절의 예제에서 $\boldsymbol{R}^3$에서 원점을 지나는 직선위의 점들의 집합 W_1과 원점을 지나는 평면위의 점들의 집합 W_2에 대하여 $\boldsymbol{R}^3$의 표준연산을 W_1과 W_2의 연산으로 정의하면 W_1과 W_2는 벡터공간이 됨을 알았다. 즉, 원점을 지나는 직선위의 점들의 집합과 원점을 지나는 평면위의 점들의 집합은 $\boldsymbol{R}^3$의 부분공간이다(그림 4.3).

참고 $\boldsymbol{R}^3$의 부분공간은 $\{\mathbf{0}\}$, $\boldsymbol{R}^3$, 원점을 지나는 직선위의 점들의 집합, 원점을 지나는 평면위의 점들의 집합뿐이며, $\boldsymbol{R}^2$의 부분공간은 $\{\mathbf{0}\}$, $\boldsymbol{R}^2$, 원점을 지나는 직선위의 점들의 집합뿐이다.

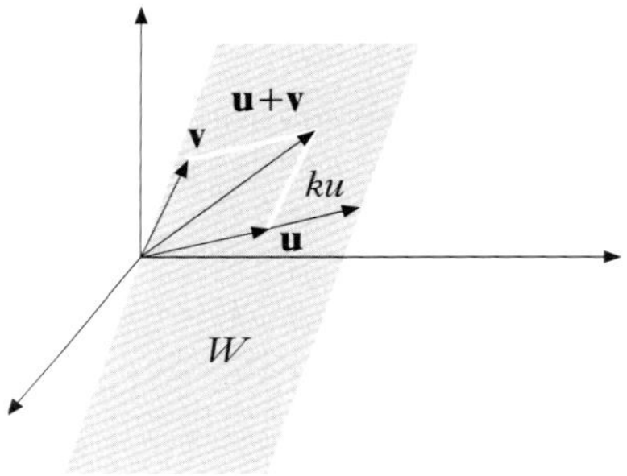

[그림 4.3]

예제 4.3

$W=\{(x_1,\ x_2,\ x_3)\in \boldsymbol{R}^3 \mid x_1=x_2\}$는 $\boldsymbol{R}^3$의 부분공간이다.

풀이 • • •

$(0,\ 0,\ 0)\in W$이므로 W는 공집합이 아니다. 또한 분명히 $W\subseteq \boldsymbol{R}^3$이다.

W의 임의의 원소 $\mathbf{u}=(a,\ a,\ b)$, $\mathbf{v}=(c,\ c,\ d)$와 임의의 스칼라 k에 대하여

(1) $\mathbf{u}+\mathbf{v}=(a,\ a,\ b)+(c,\ c,\ d)=(a+c,\ a+c,\ b+d)\in W$이다.

(2) $k\mathbf{w}=(ka,\ ka,\ kc)$이므로 $k\mathbf{w}\in W$이다.

따라서 W는 $\boldsymbol{R}^3$의 부분공간이다.

예제 4.4

$W=\{k(1, 1, 1)\in \boldsymbol{R}^3 \mid k$는 실수$\}$는 $\boldsymbol{R}^3$의 부분공간이다.

풀이 • • •

$(0, 0, 0)\in W$이므로 W는 공집합이 아니다. 또한 분명히 $W\subseteq \boldsymbol{R}^3$이다.
W의 임의의 원소 $\mathbf{u}=k_1(1, 1, 1)$, $\mathbf{v}=k_2(1, 1, 1)$와 임의의 스칼라 k에 대하여

(1) $\mathbf{u}+\mathbf{v}=(k_1+k_2)(1, 1, 1)\in W$이다.

(2) $k\mathbf{u}=(kk_1)(1, 1, 1)\in W$이다.

따라서 W는 $\boldsymbol{R}^3$의 부분공간이다.

예제 4.5

$W=\{(x, 1)\in \boldsymbol{R}^2 \mid x$는 실수$\}$는 $\boldsymbol{R}^2$의 부분공간이 아니다.

풀이 • • •

$k\neq 1$이면 $k(x, 1)\notin W$가 되어 W는 $\boldsymbol{R}^2$의 부분공간이 아니다.

예제 4.6

주대각선의 원들이 0인 모든 2×2 행렬들의 집합 W는 M_{22}의 부분공간이다.

풀이 • • •

$\begin{bmatrix} 0 & 0 \\ 0 & 0 \end{bmatrix}\in W$이므로 W는 공집합이 아니다. 또한 분명히 $W\subseteq M_{22}$이다. W의 임의의 두 행렬 $A=\begin{bmatrix} 0 & a_{12} \\ a_{21} & 0 \end{bmatrix}$, $B=\begin{bmatrix} 0 & b_{12} \\ b_{21} & 0 \end{bmatrix}$와 임의의 스칼라 k에 대하여

$$A+B=\begin{bmatrix} 0 & a_{12}+b_{12} \\ a_{21}+b_{21} & 0 \end{bmatrix},\ kA=\begin{bmatrix} 0 & ka_{12} \\ ka_{21} & 0 \end{bmatrix}$$

이므로 주대각선의 원들은 모두 0이다. 따라서 W는 M_{22}의 부분공간이다.

예제 4.7

$W=\{A\in M_{nn} \mid A$는 n차 가역행렬$\}$는 M_{nn}의 부분공간이 아니다.

풀이 • • •

$I_n \in W$이므로 $W\neq\varnothing$. $A\in W$이면 $A+(-A)=\mathbf{0}$이다. 그러나 $\mathbf{0}\notin W$이다. 따라서 W는 M_{nn}의 부분공간이 아니다.

예제 4.8

$m\times n$ 행렬 A와 $m\times 1$ 행렬 $\mathbf{b}(\neq\mathbf{0})$에 대하여 행렬방정식 $A\mathbf{x}=\mathbf{b}$의 해들의 집합은 M_{n1}의 부분공간이 아니다. 그러나 $A\mathbf{x}=\mathbf{0}$의 해들의 집합은 M_{n1}의 부분공간이 된다(이러한 벡터공간을 행렬방정식 $A\mathbf{x}=\mathbf{0}$의 해공간(solution space)이라 한다).

풀이 • • •

$\mathbf{x}_1$, $\mathbf{x}_2$를 $A\mathbf{x}=\mathbf{b}(\neq\mathbf{0})$의 해라고 하면

$$A(\mathbf{x}_1+\mathbf{x}_2)=A\mathbf{x}_1+A\mathbf{x}_2=2\mathbf{b}\neq\mathbf{b}$$

가 되어 $\mathbf{x}_1+\mathbf{x}_2$는 $A\mathbf{x}=\mathbf{b}$의 해가 아니다. 따라서 $\mathbf{b}\neq\mathbf{0}$이면 $A\mathbf{x}=\mathbf{b}$의 해들의 집합은 벡터공간이 아니다. 한편, $\mathbf{b}=\mathbf{0}$이면 $\mathbf{x}_1+\mathbf{x}_2$와 $k\mathbf{x}$는 $A\mathbf{x}=\mathbf{0}$의 해가 되므로 $A\mathbf{x}=\mathbf{0}$의 해들의 집합은 M_{n1}의 부분공간이 된다.

주어진 벡터공간 V의 특정한 벡터들의 집합 $\{\mathbf{v}_1, \mathbf{v}_2, \cdots, \mathbf{v}_n\}$을 포함하는 V의 가장 작은 부분공간을 구하는 문제를 생각해보자.

정의 4.3 n개의 벡터 $\mathbf{v}_1, \mathbf{v}_2, \cdots, \mathbf{v}_n$에 대하여 벡터 $\mathbf{w}$가 다음의 식

$$\mathbf{w}=k_1\mathbf{v}_1+k_2\mathbf{v}_2+\cdots+k_n\mathbf{v}_n$$

을 만족하는 적당한 스칼라 $k_1, k_2, \cdots, k_n$이 존재할 때, 벡터 $\mathbf{w}$는 벡터 $\mathbf{v}_1, \mathbf{v}_2, \cdots, \mathbf{v}_n$의 1차 결합(linear combination)이라고 한다.

예제 4.9

$\boldsymbol{R}^3$의 벡터 $\mathbf{w}=(9,\ 2,\ 7)$은 $\mathbf{u}=(1,\ 2,\ -1)$, $\mathbf{v}=(6,\ 4,\ 2)$의 1차 결합이고, $\mathbf{x}=(4,\ -1,\ 8)$는 $\mathbf{u}$, $\mathbf{v}$의 1차 결합이 아님을 보여라.

풀이

$\mathbf{w}$가 $\mathbf{u}$, $\mathbf{v}$의 1차 결합이기 위해서는 $\mathbf{w}=k_1\mathbf{u}+k_2\mathbf{v}$를 만족하는 스칼]라 k_1, k_2가 존재해야 한다. 즉,

$$\begin{aligned}(9,\ 2,\ 7)&=k_1(1,\ 2,\ -1)+k_2(6,\ 4,\ 2)\\&=(k_1+6k_2,\ 2k_1+4k_2,\ -k_1+2k_2)\end{aligned}$$

이고, 대응되는 성분이 같아야 하므로 다음 연립방정식을 만족해야 한다.

$$\begin{aligned}k_1+6k_2&=9\\2k_1+4k_2&=2\\-k_1+2k_2&=7\end{aligned}$$

이 식을 풀면 $k_1=-3$, $k_2=2$가 되므로 $\mathbf{w}=-3\mathbf{u}+2\mathbf{v}$이다.
같은 방법으로 $\mathbf{x}$가 $\mathbf{u}$, $\mathbf{v}$의 1차 결합이기 위해서는 $\mathbf{x}=k_1\mathbf{u}+k_2\mathbf{v}$를 만족하는 스칼라 k_1, k_2가 존재해야 한다. 즉,

$$\begin{aligned}(4,\ -1,\ 8)&=k_1(1,\ 2,\ -1)+k_2(6,\ 4,\ 2)\\&=(k_1+6k_2,\ 2k_1+4k_2,\ -k_1+2k_2)\end{aligned}$$

이고, 대응되는 성분이 같아야 하므로 다음 연립방정식을 만족해야 한다.

$$\begin{aligned}k_1+6k_2&=\ \ 4\\2k_1+4k_2&=-1\\-k_1+2k_2&=\ \ 8\end{aligned}$$

그러나 이 연립방정식을 만족하는 스칼라 k_1, k_2는 존재하지 않는다. 따라서 $\mathbf{x}$는 $\mathbf{u}$, $\mathbf{v}$의 1차 결합이 아니다.

정의 4.4 V의 모든 벡터들이 $\mathbf{v}_1, \mathbf{v}_2, \cdots, \mathbf{v}_n$들의 1차 결합으로 표현될 때 집합 $\{\mathbf{v}_1, \mathbf{v}_2, \cdots, \mathbf{v}_n\}$은 벡터공간 V를 **생성**(span)한다고 한다. 이때 집합 $\{\mathbf{v}_1, \mathbf{v}_2, \cdots, \mathbf{v}_n\}$을 V의 **생성집합**이라 하고, 생성집합으로 생성된 벡터공간을 **생성된 벡터공간** 또는 간단히 **생성공간**이라 부른다. 이 때 $V=\langle \mathbf{v}_1, \mathbf{v}_2, \cdots, \mathbf{v}_n \rangle$으로 표기한다.

예제 4.10

$\{(1, 0), (1, 1)\}$이 $\boldsymbol{R}^2$를 생성함을 보여라.

풀이 • • •

$\boldsymbol{R}^2$의 임의의 벡터 (x, y)에 대하여 $(x, y)=(x-y)(1, 0)+y(1, 1)$이므로 집합$\{(1, 0), (1, 1)\}$은 $\boldsymbol{R}^2$를 생성한다.

예제 4.11

$\boldsymbol{R}^3$의 임의의 벡터 $\mathbf{v}=(x, y, z)$는 $\mathbf{v}=x\mathbf{i}+y\mathbf{j}+z\mathbf{k}$의 꼴로 표현되므로 집합 $\{\mathbf{i}=(1, 0, 0), \mathbf{j}=(0, 1, 0), \mathbf{k}=(0, 0, 1)\}$는 $\boldsymbol{R}^3$를 생성한다.

예제 4.12

$\{1, x, x^2, \cdots, x^n\}$은 P_n을 생성한다. 실제로 P_n의 임의의 다항식 $\mathbf{p}=a_0+a_1x+a_2x^2+\cdots+a_nx^n$은 $1, x, x^2, \cdots, x^n$의 1차 결합이다.

예제 4.13

$\{\mathbf{v}_1=(1, 1, 2), \mathbf{v}_2=(1, 0, 1), \mathbf{v}_3=(2, 1, 3)\}$은 $\boldsymbol{R}^3$를 생성하지 못함을 보여라.

풀이 • • •

$\boldsymbol{R}^3$의 임의의 벡터 $\mathbf{u}=(u_1, u_2, u_3)$가 $\mathbf{v}_1, \mathbf{v}_2, \mathbf{v}_3$의 1차 결합

$$\mathbf{u}=k_1\mathbf{v}_1+k_2\mathbf{v}_2+k_3\mathbf{v}_3$$

이 되는 스칼라 k_1, k_2, k_3가 존재하는지를 알아보자. 위의 식은 다음과 같이 바꾸어 쓸 수 있다.

$$\begin{aligned}(u_1, u_2, u_3) &= k_1(1, 1, 2) + k_2(1, 0, 1) + k_3(2, 1, 3)\\ &= (k_1 + k_2 + 2k_3,\ k_1 + k_3,\ 2k_1 + k_2 + 3k_3)\end{aligned}$$

이 식을 연립방정식의 형태로 고치면 다음과 같다.

$$\begin{aligned} k_1 + k_2 + 2k_3 &= u_1\\ k_1 \qquad + k_3 &= u_2\\ 2k_1 + k_2 + 3k_3 &= u_3 \end{aligned} \tag{4.1}$$

결국 $\mathbf{u}$가 $\mathbf{v}_1$, $\mathbf{v}_2$, $\mathbf{v}_3$의 1차 결합인지에 대한 문제는 식 (4.1)에서 u_1, u_2, u_3가 어떤 값을 가져도 식 (4.1)이 해를 갖느냐는 문제로 귀결된다. 2.2절의 정리 2.6에 따르면 이 연립방정식은 계수행렬

$$A = \begin{bmatrix} 1 & 1 & 2\\ 1 & 0 & 1\\ 2 & 1 & 3 \end{bmatrix}$$

의 행렬식이 영이 아닐 때 임의의 u_1, u_2, u_3에 대하여 해를 갖게 된다. 그러나 $\det(A) = 0$이므로 A는 가역행렬이 아니다. 따라서 $\{\mathbf{v}_1, \mathbf{v}_2, \mathbf{v}_3\}$는 $\boldsymbol{R}^3$를 생성하지 못한다.

일반적으로 벡터공간 V의 부분집합 $\{\mathbf{v}_1, \mathbf{v}_2, \cdots, \mathbf{v}_n\}$은 V를 생성할 수도 있고 생성하지 못하는 경우도 있다. 예를 들면, $\boldsymbol{R}^3$의 부분집합 $\{\mathbf{i}\}$는 $\boldsymbol{R}^3$를 생성하지 못한다. 만일 V의 부분집합 $\{\mathbf{v}_1, \mathbf{v}_2, \cdots, \mathbf{v}_n\}$이 V를 생성한다면, V의 모든 벡터들을 $\mathbf{v}_1, \mathbf{v}_2, \cdots, \mathbf{v}_n$의 1차 결합으로 표현할 수 있다. 그러나 $\{\mathbf{v}_1, \mathbf{v}_2, \cdots, \mathbf{v}_n\}$이 V를 생성하지 못하는 경우에는 V에는 $\mathbf{v}_1, \mathbf{v}_2, \cdots, \mathbf{v}_n$의 1차 결합으로 표현할 수 없는 벡터가 존재한다. 다음 정리는 벡터공간 V의 한 부분집합 $\{\mathbf{v}_1, \mathbf{v}_2, \cdots, \mathbf{v}_n\}$에서 $\mathbf{v}_1, \mathbf{v}_2, \cdots, \mathbf{v}_n$의 1차 결합으로 표현되는 모든 벡터들의 집합은 벡터공간 V의 부분공간임을 보여준다.

정리 4.2 $\mathbf{v}_1, \mathbf{v}_2, \cdots, \mathbf{v}_n$이 벡터공간 V의 벡터이면 $\langle \mathbf{v}_1, \mathbf{v}_2, \cdots, \mathbf{v}_n \rangle$은 V의 부분공간이다.

증명 $\langle \mathbf{v}_1, \mathbf{v}_2, \cdots, \mathbf{v}_n \rangle$은 V의 공집합이 아닌 부분집합임은 자명하다. 이제 $\langle \mathbf{v}_1, \mathbf{v}_2, \cdots, \mathbf{v}_n \rangle$이 부분공간의 두 조건을 만족함을 보이자.

(1) $\mathbf{v}, \mathbf{w} \in \langle \mathbf{v}_1, \mathbf{v}_2, \cdots, \mathbf{v}_n \rangle$이면 적당한 스칼라 $a_1, a_2, \cdots, a_n$, $b_1, b_2, \cdots, b_n$이 존재

하여 다음과 같이 표현할 수 있다.

$$\mathbf{v} = a_1\mathbf{v}_1 + a_2\mathbf{v}_2 + \cdots + a_n\mathbf{v}_n$$
$$\mathbf{w} = b_1\mathbf{v}_1 + b_2\mathbf{v}_2 + \cdots + b_n\mathbf{v}_n$$

따라서,

$$\mathbf{v} + \mathbf{w} = (a_1 + b_1)\mathbf{v}_1 + (a_2 + b_2)\mathbf{v}_2 + \cdots + (a_n + b_n)\mathbf{v}_n \in < \mathbf{v}_1, \mathbf{v}_2, \cdots, \mathbf{v}_n \rangle$$

이다.

(2) $\langle \mathbf{v}_1, \mathbf{v}_2, \cdots, \mathbf{v}_n \rangle$의 임의의 벡터 $\mathbf{v}$는 적당한 스칼라 $a_1, a_2, \cdots, a_n$이 존재하여 $\mathbf{v} = a_1\mathbf{v}_1 + a_2\mathbf{v}_2 + \cdots + a_n\mathbf{v}_n$으로 표현된다. 따라서 임의의 스칼라 k와의 곱은

$$k\mathbf{v} = (ka_1)\mathbf{v}_1 + (ka_2)\mathbf{v}_2 + \cdots + (ka_n)\mathbf{v}_n \in \langle \mathbf{v}_1, \mathbf{v}_2, \cdots, \mathbf{v}_n \rangle$$

이다.

그러므로 (1), (2)에 의하여 $\langle \mathbf{v}_1, \mathbf{v}_2, \cdots, \mathbf{v}_n \rangle$은 V의 부분공간이다. ∎

정리 4.2에서 $\langle \mathbf{v}_1, \mathbf{v}_2, \cdots, \mathbf{v}_n \rangle$은 $\mathbf{v}_1, \mathbf{v}_2, \cdots, \mathbf{v}_n$을 포함하는 가장 작은 벡터공간이 됨은 자명하다.

정리 4.3 W_1, W_2가 벡터공간 V의 부분공간이면 $W_1 \cap W_2$도 V의 부분공간이다.

증명 $\mathbf{0} \in W_1$, $\mathbf{0} \in W_2$이므로 $\mathbf{0} \in W_1 \cap W_2$이다. 그러므로 $W_1 \cap W_2$는 공집합이 아니다. 또한 분명히 $W_1 \cap W_2 \subseteq V$이다. 이제 $W_1 \cap W_2$가 부분공간의 두 조건을 만족함을 보이자.

(1) $\mathbf{w}, \mathbf{w}'$가 $W_1 \cap W_2$의 원소이면, $\mathbf{w}, \mathbf{w}' \in W_1$이고 $\mathbf{w}, \mathbf{w}' \in W_2$이다. 그런데 W_1, W_2는 벡터공간이므로 $\mathbf{w} + \mathbf{w}' \in W_1$이고 $\mathbf{w} + \mathbf{w}' \in W_2$이다. 따라서 $\mathbf{w} + \mathbf{w}' \in W_1 \cap W_2$이다.

(2) 임의의 스칼라 k와 $W_1 \cap W_2$의 임의의 원소 $\mathbf{w}$에 대하여 W_1, W_2가 벡터공간이므로 $k\mathbf{w} \in W_1$, $k\mathbf{w} \in W_2$이다. 따라서 $k\mathbf{w} \in W_1 \cap W_2$이다.

그러므로 $W_1 \cap W_2$는 V의 부분공간이다. ∎

주의 벡터공간 V의 두 부분공간 W_1, W_2에 대하여 일반적으로 $W_1 \cup W_2$는 V의 부분공간이 아니다(예제 4.14. 참조).

예제 4.14

$W_1 = \{(x, 0) \in \boldsymbol{R}^2 | x \in \boldsymbol{R}\}$, $W_2 = \{(0, y) \in \boldsymbol{R}^2 | y \in \boldsymbol{R}\}$ 는 $\boldsymbol{R}^2$의 부분집합들이고 $\boldsymbol{R}^2$의 표준연산을 W_1, W_2의 연산으로 정의하면 W_1, W_2는 $\boldsymbol{R}^2$의 부분공간이다. 그러나 $W_1 \cup W_2$는 $\boldsymbol{R}^2$의 부분공간이 아니다. 왜냐하면 $x \neq 0$이거나 $y \neq 0$일 때, $(x, 0)$, $(0, y) \in W_1 \cup W_2$이지만 $(x, 0) + (0, y) = (x, y) \notin W_1 \cup W_2$이기 때문이다.

정리 4.4 W_1, W_2가 벡터공간 V의 부분공간이면 $W_1 + W_2$도 V의 부분공간이다. 또 $W_1 \subseteq W_1 + W_2$, $W_2 \subseteq W_1 + W_2$이다.
여기서 $W_1 + W_2 = \{\mathbf{u} + \mathbf{v} \,|\, \mathbf{u} \in W_1,\ \mathbf{v} \in W_2\}$ 이다.

증명 $W_1 + W_2$가 V의 공집합이 아닌 부분집합임은 자명하다. $W_1 + W_2$가 부분공간의 두 조건을 만족함을 보이자.

(1) $W_1 + W_2$의 임의의 원소 $\mathbf{w}, \mathbf{w}'$에 대하여 $\mathbf{w} + \mathbf{w}' \in W_1 + W_2$임을 보이자. $\mathbf{w}$가 $W_1 + W_2$의 원소이므로 W_1의 적당한 원소 $\mathbf{w}_1$과 W_2의 적당한 원소 $\mathbf{w}_2$가 존재하여

$$\mathbf{w} = \mathbf{w}_1 + \mathbf{w}_2$$

이다. 같은 방법으로 W_1의 적당한 원소 $\mathbf{w}_1'$와 W_2의 적당한 원소 $\mathbf{w}_2'$가 존재하여

$$\mathbf{w}' = \mathbf{w}_1' + \mathbf{w}_2'$$

이다. 그런데 $\mathbf{w}_1 + \mathbf{w}_1' \in W_1$, $\mathbf{w}_2 + \mathbf{w}_2' \in W_2$이므로

$$\begin{aligned} \mathbf{w} + \mathbf{w}' &= (\mathbf{w}_1 + \mathbf{w}_2) + (\mathbf{w}_1' + \mathbf{w}_2') \\ &= (\mathbf{w}_1 + \mathbf{w}_1') + (\mathbf{w}_2 + \mathbf{w}_2') \in W_1 + W_2 \end{aligned}$$

이다.

(2) 임의의 스칼라 k와 $W_1 + W_2$의 임의의 원소 $\mathbf{w}$에 대하여 $k\mathbf{w} \in W_1 + W_2$임을 보이자. $\mathbf{w}$가 $W_1 + W_2$의 원소이므로 W_1의 적당한 원소 $\mathbf{w}_1$과 W_2의 적당한 원소 $\mathbf{w}_2$가 존재하여

$$\mathbf{w} = \mathbf{w}_1 + \mathbf{w}_2$$

이고, $\mathbf{w}$의 스칼라배 연산은

$$k\mathbf{w} = k(\mathbf{w}_1 + \mathbf{w}_2) = k\mathbf{w}_1 + k\mathbf{w}_2$$

이다. 그런데 $k\mathbf{w}_1 \in W_1$, $k\mathbf{w}_2 \in W_2$이므로

$$k\mathbf{w} \in W_1 + W_2.$$

따라서 $W_1 + W_2$는 V의 부분공간이다. 그리고 임의의 $\mathbf{w}_1 \in W_1$은

$$\mathbf{w}_1 = \mathbf{w}_1 + \mathbf{0} \in W_1 + W_2$$

이므로 $W_1 \subseteq W_1 + W_2$이다. 같은 방법으로 $W_2 \subseteq W_1 + W_2$도 보일 수 있다. ∎

정의 4.5 벡터공간 V의 두 부분공간 W_1과 W_2에 대하여 $V = W_1 + W_2$이고 $W_1 \cap W_2 = \{\mathbf{0}\}$이면 $V = W_1 \oplus W_2$라 쓰고 V를 W_1과 W_2의 **직합공간**(direct sum space)이라 한다.

예제 4.15

벡터공간 $\boldsymbol{R}^2$의 두 부분공간, $W_1 = \{(x, 0) \in \boldsymbol{R}^2 | x \in \boldsymbol{R}\}$, $W_2 = \{(y, y) \in \boldsymbol{R}^2 | y \in \boldsymbol{R}\}$이면 $\boldsymbol{R}^2 = W_1 \oplus W_2$이다.

풀이

$\boldsymbol{R}^2 \supseteq W_1 + W_2$임은 자명하다. $\boldsymbol{R}^2 \subseteq W_1 + W_2$임을 보이자.
임의의 $(x, y) \in \boldsymbol{R}^2$는 $(x, y) = (x-y, 0) + (y, y) \in W_1 + W_2$이다. 즉, $\boldsymbol{R}^2 \subseteq W_1 + W_2$이다. 따라서 $\boldsymbol{R}^2 = W_1 + W_2$이다. 그리고 $W_1 \cap W_2 = \{(0, 0)\} = \mathbf{0}$임은 자명하다. 따라서 $\boldsymbol{R}^2 = W_1 \oplus W_2$이다.

정리 4.5 W_1과 W_2가 벡터공간 V의 부분공간이고 $V = W_1 + W_2$일 때, 다음은 서로 동치이다.

(1) $V = W_1 \oplus W_2$

(2) 임의의 벡터 $\mathbf{v} \in V$는 다음과 같이 한 가지 방법으로만 표현된다.

$$\mathbf{v} = \mathbf{w}_1 + \mathbf{w}_2 (\mathbf{w}_1 \in W_1,\ \mathbf{w}_2 \in W_2)$$

(3) $\mathbf{w}_1 + \mathbf{w}_2 = \mathbf{0} (\mathbf{w}_1 \in W_1,\ \mathbf{w}_2 \in W_2)$이면 $\mathbf{w}_1 = \mathbf{0} = \mathbf{w}_2$이다.

증명 (1) ⇒ (2) V의 임의의 벡터 $\mathbf{v}$가 다음과 같이 두 가지 방법으로 표현되었다고 하자.

$$\mathbf{v} = \mathbf{w}_1 + \mathbf{w}_2,\ \mathbf{w}_1 \in W_1,\ \mathbf{w}_2 \in W_2,$$
$$\mathbf{v} = \mathbf{w}_1' + \mathbf{w}_2',\ \mathbf{w}_1' \in W_1,\ \mathbf{w}_2' \in W_2.$$

이때 $\mathbf{w}_1 - \mathbf{w}_1' = \mathbf{w}_2' - \mathbf{w}_2 \in W_1 \cap W_2 = \{\mathbf{0}\}$ 이 되어 $\mathbf{w}_1 = \mathbf{w}_1',\ \mathbf{w}_2' = \mathbf{w}_2$. 즉, $\mathbf{v}$는 한 가지 방법으로만 표현된다.

(2) ⇒ (3) $\mathbf{0} = \mathbf{0} + \mathbf{0},\ \mathbf{0} = \mathbf{w}_1 + \mathbf{w}_2$이므로 $\mathbf{w}_1 = \mathbf{w}_2 = \mathbf{0}$ (유일성).

(3) ⇒ (1) 임의의 $\mathbf{v} \in W_1 \cap W_2$에 대하여 $W_1 \cap W_2$가 V의 부분공간이므로 $-\mathbf{v} \in W_1 \cap W_2$이다. 따라서 $\mathbf{v} + (-\mathbf{v}) = \mathbf{0}$. 여기서 $\mathbf{v} \in W_1,\ -\mathbf{v} \in W_2$이므로 가정에 의하여 $\mathbf{v} = -\mathbf{v} = \mathbf{0}$이 된다. 즉, $W_1 \cap W_2 = \{\mathbf{0}\}$ 이다.
따라서 $V = W_1 \oplus W_2$이다. ∎

연습문제 4.2

1. $W = \{a_0 + a_1 x + a_2 x^2 + a_3 x^3 \mid a_0,\ a_1,\ a_2,\ a_3 \in \boldsymbol{Z}\}$는 P_3의 부분공간이 아님을 보여라. 단, $\boldsymbol{Z}$는 정수 전체의 집합이다.

2. 벡터 $(1,\ 5,\ 6)$은 벡터공간 $\langle \mathbf{u} = (1,\ -1,\ 3),\ \mathbf{v} = (2,\ 4,\ 0) \rangle$의 원소가 아님을 보여라.

3. $\{\mathbf{v}_1 = (1,\ 1,\ 1),\ \mathbf{v}_2 = (2,\ 2,\ 0),\ \mathbf{v}_3 = (3,\ 0,\ 0)\}$은 $\boldsymbol{R}^3$를 생성하는가?

4. P를 실수 계수 다항식 전체의 집합이라 할 때, P_n은 P의 부분공간임을 보여라.

5. $W_1 = \{(a,\ b,\ 0) \mid a,\ b \in \boldsymbol{R}\},\ W_2 = \{(0,\ 0,\ c) \mid c \in \boldsymbol{R}\}$에 대하여 다음 물음에 답하여라.
   (1) $W_1,\ W_2$는 $\boldsymbol{R}^3$의 부분공간임을 보여라.
   (2) $W_1 \cup W_2$는 $\boldsymbol{R}^3$의 부분공간이 아님을 보여라.
   (3) $W_1 \oplus W_2 = \boldsymbol{R}^3$임을 보여라.

6. 실수의 수열들의 집합 S에서 덧셈과 스칼라배 연산이 다음과 같이 정의되었다고 할 때, 다음 물음에 답하여라.

$$\{a_n\}+\{b_n\}=\{a_n+b_n\},\ c\{a_n\}=\{ca_n\}\ (c\in \boldsymbol{R})$$

(1) S는 벡터공간임을 보여라.

(2) $T=\{\{a_n\}\in S\,|\,a_{n+1}-a_n=1\}$은 S의 부분공간이 아님을 보여라.

(3) $U=\{\{a_n\}\in S\,|\,a_{n+k}+p_{k-1}a_{n+k-1}+\cdots+p_1a_{n+1}+p_0a_n=0\}$는 S의 부분공간임을 보여라. 단, $p_0,\ p_1,\ \cdots,\ p_{k-1}$은 실수이다.

7. $L=\{A\in M_{nn}\,|\,A=A^T\}$, $N=\{B\in M_{nn}\,|\,A^T=-A\}$이라 할 때, 다음 물음에 답하여라.

(1) C가 임의의 n차 정방행렬이면 CC^T, $C+C^T\in L$이고 $C-C^T\in N$임을 보여라.

(2) C는 L과 N의 원소의 합으로 유일하게 나타남을 보여라.

(3) L과 N은 M_{nn}의 부분공간임을 보여라.

(4) $M_{nn}=L\oplus N$임을 보여라.

8. $\boldsymbol{R}^3$의 두 부분집합 $W_1=\{(x_1,\ x_2,\ x_3)\,|\,x_1+2x_2-3x_3=0\}$, $W_2=\{(x_1,\ x_2,\ x_3)\,|\,3x_1-2x_2+5x_3=0\}$에 대하여 다음 물음에 답하여라.

(1) W_1, W_2는 $\boldsymbol{R}^3$의 부분공간임을 보여라.

(2) $W_1\cap W_2$의 기하학적 의미를 설명하여라.

9. $\mathbf{x}$가 $\boldsymbol{R}^n$의 원소일 때, $U=\{\mathbf{y}\in \boldsymbol{R}^n\,|\,\mathbf{x}\cdot\mathbf{y}=0\}$는 $\boldsymbol{R}^n$의 부분공간임을 보여라.

10. 실수 전체에서 연속인 함수들의 집합을 $C(\boldsymbol{R})$로 정의할 때, 다음 물음에 답하여라.

(1) $C(\boldsymbol{R})$은 통상적인 함수의 덧셈과 스칼라배 연산에 대하여 벡터공간임을 보여라.

(2) $U=\{\mathbf{f}\in C(\boldsymbol{R})\,|\,f(x)=f(-x),\ x\in \boldsymbol{R}\}$는 $C(\boldsymbol{R})$의 부분공간임을 보여라.

(3) $V=\{\mathbf{f}\in C(\boldsymbol{R})\,|\,f(-x)=-f(x),\ x\in \boldsymbol{R}\}$는 $C(\boldsymbol{R})$의 부분공간임을 보여라.

(4) $C(\boldsymbol{R})=U\oplus V$임을 보여라.

보충문제 4.2

01. 표준연산이 정의된 벡터공간 $\boldsymbol{R}^3$에 대하여 다음 중 $\boldsymbol{R}^3$의 부분공간이 아닌 것을 찾고 $\boldsymbol{R}^3$의 부분공간이 아닌 이유를 설명하여라.

(1) 원점을 지나는 평면위의 점들의 집합

(2) $\{(0,\ 0,\ 0)\}$

(3) $\{(x,\ y,\ z) \in \boldsymbol{R}^3 \mid x \geq 0,\ y \geq 0,\ z \geq 0\}$

(4) $\{k(1,\ -2,\ 3) \in \boldsymbol{R}^3 \mid k \in \boldsymbol{R}\}$

(5) $\{(a,\ 2a,\ 0) \in \boldsymbol{R}^3 \mid a \in \boldsymbol{R}\}$

(6) $\{(a,\ a,\ 1) \in \boldsymbol{R}^3 \mid a \in \boldsymbol{R}\}$

(7) $\{(a,\ b,\ a+b) \in \boldsymbol{R}^3 \mid a,\ b \in \boldsymbol{R}\}$

답 (3), (6)은 덧셈에 대하여 닫혀있지 않기 때문에 $\boldsymbol{R}^3$의 부분공간이 아니다.

02. 표준연산이 정의된 벡터공간 M_{22}에 대하여 다음 물음에 답하여라.

(1) $W_1 = \left\{ \begin{bmatrix} a & b \\ c & d \end{bmatrix} \in M_{22} \,\middle|\, a+b=0 \right\}$는 M_{22}의 부분공간임을 보여라.

(2) $W_2 = \{A \in M_{22} \mid \det(A) = 0\}$는 M_{22}의 부분공간이 아님을 보여라.

답 (1) 분명히 $W_1 \neq \varnothing$이고 $W_1 \subseteq M_{22}$이다.

W_1의 임의의 두 원소 $A = \begin{bmatrix} a_1 & a_2 \\ a_3 & a_4 \end{bmatrix}$, $B = \begin{bmatrix} b_1 & b_2 \\ b_3 & b_4 \end{bmatrix}$에 대하여, $a_1 + a_2 + b_1 + b_2 = 0$이므로 $A+B \in W_1$이고, 임의의 스칼라 k에 대하여 $k(a_1 + a_2) = 0$이므로 $kA \in W_1$이 되어 W_1은 M_{22}의 부분공간이다.

(2) $A = \begin{bmatrix} 1 & 0 \\ 0 & 0 \end{bmatrix}$, $B = \begin{bmatrix} 0 & 0 \\ 0 & 1 \end{bmatrix} \in W_2$이지만 $A+B = \begin{bmatrix} 1 & 0 \\ 0 & 1 \end{bmatrix} \not\in W_2$이다. 따라서 W_2는 M_{22}의 부분공간이 아니다.

03. $W=\{a_0+a_1x+a_2x^2 \mid a_0,\ a_1,\ a_2 \in \boldsymbol{Q}\}$는 표준연산이 정의된 벡터공간 P_2의 부분공간이 아님을 보여라. (단, $\boldsymbol{Q}$는 유리수이다.)

답 $x \in W$이지만 $\sqrt{2}x \notin W$이므로 W는 P_2의 부분공간이 아니다.

04. 표준연산이 정의된 벡터공간 $\boldsymbol{R}^3$의 두 벡터 $\mathbf{u}$, $\mathbf{v}$에 대하여 집합
$W=\{\mathbf{x} \in \boldsymbol{R}^3 \mid \mathbf{x} \cdot \mathbf{u}=0,\ \mathbf{x} \cdot \mathbf{v}=0\}$는 $\boldsymbol{R}^3$의 부분공간임을 보여라.

답 $\mathbf{0} \in W$이므로 $W \neq \varnothing$이고, $W \subseteq \boldsymbol{R}^3$임은 자명하다.
W의 임의의 두 원소 $\mathbf{x}_1$, $\mathbf{x}_2$에 대하여 $\mathbf{u} \cdot (\mathbf{x}_1+\mathbf{x}_2)=0$, $\mathbf{v} \cdot (\mathbf{x}_1+\mathbf{x}_2)=0$이므로 $\mathbf{x}_1+\mathbf{x}_2 \in W$이고, 임의의 스칼라 k에 대하여 $\mathbf{u} \cdot k\mathbf{x}_1=0$, $\mathbf{v} \cdot k\mathbf{x}_1=0$이므로 $k\mathbf{x}_1 \in W$이다. 따라서 W는 $\boldsymbol{R}^3$의 부분공간이다.

4.3 1차 독립과 1차 종속

벡터공간 V의 모든 벡터들이 $\mathbf{v}_1, \mathbf{v}_2, \cdots, \mathbf{v}_n$의 1차 결합으로 표현되면 V는 집합 $S=\{\mathbf{v}_1, \mathbf{v}_2, \cdots, \mathbf{v}_n\}$에 의하여 생성된다는 것을 알았다. 따라서 생성집합 S의 벡터들에 대한 연구로 벡터공간은 해석될 수 있다. 그러나 생성집합의 원소의 수가 많을수록 생성집합으로 벡터공간의 해석은 어려워진다. 따라서 가능한 적은 수의 원소를 갖는 생성집합을 찾는 것이 중요하다. 벡터공간에 대한 최소 생성집합을 찾는 것은 생성집합의 1차 독립성에 의존한다. 먼저 벡터들의 집합의 1차 독립에 대하여 알아보자.

정의 4.6 $S=\{\mathbf{v}_1, \mathbf{v}_2, \cdots, \mathbf{v}_n\}$이 벡터들의 집합이면 방정식

$$k_1\mathbf{v}_1+k_2\mathbf{v}_2+\cdots+k_n\mathbf{v}_n=\mathbf{0} \tag{4.2}$$

은 자명해 $k_1=k_2=\cdots=k_n=0$을 갖는다. 만약 해가 자명해 밖에 없을 때 집합 S는 1차 독립(linear independence)이라 하고, 비자명해가 존재할 때, 즉, 식 (4.2)의 계수 $k_1, k_2, \cdots, k_n$중 0이 아닌 것이 존재하여 식 (4.2)를 만족할 때, 집합 S는 1차 종속(linear dependence)이라 한다.

예제 4.16

$\mathbf{v}_1=(2, 3)$, $\mathbf{v}_2=(0, 4)$일 때, $S=\{\mathbf{v}_1, \mathbf{v}_2\}$는 1차 독립이다.

풀이

방정식 $k_1\mathbf{v}_1+k_2\mathbf{v}_2=\mathbf{0}$은 $k_1(2, 3)+k_2(0, 4)=(0, 0)$이다. 따라서 $(2k_1, 3k_1+4k_2)=(0, 0)$이고, 이를 풀면 해는 $k_1=0, k_2=0$ 뿐이다. 그러므로 집합 S는 1차 독립이다.

예제 4.17

$S=\{\mathbf{v}_1=(2, -1, 0), \mathbf{v}_2=(1, 2, 5), \mathbf{v}_3=(7, -1, 5)\}$일 때, 집합 S는 1차 종속이다.

풀이 • • •

$k_1\mathbf{v}_1+k_2\mathbf{v}_2+k_3\mathbf{v}_3=\mathbf{0}$는 해 $k_1=k_2=k_3=0$ 이외에 $k_1=3, k_2=1, k_3=-1$인 해도 있으므로 집합 S는 1차 종속이다.

참고 집합 $S=\{\mathbf{v}_1, \mathbf{v}_2, \cdots, \mathbf{v}_n\}$가 1차 종속이라는 말은 집합 S의 벡터들은 서로 의존 관계가 있다는 의미를 내포하고 있다. 집합 S가 1차 종속이라면

$$k_1\mathbf{v}_1+k_2\mathbf{v}_2+\cdots+k_n\mathbf{v}_n=\mathbf{0}$$

은 $k_1=k_2=\cdots=k_n=0$이외의 또 다른 해를 가진다. 따라서 적당한 $k_i\neq0$이 존재하여 $\mathbf{v}_i$는 나머지 벡터들의 1차 결합으로 표시된다. 즉,

$$\mathbf{v}_i=-\frac{k_1}{k_i}\mathbf{v}_1-\frac{k_2}{k_i}\mathbf{v}_2-\cdots-\frac{k_{i-1}}{k_i}\mathbf{v}_{i-1}-\frac{k_{i+1}}{k_i}\mathbf{v}_{i+1}-\cdots-\frac{k_n}{k_i}\mathbf{v}_n$$

이다(연습문제 6번 참고). 예제 4.17의 경우 $\mathbf{v}_3=3\mathbf{v}_1+\mathbf{v}_2$가 되어 집합 $S=\{\mathbf{v}_1, \mathbf{v}_2, \mathbf{v}_3\}$는 1차 종속이다.

정리 4.6 $n\geq2$일 때 $\boldsymbol{R}^n$의 n개의 벡터 $\mathbf{v}_1=(a_{11}, a_{12}, \cdots, a_{1n})$, $\mathbf{v}_2=(a_{21}, a_{22}, \cdots, a_{2n})$, $\cdots$, $\mathbf{v}_n=(a_{n1}, a_{n2}, \cdots, a_{nn})$에 대하여 A를 $\mathbf{v}_1, \mathbf{v}_2, \cdots, \mathbf{v}_n$을 행벡터로 하는 n차 정방행렬이라 하면 다음은 서로 동치이다.

(1) $\{\mathbf{v}_1, \mathbf{v}_2, \cdots, \mathbf{v}_n\}$이 1차 독립이다.

(2) $\det(A)\neq0$.

(3) $\{\mathbf{v}_1, \mathbf{v}_2, \cdots, \mathbf{v}_n\}$은 $\boldsymbol{R}^n$을 생성한다.

증명 (1) $\Leftrightarrow$ (2) $k_1\mathbf{v}_1+k_2\mathbf{v}_2+\cdots+k_n\mathbf{v}_n=\mathbf{0}$은 다음과 같이 쓸 수 있다.

$$\begin{aligned} k_1a_{11}+k_2a_{21}+\cdots+k_na_{n1}&=0\\ k_1a_{12}+k_2a_{22}+\cdots+k_na_{n2}&=0\\ &\vdots\\ k_1a_{1n}+k_2a_{2n}+\cdots+k_na_{nn}&=0 \end{aligned}$$

이 동차연립방정식을 $k_1, k_2, \cdots, k_n$에 대한 연립방정식으로 보고 다음과

같이 정리하자.

$$\begin{aligned} a_{11}k_1 + a_{21}k_2 + \cdots + a_{n1}k_n &= 0 \\ a_{12}k_1 + a_{22}k_2 + \cdots + a_{n2}k_n &= 0 \\ &\vdots \\ a_{1n}k_1 + a_{2n}k_2 + \cdots + a_{nn}k_n &= 0 \end{aligned}$$

이 방정식의 계수행렬은 A^T이므로 $k_1 = k_2 = \cdots = k_n = 0$이 되기 위한 필요충분조건은 $|A^T| = |A| \neq 0$이다.

(2) $\Leftrightarrow$ (3) 임의의 $\mathbf{b} = (b_1, b_2, \cdots, b_n) \in \boldsymbol{R}^n$에 대하여 적당한 스칼라 $k_1, k_2, \cdots, k_n$이 존재하여 $k_1\mathbf{v}_1 + k_2\mathbf{v}_2 + \cdots + k_n\mathbf{v}_n = \mathbf{b}$이면 이 식은 다음과 같이 쓸 수 있다.

$$\begin{aligned} k_1a_{11} + k_2a_{21} + \cdots + k_na_{n1} &= b_1 \\ k_1a_{12} + k_2a_{22} + \cdots + k_na_{n2} &= b_2 \\ &\vdots \\ k_1a_{1n} + k_2a_{2n} + \cdots + k_na_{nn} &= b_n \end{aligned}$$

이 비동차연립방정식을 $k_1, k_2, \cdots, k_n$에 대한 연립방정식으로 보고 다음과 같이 정리하자.

$$\begin{aligned} a_{11}k_1 + a_{21}k_2 + \cdots + a_{n1}k_n &= b_1 \\ a_{12}k_1 + a_{22}k_2 + \cdots + a_{n2}k_n &= b_2 \\ &\vdots \\ a_{1n}k_1 + a_{2n}k_2 + \cdots + a_{nn}k_n &= b_n \end{aligned}$$

이 방정식의 계수행렬은 A^T이므로 $k_1, k_2, \cdots, k_n$이 유일한 해를 갖기 위한 필요충분조건은 $|A^T| = |A| \neq 0$이다. ∎

예제 4.18

$\boldsymbol{R}^3$의 세 벡터로 구성된 집합 $\{(1, -2, 3), (5, 6, -1), (3, 2, 1)\}$은 1차 종속이고, 집합 $\{(1, 2, 4), (2, 3, 1), (4, -1, 1)\}$은 1차 독립이다.

풀이 • • •

$\begin{vmatrix} 1 & -2 & 3 \\ 5 & 6 & -1 \\ 3 & 2 & 1 \end{vmatrix} = 0$이므로 집합 $\{(1, -2, 3), (5, 6, -1), (3, 2, 1)\}$은 1차 종속이고,

$\begin{vmatrix} 1 & 2 & 4 \\ 2 & 3 & 1 \\ 4 & -1 & 1 \end{vmatrix} = -48 \neq 0$이므로 $\{(1, 2, 4), (2, 3, 1), (4, -1, 1)\}$은 1차 독립이다.

정리 4.7 $\boldsymbol{R}^n$에서 $r(r>n)$개의 벡터들의 집합 $S=\{\mathbf{v}_1, \mathbf{v}_2, \cdots, \mathbf{v}_r\}$는 1차 종속이다.

증명 $\mathbf{v}_1=(a_{11}, a_{12}, \cdots, a_{1n})$, $\mathbf{v}_2=(a_{21}, a_{22}, \cdots, a_{2n})$, $\cdots$, $\mathbf{v}_r=(a_{r1}, a_{r2}, \cdots, a_{rn})$이라 두면 $k_1\mathbf{v}_1+k_2\mathbf{v}_2+\cdots+k_r\mathbf{v}_r=\mathbf{0}$은 다음과 같이 쓸 수 있다.

$$\begin{gathered} a_{11}k_1+a_{21}k_2+\cdots+a_{r1}k_r=0 \\ a_{12}k_1+a_{22}k_2+\cdots+a_{r2}k_r=0 \\ \vdots \\ a_{1n}k_1+a_{2n}k_2+\cdots+a_{rn}k_r=0 \end{gathered}$$

이 연립방정식은 r개의 미지수를 포함하는 n개의 방정식으로 구성되어 있다. 가정에서 $r>n$이므로 방정식의 수보다 미지수의 수가 많다. 그러므로 이 연립방정식은 무한개의 해를 갖는다. 즉, 비자명해를 갖는다. 따라서 집합 S는 1차 종속이다. ∎

주의 정리 4.7에서 $r\leq n$일 때는 S가 1차 독립일 수도 있고 1차 종속일 수도 있다.

예제 4.19

$\mathbf{v}_1, \mathbf{v}_2, \mathbf{v}_3$가 $\boldsymbol{R}^2$의 세 벡터이면 정리 4.7에 의하여 집합 $S=\{\mathbf{v}_1, \mathbf{v}_2, \mathbf{v}_3\}$는 1차 종속이다.

연습문제 4.3

1. $\boldsymbol{R}^2$의 두 벡터로 이루어진 집합 $\{(1, 1), (1, 2)\}$는 1차 독립임을 보여라.

2. $\{\mathbf{v}_1, \mathbf{v}_2, \mathbf{v}_3\}$가 1차 독립이면 $\{\mathbf{v}_1, \mathbf{v}_2\}$도 1차 독립임을 보여라.

3. $S=\{\mathbf{v}_1, \mathbf{v}_2, \cdots, \mathbf{v}_n\}$를 벡터공간 V에 있는 벡터들의 집합이라고 하자. S에 영벡터가 포함되면 S는 1차 종속이 됨을 보여라.

4. 벡터공간 V의 벡터들의 집합 $\{\mathbf{v}_1, \mathbf{v}_2, \mathbf{v}_3\}$가 1차 종속일 때, V의 임의의 벡터 $\mathbf{v}_4$에 대하여 $\{\mathbf{v}_1, \mathbf{v}_2, \mathbf{v}_3, \mathbf{v}_4\}$도 1차 종속임을 보여라.

5. 집합 $\{\mathbf{u}, \mathbf{v}, \mathbf{w}\}$가 1차 독립이면 $\{\mathbf{u}+\mathbf{v}, \mathbf{v}+\mathbf{w}, \mathbf{w}+\mathbf{u}\}$도 1차 독립임을 보여라.

6. $n(\geq 2)$개의 벡터들의 집합 $\{\mathbf{v}_1, \mathbf{v}_2, \cdots, \mathbf{v}_n\}$이 1차 종속일 필요충분조건은 적어도 한 개의 벡터 $\mathbf{v}_i(i=1, 2, \cdots, n)$가 나머지 $n-1$개 벡터들의 1차 결합으로 표현됨을 보여라.

7. $\{\mathbf{v}\}$가 1차 독립일 필요충분조건은 $\mathbf{v}\neq\mathbf{0}$임을 보여라.

8. $\{\mathbf{u}, \mathbf{v}, \mathbf{w}\}$가 1차 독립이면 $\{2\mathbf{v}+\mathbf{w}, 2\mathbf{u}-\mathbf{v}, 3\mathbf{u}+\mathbf{w}\}$도 1차 독립임을 보여라.

9. 다음은 P_2의 부분집합들이다. 1차 독립인지 1차 종속인지 판정하여라.
   (1) $\{2+3x-2x^2, 6+9x-6x^2\}$
   (2) $\{2-x+4x^2, 3+6x+x^2, 2+5x-4x^2\}$
   (3) $\{6-3x, 1+2x+4x^2, 25\}$

10. 벡터공간 V의 벡터 $\mathbf{f}=f(x)$, $\mathbf{g}=g(x)$, $\mathbf{h}=h(x)$가 2번 이상 미분 가능할 때, 다음 함수 $w(x)$를 $\mathbf{f}, \mathbf{g}, \mathbf{h}$의 Wronskian이라 한다.

$$w(x)=\begin{vmatrix} f(x) & g(x) & h(x) \\ f'(x) & g'(x) & h'(x) \\ f''(x) & g''(x) & h''(x) \end{vmatrix}$$

   (1) $w(x)\neq 0$(즉, $w(x)$가 항등적으로 영인 것은 아니다)이면 $\{\mathbf{f}, \mathbf{g}, \mathbf{h}\}$는 1차 독립임을 보여라.
   (2) (1)을 이용하여 다음 집합이 1차 독립임을 보여라.
      1) $\{e^x, xe^x, x^2e^x\}$
      2) $\{\sin x, \cos x, x\sin x\}$
      3) $\{5, x, e^x\}$
      4) $\{1, 2x, 3x^2\}$
      5) $\{7, 1+7x, 5+6x+7x^2\}$

보충문제 4.3

01. 다음 물음에 답하여라.

(1) 함수벡터들의 집합 $\{3, \sin^2 x, \cos^2 x\}$은 1차 종속임을 보여라.

(2) 함수벡터들의 집합 $\{1, \sin x, \cos x\}$은 1차 독립임을 보여라.

(3) 함수벡터들의 집합 $\{1, 1-x, 1-x^2\}$은 1차 독립임을 보여라.

(4) $\{(2, -1, 0), (1, 2, 5), (7, -1, 5)\}$는 1차 종속임을 보여라.

(5) $\{\mathbf{u}=(1, 0, 0), \mathbf{v}=(1, 1, 1), \mathbf{w}=(1, 0, 2)\}$는 1차 독립임을 보이고, $(1, 2, 3)$을 $\mathbf{u}, \mathbf{v}, \mathbf{w}$의 1차 결합으로 나타내어라.

답 (1) $1(3)-3(\sin^2 x)-3(\cos^2 x)=0$이므로 $\{3, \sin^2 x, \cos^2 x\}$은 1차 종속이다.

(2) Wronskian을 구해보면 $\neq 0$이므로 $\{1, \sin x, \cos x\}$은 1차 독립이다.

(3) Wronskian을 구해보면 $\neq 0$이므로 $\{1, 1-x, 1-x^2\}$은 1차 독립이다.

(4) $3(2, -1, 0)+(1, 2, 5)-(7, -1, 5)=(0, 0, 0)$이므로 1차 종속이다.

(5) $k_1\mathbf{u}+k_2\mathbf{v}+k_3\mathbf{w}=\mathbf{0}$을 풀면 $k_1=k_2=k_3=0$이다. 즉, $\{\mathbf{u}, \mathbf{v}, \mathbf{w}\}$는 1차 독립이고, $k_1\mathbf{u}+k_2\mathbf{v}+k_3\mathbf{w}=(1, 2, 3)$을 풀면 $k_1=-\dfrac{3}{2}$, $k_2=2$, $k_3=\dfrac{1}{2}$이다. 따라서 $(1, 2, 3)=-\dfrac{3}{2}\mathbf{u}+2\mathbf{v}+\dfrac{1}{2}\mathbf{w}$이다.

02. 다음 물음에 답하여라.

(1) 영벡터가 아닌 R^n의 n개의 벡터들은 항상 R^n을 생성할 수 있는가?

(2) R^n에서 $n+1$개의 벡터들로 구성된 집합은 1차 독립일 수 있는가?

(3) 집합 $\{\mathbf{u}=(1, 1, 0), \mathbf{v}=(1, 0, 1), \mathbf{w}=(0, 1, 1)\}$은 R^3를 생성하는가?

(4) 집합 $S=\{\mathbf{u}=(1, 1, 1), \mathbf{v}=(1, 1, 0), \mathbf{w}=(1, 0, 0)\}$는 1차 독립이고 R^3를 생성함을 보이고, R^n의 벡터 $(1, 2, 3)$을 집합 S의 1차 결합으로 표현하여라.

답 (1) 없다. (2) 없다.

(3) 생성한다.

(4) $\begin{vmatrix} 1 & 1 & 1 \\ 1 & 1 & 0 \\ 0 & 0 & 1 \end{vmatrix} = -1 \neq 0$이므로 집합 S는 1차 독립이고 $\boldsymbol{R}^3$를 생성한다.

$(1,\ 2,\ 3) = 3\mathbf{u} - \mathbf{v} - \mathbf{w}$

4.4 기저와 차원

일반적으로 우리는 직선을 1차원, 평면을 2차원, 우리가 살고 있는 공간을 3차원이라고 생각하고 있다. 이 절에서는 이러한 차원의 개념을 명확하게 해보자.

정의 4.7 벡터공간 V에서 n개의 벡터들의 집합 $S=\{\mathbf{v}_1, \mathbf{v}_2, \cdots, \mathbf{v}_n\}$가 존재하여 다음 두 조건을 만족하면 집합 S를 벡터공간 V의 **기저**(basis)라 한다.
(1) $\{\mathbf{v}_1, \mathbf{v}_2, \cdots, \mathbf{v}_n\}$은 1차 독립이다.
(2) V의 임의의 원소 $\mathbf{v}$는 $\mathbf{v}_1, \mathbf{v}_2, \cdots, \mathbf{v}_n$의 1차 결합으로 표현된다.
즉, 집합 S는 V를 생성한다.

$S=\{\mathbf{v}_1, \mathbf{v}_2, \cdots, \mathbf{v}_n\}$가 V의 기저이면 $V=\langle \mathbf{v}_1, \mathbf{v}_2, \cdots, \mathbf{v}_n \rangle$이다. 또한, $V=\langle \mathbf{v}_1, \mathbf{v}_2, \cdots, \mathbf{v}_n \rangle$의 원소 $\mathbf{v}$가 다음과 같이 두 가지 방법

$$\mathbf{v}=x_1\mathbf{v}_1+x_2\mathbf{v}_2+\cdots+x_n\mathbf{v}_n=y_1\mathbf{v}_1+y_2\mathbf{v}_2+\cdots+y_n\mathbf{v}_n$$

으로 표현되었다고 할 때, 등식에서

$$\mathbf{0}=(x_1-y_1)\mathbf{v}_1+(x_2-y_2)\mathbf{v}_2+\cdots+(x_n-y_n)\mathbf{v}_n$$

가 되고, $\{\mathbf{v}_1, \mathbf{v}_2, \cdots, \mathbf{v}_n\}$은 1차 독립이므로

$$x_1-y_1=0,\ x_2-y_2=0,\ \cdots,\ x_n-y_n=0$$

가 된다. 즉,

$$x_1=y_1,\ x_2=y_2,\ \cdots,\ x_n=y_n$$

이다. 따라서 $\mathbf{v}\in V$는

$$\mathbf{v}=x_1\mathbf{v}_1+x_2\mathbf{v}_2+\cdots+x_n\mathbf{v}_n$$

으로 유일하게 표현된다. 이때 $(x_1, x_2, \cdots, x_n)$을 기저 S에 대한 $\mathbf{v}$의 **좌표벡터**(coordinate vector)라 하고 $(\mathbf{v})_S = (x_1, x_2, \cdots, x_n)$로 표기한다. 또한, $[\mathbf{v}]_S = \begin{bmatrix} x_1 \\ x_2 \\ \vdots \\ x_n \end{bmatrix}$을 기저 S에 대한 $\mathbf{v}$의 **좌표행렬**(coordinate matrix)이라 한다.

예제 4.20

$\mathbf{e}_1 = (1, 0)$, $\mathbf{e}_2 = (0, 1)$일 때, 집합 $S = \{\mathbf{e}_1, \mathbf{e}_2\}$는 $\boldsymbol{R}^2$의 기저임을 보이고, 기저 S에 대한 $(1, 2)$의 좌표벡터를 구하여라.

풀이

$k_1\mathbf{e}_1 + k_2\mathbf{e}_2 = \mathbf{0}$이라 두면 $(k_1, k_2) = (0, 0)$이 되어 $k_1 = k_2 = 0$이다. 따라서 집합 S는 1차 독립이고, 임의의 $(x, y) \in \boldsymbol{R}^2$에 대하여

$$(x, y) = x(1, 0) + y(0, 1) = x\mathbf{e}_1 + y\mathbf{e}_2$$

이므로 집합 S는 $\boldsymbol{R}^2$를 생성한다. 따라서 집합 S는 $\boldsymbol{R}^2$의 기저이다. 또한,

$$(1, 2) = \mathbf{e}_1 + 2\mathbf{e}_2$$

이므로 $((1, 2))_S = (1, 2)$이다.

별해 예제 4.20에서 주어진 벡터 $\mathbf{e}_1$, $\mathbf{e}_2$에 대하여 행렬 $A = \begin{bmatrix} 1 & 0 \\ 0 & 1 \end{bmatrix}$의 행렬식은 0이 아니다. 그러므로 집합 S는 1차 독립이고 $\boldsymbol{R}^2$를 생성한다. 즉, 집합 S는 $\boldsymbol{R}^2$의 기저이다.

예제 4.20의 $S = \{\mathbf{e}_1, \mathbf{e}_2\}$를 $\boldsymbol{R}^2$의 **표준기저**(standard basis)라 하고, $\{\mathbf{e}_1 = (1, 0, \cdots, 0), \mathbf{e}_2 = (0, 1, \cdots, 0), \cdots, \mathbf{e}_n = (0, 0, \cdots, 1)\}$을 $\boldsymbol{R}^n$의 표준기저라 한다. 그리고 $\left\{\begin{bmatrix} 1 & 0 \\ 0 & 0 \end{bmatrix}, \begin{bmatrix} 0 & 1 \\ 0 & 0 \end{bmatrix}, \begin{bmatrix} 0 & 0 \\ 1 & 0 \end{bmatrix}, \begin{bmatrix} 0 & 0 \\ 0 & 1 \end{bmatrix}\right\}$을 M_{22}의 표준기저라 한다(기저가 됨을 보이는 것은 연습문제로 남기겠다).

정의 4.8 영벡터공간이 아닌 벡터공간 V의 기저를 형성하는 벡터들의 수가 유한개일 때 V를 **유한차원 벡터공간**(finite dimensional vector space)이라 하고, 유한개의 벡터로 기저를 형성할 수 없다면 V를 **무한차원 벡터공간**(infinite dimen-sional vector space)이라 한다. 영벡터공간은 유한차원 벡터공간으로 정의한다.

정리 4.8 V가 n개의 벡터로 구성된 기저를 갖는 벡터공간일 때, V의 부분집합 $T=\{\mathbf{w}_1, \mathbf{w}_2, \cdots, \mathbf{w}_m\}$에 대하여 $m>n$이면 집합 T는 1차 종속이다.

증명 집합 $S=\{\mathbf{v}_1, \mathbf{v}_2, \cdots, \mathbf{v}_n\}$가 V의 기저라고 가정하면 각 $\mathbf{w}_i$는 집합 S에 있는 벡터들의 1차 결합으로 표현된다. 즉,

$$\begin{aligned}\mathbf{w}_1 &= a_{11}\mathbf{v}_1 + a_{12}\mathbf{v}_2 + \cdots + a_{1n}\mathbf{v}_n \\ \mathbf{w}_2 &= a_{21}\mathbf{v}_1 + a_{22}\mathbf{v}_2 + \cdots + a_{2n}\mathbf{v}_n \\ &\vdots \\ \mathbf{w}_m &= a_{m1}\mathbf{v}_1 + a_{m2}\mathbf{v}_2 + \cdots + a_{mn}\mathbf{v}_n\end{aligned} \tag{4.3}$$

이다. 집합 T가 1차 종속임을 보이기 위해서는

$$k_1\mathbf{w}_1 + k_2\mathbf{w}_2 + \cdots + k_m\mathbf{w}_m = \mathbf{0} \tag{4.4}$$

을 만족하는 모두는 0이 아닌 스칼라 $k_1, k_2, \cdots, k_m$을 찾으면 된다.
식 (4.4)에 식 (4.3)을 대입하면 다음과 같은 결과를 얻는다.

$$\begin{aligned}(k_1a_{11} + k_2a_{21} + \cdots + k_ma_{m1})\mathbf{v}_1 + (k_1a_{12} + k_2a_{22} + \cdots + k_ma_{m2})\mathbf{v}_2 + \cdots \\ + (k_1a_{1n} + k_2a_{2n} + \cdots + k_ma_{mn})\mathbf{v}_n = \mathbf{0}\end{aligned}$$

따라서 집합 T가 1차 종속임을 보이는 문제는

$$\begin{aligned}k_1a_{11} + k_2a_{21} + \cdots + k_ma_{m1} &= 0 \\ k_1a_{12} + k_2a_{22} + \cdots + k_ma_{m2} &= 0 \\ &\vdots \\ k_1a_{1n} + k_2a_{2n} + \cdots + k_ma_{mn} &= 0\end{aligned} \tag{4.5}$$

을 만족하는 모두는 0이 아닌 스칼라 $k_1, k_2, \cdots, k_m$이 존재함을 보이는 문제가 된다. 식 (4.5)는 방정식의 수보다 미지수의 수가 많으므로 비자명해가 존재한다. 따라서 집합 T는 1차 종속이다. ∎

정리 4.8에서 정리 4.9와 같은 유용한 결과를 얻는다.

정리 4.9 유한차원 벡터공간 V의 각각의 기저들이 갖는 벡터의 수는 같다.

증명 $\{\mathbf{v}_1, \mathbf{v}_2, \cdots, \mathbf{v}_n\}$과 $\{\mathbf{u}_1, \mathbf{u}_2, \cdots, \mathbf{u}_m\}$을 각각 V의 기저라고 하면 $\{\mathbf{v}_1, \mathbf{v}_2, \cdots, \mathbf{v}_n\}$이 V의 기저이고, $\{\mathbf{u}_1, \mathbf{u}_2, \cdots, \mathbf{u}_m\}$이 1차 독립이므로 $m \le n$이다.
또한, $\{\mathbf{u}_1, \mathbf{u}_2, \cdots, \mathbf{u}_m\}$이 V의 기저이고, $\{\mathbf{v}_1, \mathbf{v}_2, \cdots, \mathbf{v}_n\}$이 1차 독립이므로 $n \le m$이다. 따라서 $n = m$이다. ∎

예제 4.21

P_3에 있는 5개 이상의 벡터로 이루어진 집합은 1차 종속이다.

풀이

$\{1, x, x^2, x^3\}$은 1차 독립이고 P_3를 생성하므로 P_3의 기저이다. 따라서 P_3에 있는 5개 이상의 벡터의 집합은 1차 종속이다.

정의 4.9 유한차원 벡터공간 V가 n개의 벡터로 구성된 집합을 기저로 가질 때, V를 n차원(n-dimensional) 벡터공간이라 하고 $\dim(V) = n$으로 표기한다. 특히, $\dim(\{\mathbf{0}\}) = 0$으로 정의한다.

예제 4.22

$\boldsymbol{R}^n$의 표준기저는 n개의 벡터들로 구성되어 있으므로 $\dim(\boldsymbol{R}^n) = n$이다.

정리 4.10 V가 $n(n>0)$차원 벡터공간일 때, 다음이 성립한다.
(1) n개의 1차 독립인 벡터들로 구성된 집합은 V를 생성한다.
(2) V를 생성하는 임의의 n개의 벡터들로 구성된 집합은 1차 독립이다.

증명 (1) $\dim(V) = n$이므로 V의 부분집합 $\{\mathbf{v}_1, \mathbf{v}_2, \cdots, \mathbf{v}_n\}$이 1차 독립이면 $\mathbf{v} \neq \mathbf{v}_i$, $i = 1, 2, \cdots, n$인 임의의 $\mathbf{v} \in V$에 대해 $\{\mathbf{v}_1, \mathbf{v}_2, \cdots, \mathbf{v}_n, \mathbf{v}\}$는 1차 종속이다.
따라서 모두는 0이 아닌 스칼라 $c_1, c_2, \cdots, c_n, c_{n+1}$이 존재하여

$$c_1\mathbf{v}_1 + c_2\mathbf{v}_2 + \cdots + c_n\mathbf{v}_n + c_{n+1}\mathbf{v} = \mathbf{0}$$

이다. 이 때 $c_{n+1} \neq 0$이므로(만약 $c_{n+1}=0$이면 $\{\mathbf{v}_1, \mathbf{v}_2, \cdots, \mathbf{v}_n, \mathbf{v}\}$는 1차독립이 된다. 그런데 V의 차원이 n이므로, 정리 4.8에 의하여 $\{\mathbf{v}_1, \mathbf{v}_2, \cdots, \mathbf{v}_n, \mathbf{v}\}$는 1차 종속이 되어 모순)

$$\mathbf{v} = -\frac{c_1}{c_{n+1}}\mathbf{v}_1 - \frac{c_2}{c_{n+1}}\mathbf{v}_2 - \cdots - \frac{c_n}{c_{n+1}}\mathbf{v}_n$$

이다. 따라서 $\{\mathbf{v}_1, \mathbf{v}_2, \cdots, \mathbf{v}_n\}$은 V를 생성한다. 즉, $\{\mathbf{v}_1, \mathbf{v}_2, \cdots, \mathbf{v}_n\}$는 V의 기저이다.

(2) $\{\mathbf{v}_1, \mathbf{v}_2, \cdots, \mathbf{v}_n\}$이 V를 생성하지만 $\{\mathbf{v}_1, \mathbf{v}_2, \cdots, \mathbf{v}_n\}$이 1차 종속이라 가정하면, 이들 중 한 개는 나머지 $n-1$개 원소들의 1차 결합으로 표현할 수 있다. 이를 $\mathbf{v}_n$이라 하면 $\{\mathbf{v}_1, \mathbf{v}_2, \cdots, \mathbf{v}_{n-1}\}$은 V를 생성한다. 이는 $\dim(V)=n$에 모순이 되므로 V를 생성하는 임의의 n개의 벡터들은 1차 독립이다. ∎

참고 정리 4.10은 벡터공간 V가 n차원임을 알 때, 집합 $S=\{\mathbf{v}_1, \mathbf{v}_2, \cdots, \mathbf{v}_n\}$가 기저임을 보이기 위해서는 집합 S가 1차 독립임을 보이거나, 집합 S가 V를 생성함을 보이면 된다는 것을 의미한다(연습문제 3. 참조).

정리 4.11 n차원 벡터공간 V의 부분집합 $S=\{\mathbf{v}_1, \mathbf{v}_2, \cdots, \mathbf{v}_r\}$가 1차 독립이고 $r<n$이면 $\{\mathbf{v}_1, \cdots, \mathbf{v}_r, \mathbf{v}_{r+1}, \cdots, \mathbf{v}_n\}$이 V의 기저가 되도록 하는 벡터 $\mathbf{v}_{r+1}, \cdots, \mathbf{v}_n$이 존재한다. 즉, 1차 독립인 집합을 기저로 확장할 수 있다(보충문제 2. 참조).

예제 4.8에서 동차연립방정식 $A\mathbf{x}=\mathbf{0}$의 해들의 집합은 벡터공간이 됨을 알았다. 예제 4.23에서 이러한 동차연립방정식의 해공간의 기저를 구하는 방법에 대해 알아보자.

예제 4.23

다음 동차연립방정식의 해공간의 기저와 차원을 구하여라.

$$\begin{cases} x_1 - 3x_2 - x_3 = 0 \\ 2x_1 - 6x_2 - 2x_3 = 0 \\ 3x_1 - 9x_2 - 3x_3 = 0 \end{cases}$$

풀이 • • •

주어진 동차연립방정식은 방정식 $x_1-3x_2-x_3=0$과 같은 해를 가지므로 해공간은

$$\begin{aligned}\{(x_1,\ x_2,\ x_3)\,|\,x_1-3x_2-x_3=0\}&=\{(x_1,\ x_2,\ x_3)\,|\,x_1=3t+s,\ x_2=t,\ x_3=s,\ \ t,\ s\in R\text{는 실수}\}\\&=\{(3t+s,\ t,\ s)\,|\,t,\ \ s\in R\text{는 실수}\}\\&=\{t(3,\ 1,\ 0)+s(1,\ 0,\ 1)\,|\,t,\ s\in R\text{는 실수}\}\end{aligned}$$

이다. 여기서, 집합 $\{(3,\ 1,\ 0),\ (1,\ 0,\ 1)\}$은 1차 독립이므로 해공간의 기저는 $\{(3,\ 1,\ 0),\ (1,\ 0,\ 1)\}$이고, 차원은 2이다.

연습문제 4.4

1. 집합 $S=\{(3,\ 9),\ (-4,\ -12)\}$는 $\boldsymbol{R}^2$의 기저가 되는가?

2. 집합 $\{(1,\ 2,\ 3),\ (-2,\ 1,\ 0),\ (1,\ 0,\ 1)\}$은 $\boldsymbol{R}^3$의 기저가 됨을 보여라.

3. n차원 벡터공간 V의 부분집합 $S=\{\mathbf{v}_1,\ \mathbf{v}_2,\ \cdots,\ \mathbf{v}_n\}$가 1차 독립이면 집합 S는 V의 기저가 됨을 보여라.

4. P_n의 부분집합 $\{1,\ x,\ \cdots,\ x^n\}$은 P_n의 기저가 됨을 보여라. 이 기저를 P_n의 표준기저라 한다.

5. 집합 $\left\{E_{11}=\begin{bmatrix}1&0\\0&0\end{bmatrix},\ E_{12}=\begin{bmatrix}0&1\\0&0\end{bmatrix},\ E_{21}=\begin{bmatrix}0&0\\1&0\end{bmatrix},\ E_{22}=\begin{bmatrix}0&0\\0&1\end{bmatrix}\right\}$은 벡터공간 M_{22}의 기저가 됨을 보여라. 이 기저를 M_{22}의 표준기저라 한다.

6. 집합 $S=\{(1,\ -1,\ 3),\ (2,\ 1,\ -4),\ (6,\ -4,\ 3)\}$는 $\boldsymbol{R}^3$의 기저인가?

7. 벡터공간 $W=\langle(1,\ 1,\ 1,\ 1,\ 1),\ (1,\ 0,\ 1,\ 0,\ 1),\ (0,\ 1,\ 1,\ 1,\ 0),\ (2,\ 0,\ 0,\ 1,\ 1),$

$(2, 1, 1, 2, 1)\rangle$의 기저를 구하여라.

8. 다음 동차연립방정식의 해공간의 기저와 차원을 구하여라.

$$\begin{aligned} x_1 - 3x_2 + 2x_3 \qquad\quad &= 0 \\ 2x_1 - 6x_2 + 5x_3 - 2x_4 &= 0 \\ x_1 - 3x_2 \qquad\quad + 4x_4 &= 0 \end{aligned}$$

9. 2×2 대각행렬들의 집합 W에 대하여 다음 물음에 답하여라.
   (1) W가 M_{22}의 부분공간임을 보여라.
   (2) W의 기저를 구하여라.

10. 벡터공간 $V=\langle\cos^2 x,\ \sin^2 x,\ \cos 2x\rangle$에 대하여 다음 물음에 답하여라.
    (1) $S=\{\cos^2 x,\ \sin^2 x,\ \cos 2x\}$는 V의 기저가 아님을 보여라.
    (2) V의 기저를 구하여라.

11. 행렬 $I=\begin{bmatrix}1&0&0\\0&1&0\\0&0&1\end{bmatrix}$, $A=\begin{bmatrix}0&1&0\\1&0&1\\0&1&0\end{bmatrix}$, $B=\begin{bmatrix}0&0&1\\0&1&0\\1&0&0\end{bmatrix}$, $O=\begin{bmatrix}0&0&0\\0&0&0\\0&0&0\end{bmatrix}$와 집합 $V=\{M\in M_{33}\mid AM=MA\}$에 대하여 다음 물음에 답하여라.
    (1) V는 M_{33}의 부분공간임을 보여라.
    (2) 임의의 자연수 n에 대하여 $A^n\in V$, $B\in V$임을 보여라.
    (3) $\alpha I+\beta A+\gamma B=O$이 되는 실수 α, β, γ를 구하여라.
    (4) $W=\left\{\begin{bmatrix}a&b&c\\b&a+c&b\\c&b&a\end{bmatrix}\middle|\ a, b, c\in\mathbf{R}\right\}$라 두면 $V=W$임을 보여라.
    (5) V의 기저를 구하여라.

보 충 문 제 4.4

01. 유한차원 벡터공간에서 벡터들의 갯수가 다르도록 서로 다른 두 기저를 만들 수 있는가?

답 없다.

02. 벡터 (1, 1, 1)을 포함하는 벡터공간 $\boldsymbol{R}^3$의 기저를 구하여라.

답 $\{(1,\ 1,\ 1),\ (0,\ 1,\ 0),\ (0,\ 0,\ 1)\}$

03. M_{22}의 부분공간 $V=\left\{\begin{bmatrix} a & b \\ a+b & 0 \end{bmatrix} \middle|\ a,\ b \in \boldsymbol{R}\right\}$의 기저와 차원을 구하여라.

답 기저$=\left\{\begin{bmatrix} 1 & 0 \\ 1 & 0 \end{bmatrix}, \begin{bmatrix} 0 & 1 \\ 1 & 0 \end{bmatrix}\right\}$, 차원$=2$

04. 벡터공간 $W_1=\{(x,\ y,\ z)\,|\,x+2y-3z=0\}$, $W_2=\{(x,\ y,\ z)\,|\,3x-2y+5z=0\}$에 대하여 $W_1 \cap W_2$의 기저를 구하여라.

답 $W_1 \cap W_2$의 기저$=\left\{\left(-\frac{1}{2},\ \frac{7}{4},\ 1\right)\right\}$

05. 다음의 행렬 A에 대하여 연립방정식 $A\mathbf{x}=\mathbf{0}$의 해공간의 기저와 차원을 구하여라.

(1) $A=\begin{bmatrix} 1 & 0 & 1 & 1 \\ 0 & 1 & 1 & -1 \end{bmatrix}$

(2) $A=\begin{bmatrix} 2 & 1 & -1 & 1 \\ 3 & -1 & 1 & 1 \end{bmatrix}$

(3) $A=\begin{bmatrix} 1 & -3 & 2 & 0 \\ 2 & -6 & 5 & -2 \\ 1 & -3 & 0 & 4 \end{bmatrix}$

(4) $A=\begin{bmatrix} 1 & -2 & 3 & 2 \\ 1 & -3 & 2 & -1 \\ -1 & 1 & -4 & -5 \end{bmatrix}$

답 (1) 기저$=\{(-1,\ -1,\ 1,\ 0),\ (-1,\ 1,\ 0,\ 1)\}$, 차원$=2$

(2) 기저$=\left\{\left(-\frac{2}{5}, -\frac{1}{5}, 0, 1\right), (0, 1, 1, 0)\right\}$, 차원$=2$

(3) 기저$=\{(3, 1, 0, 0), (-4, 0, 2, 1)\}$, 차원$=2$

(4) 기저$=\{(-5, -1, 1, 0), (-8, -3, 0, 1)\}$, 차원$=2$

4.5 행렬의 계수

이 절에서는 행렬을 이용하여 주어진 벡터공간의 기저와 차원을 구하는 방법에 대하여 알아본다.

정의 4.10 $m \times n$ 행렬 $A = \begin{bmatrix} a_{11} & a_{12} & \cdots & a_{1n} \\ a_{21} & a_{22} & \cdots & a_{2n} \\ \vdots & \vdots & \ddots & \vdots \\ a_{m1} & a_{m2} & \cdots & a_{mn} \end{bmatrix}$에 대하여 A의 각 행으로 이루어진 m개의 벡터

$$\begin{aligned} \mathbf{r}_1 &= (a_{11}, a_{12}, \cdots, a_{1n}) \\ \mathbf{r}_2 &= (a_{21}, a_{22}, \cdots, a_{2n}) \\ &\vdots \\ \mathbf{r}_\mathrm{m} &= (a_{m1}, a_{m2}, \cdots, a_{mn}) \end{aligned}$$

을 A의 **행벡터**(row vector)라 하고, 벡터공간 $\boldsymbol{R}^n$에서 m개의 행벡터에 의하여 생성된 부분공간 $\langle \mathbf{r}_1, \mathbf{r}_2, \cdots, \mathbf{r}_m \rangle$을 A의 **행공간**(row space)이라 한다. 즉,

$$\begin{aligned} A\text{의 행공간} &= \langle \mathbf{r}_1, \mathbf{r}_2, \cdots, \mathbf{r}_m \rangle \\ &= \{x_1\mathbf{r}_1 + x_2\mathbf{r}_2 + \cdots + x_m\mathbf{r}_m \mid x_1, x_2, \cdots, x_m \in \boldsymbol{R}\} \end{aligned}$$

그리고 행렬 A의 행공간의 차원을 A의 **행계수**(row rank)라 하고 $r(A)$로 표기한다. 같은 방법으로, 행렬 A의 각 열로 이루어진 n개의 벡터

$$\mathbf{c}_1 = \begin{bmatrix} a_{11} \\ a_{21} \\ \vdots \\ a_{m1} \end{bmatrix}, \ \mathbf{c}_2 = \begin{bmatrix} a_{12} \\ a_{22} \\ \vdots \\ a_{m2} \end{bmatrix}, \ \cdots, \ \mathbf{c}_n = \begin{bmatrix} a_{1n} \\ a_{2n} \\ \vdots \\ a_{mn} \end{bmatrix}$$

을 A의 **열벡터**(column vector)라 하고 벡터공간 $(\boldsymbol{R}^m)^T$에서 n개의 열벡터에 의하여 생성되는 부분공간 $\langle \mathbf{c}_1, \mathbf{c}_2, \cdots, \mathbf{c}_n \rangle$을 A의 **열공간**(column space)이라 한다. 즉,

$$A\text{의 열공간} = \langle \mathbf{c}_1, \mathbf{c}_2, \cdots, \mathbf{c}_n \rangle = \{x_1\mathbf{c}_1 + x_2\mathbf{c}_2 + \cdots + x_n\mathbf{c}_n \mid x_1, x_2, \cdots, x_n \in \boldsymbol{R}\}$$

이때 행렬 A의 열공간의 차원을 A의 **열계수**(column rank)라 하고 $c(A)$로 표기한다.

다음 정리는 행렬 A의 행공간의 기저를 구하는 방법을 알려준다.

정리 4.12 임의의 행렬 A에 대하여 다음이 성립한다.

(1) 기본행연산은 행렬의 행공간을 변화시키지 않는다.

(2) 행렬 A의 행사다리꼴 행렬에서 영벡터가 아닌 행벡터들은 A의 행공간의 기저를 형성한다.

정리 4.12는 임의의 행렬 A를 행사다리꼴 행렬로 변형시키더라도 행렬 A의 행공간은 변화되지 않는다는 것을 알 수 있으며, 행사다리꼴 행렬의 영이 아닌 행벡터들은 1차독립임을 의미한다. 다음 예제로 정리 4.12의 의미를 살펴보자.

예제 4.24

행렬 $A = \begin{bmatrix} 1 & -2 & 0 & 0 & 3 \\ 2 & -5 & -3 & -2 & 6 \\ 0 & 5 & 15 & 10 & 0 \\ 2 & 6 & 18 & 8 & 6 \end{bmatrix}$의 행공간의 기저와 차원을 구하여라.

풀이 • • •

A에 기본행연산을 실시하여 A를 행사다리꼴 행렬로 고치면

$$\begin{bmatrix} 1 & -2 & 0 & 0 & 3 \\ 0 & 1 & 3 & 2 & 0 \\ 0 & 0 & 1 & 1 & 0 \\ 0 & 0 & 0 & 0 & 0 \end{bmatrix}$$

이 된다. 따라서 $\{(1, -2, 0, 0, 3), (0, 1, 3, 2, 0), (0, 0, 1, 1, 0)\}$은 A의 행공간의 기저가 되고 행공간의 차원은 3이다.

예제 4.24는 다음과 같은 문제로 바꾸어 생각할 수도 있다.

집합 $\{(1, -2, 0, 0, 3), (2, -5, -3, -2, 6), (0, 5, 15, 10, 0), (2, 6, 18, 8, 6)\}$에 의하여 생성되는 벡터공간의 기저와 차원을 구하여라(연습문제 4.4절 7. 참조).

이 문제의 풀이는 주어진 벡터들의 집합으로 생성되는 벡터공간은 행렬

$$\begin{bmatrix} 1 & -2 & 0 & 0 & 3 \\ 2 & -5 & -3 & -2 & 6 \\ 0 & 5 & 15 & 10 & 0 \\ 2 & 6 & 18 & 8 & 6 \end{bmatrix}$$

의 행공간과 같다. 이 행렬을 행사다리꼴 행렬로 고치면, 영벡터가 아닌 행벡터들은 행공간의 기저가 된다. 즉,

$$\begin{bmatrix} 1 & -2 & 0 & 0 & 3 \\ 2 & -5 & -3 & -2 & 6 \\ 0 & 5 & 15 & 10 & 0 \\ 2 & 6 & 18 & 8 & 6 \end{bmatrix} \rightarrow \begin{bmatrix} 1 & -2 & 0 & 0 & 3 \\ 0 & 1 & 3 & 2 & 0 \\ 0 & 0 & 1 & 1 & 0 \\ 0 & 0 & 0 & 0 & 0 \end{bmatrix}$$

따라서 $\{(1, -2, 0, 0, 3), (0, 1, 3, 2, 0), (0, 0, 1, 1, 0)\}$는 집합 $\{(1, -2, 0, 0, 3), (2, -5, -3, -2, 6), (0, 5, 15, 10, 0), (2, 6, 18, 8, 6)\}$에 의해 생성되는 벡터공간의 기저이고 이 벡터공간의 차원은 3이다.

행렬 A의 열공간의 기저를 구하고자 할 때에는 A^T의 행공간의 기저를 구하여 A^T의 행공간의 기저벡터들을 열벡터로 고쳐 쓰면 된다. 예제 4.24의 행렬 A의 열공간의 차원은 A^T의 행공간의 차원과 같으므로 A^T를 행사다리꼴 행렬로 만들었을 때 모두는 0이 아닌 행들의 수와 같다. 실제로

$$A^T = \begin{bmatrix} 1 & 2 & 0 & 2 \\ -2 & -5 & 5 & 6 \\ 0 & -3 & 15 & 18 \\ 0 & -2 & 10 & 8 \\ 3 & 6 & 0 & 6 \end{bmatrix} \rightarrow \begin{bmatrix} 1 & 2 & 0 & 2 \\ 0 & 1 & -5 & -10 \\ 0 & 0 & 0 & 1 \\ 0 & 0 & 0 & 0 \\ 0 & 0 & 0 & 0 \end{bmatrix}$$

이다. 따라서 A의 열공간의 기저는 $\left\{ \begin{bmatrix} 1 \\ 2 \\ 0 \\ 2 \end{bmatrix}, \begin{bmatrix} 0 \\ 1 \\ -5 \\ -10 \end{bmatrix}, \begin{bmatrix} 0 \\ 0 \\ 0 \\ 1 \end{bmatrix} \right\}$이고 A의 열공간의 차원은 3이다.

위의 예에서 행렬 A의 행공간의 차원과 열공간의 차원은 모두 3으로 같았다. 일반적으로 모든 행렬의 행공간의 차원과 열공간의 차원은 같다. 이러한 내용은 다음의 정리에 요약되어 있다.

정리 4.13 임의의 행렬 A의 행공간의 차원과 열공간의 차원은 같다. 즉,

$$\dim(A\text{의 행공간})=\dim(A\text{의 열공간})$$

이다.

예제 4.25

$V=\langle(1, 2, 3), (4, 5, 6)\rangle$, $W=\langle(1, 4), (2, 5), (3, 6)\rangle$이면 $\dim(V)=\dim(W)$이다.

풀이 • • •

행렬 $A=\begin{bmatrix}1 & 2 & 3\\ 4 & 5 & 6\end{bmatrix}$라 두면 V는 A의 행공간이고, W는 A의 열공간이다. 따라서 정리 4.13에 의하여 $\dim(V)=\dim(W)$이다.

정의 4.11 행렬 A의 행공간의 차원 또는 열공간의 차원을 행렬 A의 **계수**(rank)라고 하고 $rank(A)$로 표기한다.

다음 정리는 정리 2.6에 행렬의 계수와 관련된 내용들을 추가한 것이다.

정리 4.14 A가 n차 정방행렬일 때, 다음 명제들은 서로 동치이다.

(1) A는 가역행렬이다.

(2) $A\mathbf{x}=\mathbf{0}$은 자명해만 갖는다.

(3) $A\sim I_n$.

(4) $A\mathbf{x}=\mathbf{b}$는 모든 $n\times 1$ 행렬 $\mathbf{b}$에 대하여 단 하나의 해를 갖는다.

(5) $\det(A)\neq 0$.

(6) $rank(A)=n$.

(7) A의 행벡터들은 1차 독립이다.

(8) A의 열벡터들은 1차 독립이다.

다음 정리는 비동차연립방정식이 적어도 하나의 해를 갖기 위한 필요충분조건을 행렬의 계수를 이용하여 정리한 것이다.

정리 4.15 연립방정식 $A\mathbf{x}=\mathbf{b}$가 해를 가질 필요충분조건은 $rank(A)=rank(A|\mathbf{b})$이다. 여기서 $(A|\mathbf{b})$는 A의 확대계수 행렬이다.

증명 ($\Rightarrow$) n개의 미지수를 갖는 m개의 방정식으로 구성된 연립방정식 $A\mathbf{x}=\mathbf{b}$를 풀어쓰면 다음과 같다.

$$x_1\begin{bmatrix}a_{11}\\a_{21}\\\vdots\\a_{m1}\end{bmatrix}+x_2\begin{bmatrix}a_{12}\\a_{22}\\\vdots\\a_{m2}\end{bmatrix}+\cdots+x_n\begin{bmatrix}a_{1n}\\a_{2n}\\\vdots\\a_{mn}\end{bmatrix}=\begin{bmatrix}b_1\\b_2\\\vdots\\b_m\end{bmatrix}$$

이 식을 만족하는 $x_1, x_2, \cdots, x_n$이 존재한다. 즉, $A\mathbf{x}=\mathbf{b}$가 해를 가진다. 따라서 $\mathbf{b}$가 A의 열벡터들의 1차 결합으로 표현되는 것을 의미한다. 즉, $\mathbf{b}$는 A의 열공간의 벡터이다. 따라서 $A\mathbf{x}=\mathbf{b}$가 해를 갖는다면 $rank(A)=rank(A|\mathbf{b})$이다.

($\Leftarrow$) $rank(A)=rank(A|\mathbf{b})$이지만 $A\mathbf{x}=\mathbf{b}$의 해가 존재하지 않는다고 가정하여 모순을 유도하자.

행렬 A의 열벡터들을 $\mathbf{c}_1, \mathbf{c}_2, \cdots, \mathbf{c}_n$라 두면, 가정에 의하여

$$x_1\mathbf{c}_1+x_2\mathbf{c}_2+\cdots+x_n\mathbf{c}_n=\mathbf{b}$$

를 만족하는 $x_1, x_2, \cdots, x_n$이 존재하지 않는다. 이는 $\mathbf{b}$가 $\mathbf{c}_1, \mathbf{c}_2, \cdots, \mathbf{c}_n$의 1차 결합으로 표현되지 않는다는 것을 의미한다. 즉, $\mathbf{b}$는 A의 열공간의 벡터가 아니다. 따라서 $rank(A|\mathbf{b})=rank(A)+1$이다. 이는 가정에 모순이다. 따라서 $rank(A)=rank(A|\mathbf{b})$이면 연립방정식 $A\mathbf{x}=\mathbf{b}$는 해를 갖는다. ∎

참고 정리 4.15는 연립방정식 $A\mathbf{x}=\mathbf{b}$가 적어도 한 개의 해를 가지기 위한 필요충분조건은 $\mathbf{b}$가 A의 열공간의 벡터임을 의미한다.

예제 4.26

$\begin{bmatrix}2&1&3\\1&-2&2\\0&1&3\end{bmatrix}\begin{bmatrix}x_1\\x_2\\x_3\end{bmatrix}=\begin{bmatrix}4\\5\\6\end{bmatrix}$은 $rank(A)=rank(A|\mathbf{b})$이므로 해를 갖는다.

연습문제 4.5

1. 행렬 $A=\begin{bmatrix}1 & 2 & 1\\ 3 & -1 & -3\\ 2 & 3 & 1\end{bmatrix}$의 기약행사다리꼴 행렬은 I_3임을 보여라.

2. 행렬 $A=\begin{bmatrix}1 & -1 & 2\\ 2 & 1 & -3\\ 4 & -1 & 1\end{bmatrix}$의 행계수를 구하여라.

3. 행렬 $A=\begin{bmatrix}1 & 2 & -1\\ 2 & 4 & 6\\ 0 & 0 & -8\end{bmatrix}$의 열공간의 기저와 계수를 구하여라.

4. 행렬 $A=\begin{bmatrix}1 & 2 & 3\\ 2 & 3 & 4\end{bmatrix}$의 행계수와 열계수를 구하여라.

5. 행렬 $A=\begin{bmatrix}1 & 2 & -1 & 1\\ 2 & 4 & -3 & 0\\ 1 & 2 & 1 & 5\end{bmatrix}$의 계수를 구하여라.

6. 행렬 A가 3×5 행렬이면 A의 열벡터들의 집합은 1차 종속임을 보여라.

7. $n\times n$ 가역행렬의 행벡터들의 집합은 $\boldsymbol{R}^n$의 기저가 됨을 보여라.

8. 행렬방정식 $\begin{bmatrix}1 & 2 & 3\\ 1 & -3 & 4\\ 2 & -1 & 7\end{bmatrix}\begin{bmatrix}x_1\\ x_2\\ x_3\end{bmatrix}=\begin{bmatrix}4\\ 5\\ 6\end{bmatrix}$에 대하여 다음 물음에 답하여라.
   (1) 계수행렬을 A, 상수행렬을 $\mathbf{b}$라 할 때 $rank(A)$와 $rank(A|\mathbf{b})$를 구하여라.
   (2) (1)을 이용하여 위의 연립방정식은 해를 갖지 않음을 설명하여라.

9. 행렬 $A=\begin{bmatrix}1 & -2 & 3 & 2\\ 1 & -3 & 2 & -1\\ -1 & 1 & -4 & -5\end{bmatrix}$의 계수를 구하여라.

10. 행렬 $A=\begin{bmatrix}1&0&0&1\\0&1&0&0\\0&0&1&0\\2&0&0&1\end{bmatrix}$에 대하여 다음 물음에 답하여라.

(1) 역행렬 A^{-1}를 구하여라.

(2) $rank(A)$를 구하여라.

11. 행렬 $A=\begin{bmatrix}a_{11}&a_{12}&a_{13}\\a_{21}&a_{22}&a_{23}\end{bmatrix}$에 대하여 $rank(A)$가 다음과 같을 필요충분조건을 구하여라.

(1) $rank(A)=0$

(2) $rank(A)=1$

(3) $rank(A)=2$

보충문제 4.5

01. 다음 벡터공간 V와 W의 기저와 차원을 구하여라.

(1) $V=\langle(1,\ 1,\ 1),\ (1,\ 0,\ 1),\ (0,\ 1,\ 1),\ (2,\ 0,\ 1)\rangle$

(2) $W=\langle(1, 1, 1, 1, 1), (1, 0, 1, 0, 1), (0, 1, 1, 1, 0), (2, 0, 0, 1, 1), (2, 1, 1, 2, 1)\rangle$

답 (1) 기저$=\{(1,\ 1,\ 1),\ (0,\ 1,\ 0),\ (0,\ 0,\ 1)\}$, 차원$=3$

(2) 기저$=\left\{(1,\ 0,\ 1,\ 0,\ 1),\ (0,\ 1,\ 0,\ 0,\ 1),\ (0,\ 0,\ 1,\ 0,\ 0),\ \left(0,\ 0,\ 1,\ -\frac{1}{2},\ \frac{1}{2}\right)\right\}$,

차원$=4$

02. n차 정방행렬 A의 계수가 n일 때, A의 기약행사다리꼴 행렬을 구하여라.

답 I_n

03. A가 3×8 행렬일 때, 다음 물음에 답하여라.

(1) A의 가능한 가장 큰 계수는 얼마인가?

(2) A의 계수가 3이라 할 때, A^T의 계수를 구하여라.

답 (1) 3 (2) A^T의 계수$=3$

04. 벡터 $\mathbf{b}=\begin{bmatrix}5\\10\end{bmatrix}$가 행렬 $A=\begin{bmatrix}1 & -4\\2 & -8\end{bmatrix}$의 열공간에 있음을 보이고, $\mathbf{b}$를 A의 열벡터들의 1차 결합으로 나타내어라.

답 A의 열공간$=\left\{\begin{bmatrix}1\\2\end{bmatrix}\right\}$, $\mathbf{b}=\begin{bmatrix}5\\10\end{bmatrix}=5\begin{bmatrix}1\\2\end{bmatrix}$이다.

05. 행렬 $A=\begin{bmatrix}1 & 0 & 2 & 2\\1 & 2 & 0 & 2\end{bmatrix}$의 행계수와 열계수를 구하여라.

답 A의 행계수 $=A$의 열계수$=2$

06. 행렬 $A=\begin{bmatrix}1 & -1 & -1\\ 0 & 1 & -2\\ 1 & a & 1\end{bmatrix}$에 대하여 다음 물음에 답하여라.

(1) A의 계수가 2가 되기 위한 a의 값을 구하여라.

(2) A의 계수가 2일 때, 연립방정식 $A\mathbf{x}=\mathbf{0}$의 해공간의 기저와 차원을 구하여라.

답 (1) $a=-2$ (2) 해공간의 기저$=\{(3,\ 2,\ 1)\}$, 해공간의 차원$=1$

07. 행렬 $A=\begin{bmatrix}1 & -2 & 1\\ 2 & -3 & 2\\ 1 & -1 & 1\end{bmatrix}$에 대하여 다음 물음에 답하여라.

(1) A의 계수를 구하여라.

(2) $A\mathbf{x}=\mathbf{0}$의 해공간의 기저와 차원을 구하여라.

답 (1) A의 계수$=2$ (2) 해공간의 기저$=\left\{\begin{bmatrix}1\\ 0\\ -1\end{bmatrix}\right\}$, 해공간의 차원$=1$

08. 행렬 $A=\begin{bmatrix}1 & 2 & -1 & 1\\ 2 & 4 & -3 & 0\\ 1 & 2 & 1 & 5\end{bmatrix}$의 열공간의 기저와 계수를 구하여라.

답 A의 열공간의 기저$=\left\{\begin{bmatrix}1\\ 2\\ 1\end{bmatrix}, \begin{bmatrix}0\\ 1\\ -2\end{bmatrix}\right\}$, A의 계수$=2$.

09. 행렬 $A=\begin{bmatrix}1 & 0 & 1 & 1\\ 3 & -4 & -1 & -9\\ 1 & 2 & 3 & 7\\ 3 & -1 & 2 & 0\end{bmatrix}$에 대하여 다음 물음에 답하여라.

(1) $rank(A)$를 구하여라.

(2) (1)의 결과를 이용하여 A의 열공간의 차원을 구하여라.

(3) A는 가역행렬이라 할 수 있는가?

답 (1) $rank(A)=2$ (2) A의 열공간의 차원$=2$

(3) 가역행렬이 아니다.

10. 행렬 $A=\begin{bmatrix}2 & 4 & -2 & -4\\ 4 & 7 & -8 & -6\end{bmatrix}$, $\mathbf{v}=\begin{bmatrix}1\\ -2\end{bmatrix}$에 대하여 다음 물음에 답하여라.

(1) $\mathbf{v}$는 A의 열공간의 벡터라 할 수 있는가?

(2) 행렬 A의 행공간의 기저를 구하여라.

답 (1) $\mathbf{v}$는 A의 열공간의 벡터이다.

(2) A의 행공간의 기저$=\{(1, 2, -1, -2), (0, 1, 4, 2)\}$

11. 행렬방정식 $\begin{bmatrix} 1 & 2 & 1 \\ 3 & -1 & -3 \\ 2 & 3 & 1 \end{bmatrix}\begin{bmatrix} x_1 \\ x_2 \\ x_3 \end{bmatrix}=\begin{bmatrix} 4 \\ 5 \\ 6 \end{bmatrix}$에 대하여 다음 물음에 답하여라.

(1) 계수행렬을 A, 상수행렬을 $\mathbf{b}$라 할 때 $rank(A)$와 $rank(A|\mathbf{b})$를 구하여라.

(2) 위의 연립방정식은 해를 가짐을 (1)의 결과를 이용하여 설명하여라.

답 (1) $rank(A)=3$, $rank(A|\mathbf{b})=3$

(2) $rank(A)=rank(A|\mathbf{b})=3$이므로 해가 존재한다.

12. 행렬방정식 $\begin{bmatrix} 1 & 2 & 3 \\ 1 & -3 & 4 \\ 2 & -1 & 7 \end{bmatrix}\begin{bmatrix} x_1 \\ x_2 \\ x_3 \end{bmatrix}=\begin{bmatrix} 4 \\ 5 \\ 6 \end{bmatrix}$에 대하여 다음 물음에 답하여라.

(1) 계수행렬을 A, 상수행렬을 $\mathbf{b}$라 할 때 $rank(A)$와 $rank(A|\mathbf{b})$를 구하여라.

(2) 위의 연립방정식은 해를 갖지 않음을 (1)의 결과를 이용하여 설명하여라.

답 (1) $rank(A)=2$, $rank(A|\mathbf{b})=3$

(2) $rank(A)=2\neq 3=rank(A|\mathbf{b})$이므로 해를 갖지 않는다.

13. 영행렬이 아닌 2×2 행렬 A에 대하여 $\det(A)=0$일 때, $A\mathbf{x}=\mathbf{0}$의 해공간의 차원을 구하여라.

답 $rank(A)=1$이므로 해공간의 차원은 1이다.

14. 행렬 $A=\begin{bmatrix} 1 & -3 & 2 & 0 \\ 2 & -6 & 5 & -2 \\ 1 & -3 & 0 & 4 \end{bmatrix}$에 대하여 다음 물음에 답하여라.

(1) 행렬 A의 계수를 구하여라.

(2) $W=\{\mathbf{x}\in \boldsymbol{R}^4 | A\mathbf{x}=\mathbf{0}\}$의 기저를 구하여라.

(3) $A\mathbf{x}=\mathbf{b}$가 해를 갖지 않기 위한 $\mathbf{b}$의 조건은 무엇인가?

답 (1) $rank(A)=2$.

(2) W의 기저$=\left\{\begin{bmatrix} 3 \\ 1 \\ 0 \\ 0 \end{bmatrix}, \begin{bmatrix} -4 \\ 0 \\ 2 \\ 1 \end{bmatrix}\right\}$

(3) $\mathbf{b}$가 A의 열공간에 속하지 않아야 한다.

4.6 내적공간

3.2절에서 유클리드 내적에 대하여 공부하였다. 이 절에서는 일반적인 벡터공간에서 내적의 정의를 소개하고, 이를 이용해서 일반적인 벡터공간에서의 각, 노름, 거리의 개념을 알아본다.

정의 4.12 벡터공간 V에서 **내적**(inner product)은 V의 임의의 두 벡터 $\mathbf{u}$와 $\mathbf{v}$를 실수 $\langle \mathbf{u}, \mathbf{v} \rangle$에 대응시키는 함수로써, V의 임의의 벡터 $\mathbf{u}, \mathbf{v}, \mathbf{w}$와 스칼라 k에 대하여 다음 네 가지 조건을 만족하는 것이다.

(1) $\langle \mathbf{u}, \mathbf{v} \rangle = \langle \mathbf{v}, \mathbf{u} \rangle$

(2) $\langle \mathbf{u}+\mathbf{v}, \mathbf{w} \rangle = \langle \mathbf{u}, \mathbf{w} \rangle + \langle \mathbf{v}, \mathbf{w} \rangle$

(3) $\langle k\mathbf{u}, \mathbf{v} \rangle = k\langle \mathbf{u}, \mathbf{v} \rangle$

(4) $\langle \mathbf{v}, \mathbf{v} \rangle \geq 0$이고, $\langle \mathbf{v}, \mathbf{v} \rangle = 0$이기 위한 필요충분조건은 $\mathbf{v}=\mathbf{0}$이다.

내적이 정의된 벡터공간을 **내적공간**(inner product space)이라 한다.

예제 4.27

R^n의 두 벡터 $\mathbf{u}=(u_1, u_2, \cdots, u_n)$, $\mathbf{v}=(v_1, v_2, \cdots, v_n)$에 대하여 R^n에서의 유클리드 내적 $\langle \mathbf{u}, \mathbf{v} \rangle = \mathbf{u}\cdot\mathbf{v} = u_1v_1 + u_2v_2 + \cdots + u_nv_n$은 내적의 공리를 만족한다(정리 3.3). 따라서 R^n은 내적공간이다(이 공간을 **유클리드 내적공간**이라 한다).

예제 4.28

R^2의 두 벡터 $\mathbf{u}=(u_1, u_2)$, $\mathbf{v}=(v_1, v_2)$에 대하여 R^2에서 내적을 $\langle \mathbf{u}, \mathbf{v} \rangle = 3u_1v_1 + 2u_2v_2$로 정의하면 R^2는 내적공간이 된다.

풀이 • • •

(1) $\langle \mathbf{u}, \mathbf{v} \rangle = \langle \mathbf{v}, \mathbf{u} \rangle$임은 자명하다.

(2) $\mathbf{w} = (w_1, w_2)$라 두면

$$\begin{aligned}\langle \mathbf{u}+\mathbf{v}, \mathbf{w} \rangle &= 3(u_1+v_1)w_1 + 2(u_2+v_2)w_2 \\ &= (3u_1w_1 + 2u_2w_2) + (3v_1w_1 + 2v_2w_2) \\ &= \langle \mathbf{u}, \mathbf{w} \rangle + \langle \mathbf{v}, \mathbf{w} \rangle.\end{aligned}$$

(3) $\langle k\mathbf{u}, \mathbf{v} \rangle = 3(ku_1)v_1 + 2(ku_2)v_2$

$= k(3u_1v_1 + 2u_2v_2) = k\langle \mathbf{u}, \mathbf{v} \rangle.$

(4) $\langle \mathbf{v}, \mathbf{v} \rangle = 3v_1^2 + 2v_2^2 \geq 0$이고, $\langle \mathbf{v}, \mathbf{v} \rangle = 3v_1^2 + 2v_2^2 = 0$이기 위한 필요충분조건은 $v_1 = 0$, $v_2 = 0$이다. 즉, $\langle \mathbf{v}, \mathbf{v} \rangle = 0$이기 위한 필요충분조건은 $\mathbf{v} = \mathbf{0}$이다.

(1)~(4)를 모두 만족하므로 $\langle \mathbf{u}, \mathbf{v} \rangle = 3u_1v_1 + 2u_2v_2$로 정의된 내적하에서 $\boldsymbol{R}^2$는 내적공간이다.

예제 4.28의 내적은 유클리드 내적이 아니다. 이와 같이 한 벡터공간의 내적은 여러 가지 방법으로 정의될 수 있다. 또한 3.2절의 유클리드 내적과 관련된 모든 정리들은 일반적인 내적공간에서도 성립한다.

예제 4.29

벡터공간 P_n의 두 벡터 $\mathbf{p} = p(x)$와 $\mathbf{q} = q(x)$에 대하여 P_n의 내적을

$$\langle \mathbf{p}, \mathbf{q} \rangle = \int_a^b p(x)q(x)dx \ (a < b)$$

로 정의하면 P_n은 내적공간이 된다.

풀이 • • •

(1) $\langle \mathbf{p}, \mathbf{q} \rangle = \langle \mathbf{q}, \mathbf{p} \rangle$임은 자명하다.

(2) $\mathbf{r} = r(x)$라 두면

$$\begin{aligned}\langle \mathbf{p}+\mathbf{q}, \mathbf{r} \rangle &= \int_a^b \{p(x)+q(x)\}r(x)dx \ (a<b) \\ &= \int_a^b \{p(x)r(x)+q(x)r(x)\}dx \ (a<b) \\ &= \langle \mathbf{p}, \mathbf{r} \rangle + \langle \mathbf{q}, \mathbf{r} \rangle\end{aligned}$$

(3) $\langle k\mathbf{p}, \mathbf{q} \rangle = \int_a^b \{kp(x)\} q(x) dx \ (a < b)$

$$= k \int_a^b p(x)q(x)dx \ (a < b)$$

$$= k\langle \mathbf{p}, \mathbf{q} \rangle.$$

(4) $\langle \mathbf{p}, \mathbf{p} \rangle = \int_a^b \{p(x)\}^2 dx \geq 0$, $a < b$이고 다항식은 연속함수이므로

$\langle \mathbf{p}, \mathbf{p} \rangle = \int_a^b \{p(x)\}^2 dx = 0$이기 위한 필요충분조건은 $p(x) = 0$이다. 즉, $\mathbf{p} = \mathbf{0}$이다.

(1)~(4)를 모두 만족하므로 $\langle \mathbf{p}, \mathbf{q} \rangle = \int_a^b p(x)q(x)dx \ (a < b)$는 P_n의 내적이고 P_n은 내적공간이다.

예제 4.30

벡터공간 M_{22}의 두 벡터 $\mathbf{u} = \begin{bmatrix} u_1 & u_2 \\ u_3 & u_4 \end{bmatrix}$, $\mathbf{v} = \begin{bmatrix} v_1 & v_2 \\ v_3 & v_4 \end{bmatrix}$에 대하여 M_{22}의 내적을 $\langle \mathbf{u}, \mathbf{v} \rangle = u_1v_1 + u_2v_2 + u_3v_3 + u_4v_4$로 정의하면 M_{22}는 내적공간이 된다.

풀이 • • •

(1) $\langle \mathbf{u}, \mathbf{v} \rangle = \langle \mathbf{v}, \mathbf{u} \rangle$임은 자명하다.

(2) $\mathbf{w} = \begin{bmatrix} w_1 & w_2 \\ w_3 & w_4 \end{bmatrix}$라 두면

$$\begin{aligned} \langle \mathbf{u}+\mathbf{v}, \mathbf{w} \rangle &= (u_1+v_1)w_1 + (u_2+v_2)w_2 + (u_3+v_3)w_3 + (u_4+v_4)w_4 \\ &= u_1w_1 + v_1w_1 + u_2w_2 + v_2w_2 + u_3w_3 + v_3w_3 + u_4w_4 + v_4w_4 \\ &= \langle \mathbf{u}, \mathbf{w} \rangle + \langle \mathbf{v}, \mathbf{w} \rangle. \end{aligned}$$

(3) $\langle k\mathbf{u}, \mathbf{v} \rangle = (ku_1)v_1 + (ku_2)v_2 + (ku_3)v_3 + (ku_4)v_4$

$$= k(u_1v_1 + u_2v_2 + u_3v_3 + u_4v_4)$$

$$= k\langle \mathbf{u}, \mathbf{v} \rangle.$$

(4) $\langle \mathbf{u}, \mathbf{u} \rangle = u_1^2 + u_2^2 + u_3^2 + u_4^2 \geq 0$이고 $\langle \mathbf{u}, \mathbf{u} \rangle = 0$이기 위한 필요충분조건은 $u_1 = u_2 = u_3 = u_4 = 0$이다. 즉, $\mathbf{u} = \mathbf{0}$이다.

(1)~(4)를 모두 만족하므로 $\langle \mathbf{u}, \mathbf{v} \rangle = u_1v_1 + u_2v_2 + u_3v_3 + u_4v_4$는 M_{22}의 내적이고 M_{22}는 내적공간이다.

$\mathbf{u}$와 $\mathbf{v}$가 $\boldsymbol{R}^3$의 영벡터가 아닌 벡터들이고 θ가 $\mathbf{u}$와 $\mathbf{v}$ 사이의 각이면 $\mathbf{u}\cdot\mathbf{v}=\|\mathbf{u}\|\|\mathbf{v}\|\cos\theta$이다. 여기서 $\|\mathbf{u}\|^2=\mathbf{u}\cdot\mathbf{u}$, $\|\mathbf{v}\|^2=\mathbf{v}\cdot\mathbf{v}$와 $\cos^2\theta\le 1$인 관계식을 이용하면 다음 부등식을 얻을 수 있다.

$$\langle \mathbf{u}, \mathbf{v}\rangle^2 \le \langle \mathbf{u}, \mathbf{u}\rangle\langle \mathbf{v}, \mathbf{v}\rangle \tag{4.6}$$

다음 정리는 부등식 (4.6)이 일반적인 내적공간에서도 성립함음을 보여 준다. 이 부등식을 Cauchy-Schwartz **부등식**이라 하며 일반적인 내적공간에서의 노름(norm)과 각의 개념을 소개하는 데 이용된다.

정리 4.16 (Cauchy-Schwartz 부등식) $\mathbf{u}$와 $\mathbf{v}$가 내적공간 V의 벡터들이면 다음이 성립한다. 단, $\mathbf{u}$, $\mathbf{v}$가 1차 종속일 때 등호가 성립한다.

$$\langle \mathbf{u}, \mathbf{v}\rangle^2 \le \langle \mathbf{u}, \mathbf{u}\rangle\langle \mathbf{v}, \mathbf{v}\rangle$$

증명 만약 $\mathbf{u}=\mathbf{0}$이면 $\langle \mathbf{u}, \mathbf{v}\rangle=\langle \mathbf{u}, \mathbf{u}\rangle=0$이므로 등식이 명백히 성립된다. $\mathbf{u}\neq\mathbf{0}$이라 하자. $a=\langle \mathbf{u}, \mathbf{u}\rangle$, $\mathrm{b}=2\langle \mathbf{u}, \mathbf{v}\rangle$, $\mathrm{c}=\langle \mathbf{v}, \mathbf{v}\rangle$라 두고 t를 임의의 실수라 하면 내적의 네 번째 조건에 의하여 다음이 성립한다.

$$\begin{aligned} 0 &\le \langle (t\mathbf{u}+\mathbf{v}), (t\mathbf{u}+\mathbf{v})\rangle \\ &= \langle \mathbf{u}, \mathbf{u}\rangle t^2 + 2\langle \mathbf{u}, \mathbf{v}\rangle t + \langle \mathbf{v}, \mathbf{v}\rangle \\ &= at^2+bt+c \end{aligned}$$

이다. 이 부등식은 2차방정식 $at^2+bt+c=0$이 실근을 갖지 않거나 중근을 갖는 두 경우 중 하나임을 의미한다. 그러므로 $b^2-4ac\le 0$이며, 이 식의 a, b, c를 $\mathbf{u}$, $\mathbf{v}$로 표시하여 간단히 하면 $\langle \mathbf{u}, \mathbf{v}\rangle^2 \le \langle \mathbf{u}, \mathbf{u}\rangle\langle \mathbf{v}, \mathbf{v}\rangle$를 얻는다. ∎

예제 4.31

$u_1, u_2, \cdots, u_n, v_1, v_2, \cdots, v_n$이 실수이면 다음이 성립한다.

$$(u_1v_1+u_2v_2+\cdots+u_nv_n)^2 \le (u_1^2+u_2^2+\cdots+u_n^2)(v_1^2+v_2^2+\cdots+v_n^2)$$

풀이 • • •

$\mathbf{u}=(u_1, u_2, \cdots, u_n)$, $\mathbf{v}=(v_1, v_2, \cdots, v_n)\in\boldsymbol{R}^n$이라 두고 유클리드 내적공간 $\boldsymbol{R}^n$에서 Cauchy-Schwartz 부등식을 적용하면 된다.

이제부터 유클리드 내적공간에서 정의했던 노름과 각, 거리의 개념을 일반적인 내적공간에서의 노름과 각, 거리의 개념으로 확장해 보자.

정의 4.13 ••• 내적공간 V의 벡터 $\mathbf{u}$와 $\mathbf{v}$에 대하여 $\mathbf{u}$의 노름(norm) $\|\mathbf{u}\|$, $\mathbf{u}$와 $\mathbf{v}$의 거리(distance) $d(\mathbf{u}, \mathbf{v})$는 다음과 같이 정의한다.

$$\|\mathbf{u}\| = \langle \mathbf{u}, \mathbf{u} \rangle^{1/2}$$
$$d(\mathbf{u}, \mathbf{v}) = \|\mathbf{u}-\mathbf{v}\|$$

내적공간 V의 영벡터가 아닌 두 벡터 $\mathbf{u}$와 $\mathbf{v}$에 대하여 정리 4.16의 Cauchy-Schwartz 부등식은 다음과 같이 쓸 수 있다.

$$\left(\frac{\langle \mathbf{u}, \mathbf{v} \rangle}{\|\mathbf{u}\|\|\mathbf{v}\|}\right)^2 \leq 1 \text{ 또는 } -1 \leq \frac{\langle \mathbf{u}, \mathbf{v} \rangle}{\|\mathbf{u}\|\|\mathbf{v}\|} \leq 1$$

이 결과로부터 $\cos\theta = \dfrac{\langle \mathbf{u}, \mathbf{v} \rangle}{\|\mathbf{u}\|\|\mathbf{v}\|}$ $(0 \leq \theta \leq \pi)$를 만족하는 각 θ가 유일하게 존재하는데 이 각을 내적공간 V에서 $\mathbf{u}$와 $\mathbf{v}$ 사이의 각으로 정의한다. 만일, $\langle \mathbf{u}, \mathbf{v} \rangle = 0$ 이면 두 벡터 $\mathbf{u}$와 $\mathbf{v}$는 직교(orthogonal)한다고 하고 $\mathbf{u} \perp \mathbf{v}$로 표기한다.

예제 4.32

유클리드 내적공간 R^4의 두 벡터 $\mathbf{u}=(4, 3, 1, -2)$, $\mathbf{v}=(-2, 1, 2, 3)$의 노름과 $\mathbf{u}$와 $\mathbf{v}$ 사이의 각 θ의 $\cos\theta$ 값을 구하여라.

풀이 •••

$\|\mathbf{u}\| = \sqrt{30}$, $\|\mathbf{v}\| = \sqrt{18}$ 이다. 그리고 $\langle \mathbf{u}, \mathbf{v} \rangle = \mathbf{u} \cdot \mathbf{v} = -9$이므로 $\mathbf{u}$와 $\mathbf{v}$ 사이의 각 θ에 대하여 $\cos\theta = \dfrac{-9}{\sqrt{30}\sqrt{18}} = \dfrac{-3}{\sqrt{60}}$ 이다.

예제 4.33

예제 4.30의 내적이 정의된 내적공간 M_{22}의 두 벡터 $\mathbf{u} = \begin{bmatrix} 1 & 0 \\ 1 & 1 \end{bmatrix}$, $\mathbf{v} = \begin{bmatrix} 0 & 2 \\ 0 & 0 \end{bmatrix}$의 노름과 $\mathbf{u}$와 $\mathbf{v}$의 거리, 사이의 각을 구하여라.

풀이 • • •

$\|\mathbf{u}\| = \langle \mathbf{u}, \mathbf{u} \rangle^{1/2} = \sqrt{3}$, $\|\mathbf{v}\| = 2$이다.

$d(\mathbf{u}, \mathbf{v}) = \|\mathbf{u}-\mathbf{v}\| = \sqrt{1^2+(-2)^2+1^2+1^2} = \sqrt{7}$이다.

$\langle \mathbf{u}, \mathbf{v} \rangle = 0$이므로 $\mathbf{u}$와 $\mathbf{v}$는 직교한다. 따라서 $\mathbf{u}$와 $\mathbf{v}$ 사이의 각은 $90°$이다.

연습문제 4.6

1. Cauchy-Schwartz 부등식에서 등호가 성립하기 위한 필요충분조건은 $\{\mathbf{u}, \mathbf{v}\}$가 1차 종속임을 보여라.

2. 구간 $[0, 1]$에서 연속인 함수 전체의 집합은 벡터공간(이 벡터공간을 $C[0, 1]$로 표기한다)이 된다. $C[0, 1]$에 내적을

$$\langle \mathbf{f}, \mathbf{g} \rangle = \int_0^1 f(x)g(x)dx$$

로 정의하면 $C[0, 1]$은 내적공간이 된다. 내적공간 $C[0, 1]$에서 $\mathbf{f} = f(x) = \cos 2\pi x$, $\mathbf{g} = g(x) = \sin 2\pi x$는 서로 직교함을 보여라.

3. $\{\mathbf{v}_1, \mathbf{v}_2, \cdots, \mathbf{v}_r\}$이 내적공간 V의 기저라면 기저벡터들과 모두 직교하는 벡터는 영벡터뿐임을 보여라.

4. 내적공간 V의 영벡터가 아닌 두 벡터 $\mathbf{u}, \mathbf{v}\,(\mathbf{u} \neq \mathbf{v})$에 대하여 다음 물음에 답하여라.
   (1) $\|\mathbf{u}\| = \|\mathbf{v}\|$이면 $\mathbf{u}+\mathbf{v}$와 $\mathbf{u}-\mathbf{v}$는 서로 직교함을 보여라.
   (2) $\mathbf{u} \perp \mathbf{v}$이면 $\|\mathbf{u}+\mathbf{v}\|^2 = \|\mathbf{u}\|^2 + \|\mathbf{v}\|^2$임을 보여라.

5. 벡터공간 P_2의 두 벡터 $\mathbf{p} = a_0 + a_1x + a_2x^2$, $\mathbf{q} = b_0 + b_1x + b_2x^2$에 대하여 $\langle \mathbf{p}, \mathbf{q} \rangle = a_0b_0 + a_1b_1 + a_2b_2$로 정의하면 $\langle \mathbf{p}, \mathbf{q} \rangle$는 P_2의 내적이 됨을 보여라.

6. $\boldsymbol{R}^2$의 두 벡터 $\mathbf{u} = (u_1, u_2)$, $\mathbf{v} = (v_1, v_2)$에 대하여 $\boldsymbol{R}^2$의 내적을 $\langle \mathbf{u}, \mathbf{v} \rangle = 4u_1v_1 + 9u_2v_2$

로 정의하였을 때, 다음을 구하여라. 단, $\mathbf{u}=(9, 2)$, $\mathbf{v}=(6, -2)$.

(1) $\langle \mathbf{u}, \mathbf{v} \rangle$ (2) $d(\mathbf{u}, \mathbf{v})$

(3) $\|\mathbf{v}\|$ (4) $\mathbf{u}$와 $\mathbf{v}$ 사이의 각 θ

7. 문제 6에서 $\langle \mathbf{u}, \mathbf{v} \rangle = u_1v_1 + u_2v_2$로 정의하였을 때 문제 6의 (1)~(4)를 구하고 그 결과를 비교해 보아라.

8. 벡터공간 M_{22}의 두 벡터 $\mathbf{u}=\begin{bmatrix} u_1 & u_2 \\ u_3 & u_4 \end{bmatrix}$, $\mathbf{v}=\begin{bmatrix} v_1 & v_2 \\ v_3 & v_4 \end{bmatrix}$에 대하여 다음 물음에 답하여라.

(1) $\langle \mathbf{u}, \mathbf{v} \rangle = u_1v_1 + 2u_2v_2 + 3u_3v_3 + 4u_4v_4$로 정의하면 $\langle \mathbf{u}, \mathbf{v} \rangle$는 M_{22}의 내적이 됨을 보여라.

(2) $\langle \mathbf{u}, \mathbf{v} \rangle = \alpha u_1v_1 + \beta u_2v_2 + \gamma u_3v_3 + \delta u_4v_4$가 M_{22}에서의 내적이 되기 위한 α, β, γ, δ의 조건을 구하여라.

9. $a, b \in \boldsymbol{R}$일 때 $|a\cos\theta + b\sin\theta|^2 \le a^2 + b^2$이 성립함을 보여라.
(hint : $\mathbf{u}=(a, b)$, $\mathbf{v}=(\cos\theta, \sin\theta)$라 두고 Cauchy-Schwartz 부등식 적용)

10. $f(x)$, $g(x) \in C[0, 1]$일 때, 다음을 부등식을 증명하여라.

(1) $\left[\int_0^1 f(x)g(x)dx\right]^2 \le \left[\int_0^1 \{f(x)\}^2 dx\right]\left[\int_0^1 \{g(x)\}^2 dx\right]$

(2) $\left[\int_0^1 \{f(x)+g(x)\}^2 dx\right]^{1/2} \le \left[\int_0^1 \{f(x)\}^2 dx\right]^{1/2} + \left[\int_0^1 \{g(x)\}^2 dx\right]^{1/2}$

보충문제 4.6

01. 유클리드 내적공간 $\boldsymbol{R}^3$의 두 벡터 $(k, k, 1)$, $(k, 5, 6)$이 직교하기 위한 k의 값을 구하여라.

답 $k=-2, -3$

02. $\boldsymbol{R}^2$의 두 벡터 $\mathbf{u}=(u_1, u_2)$, $\mathbf{v}=(v_1, v_2)$에 대하여 $\boldsymbol{R}^2$의 내적이 $\langle \mathbf{u}, \mathbf{v} \rangle = 2u_1v_1 + u_2v_2$로 정의되었을 때, 다음 물음에 답하여라.

(1) $\mathbf{u}=(1, 1)$, $\mathbf{v}=(1, -2)$ 사이의 각 θ를 구하여라.

(2) $\mathbf{u}=(1, 1)$, $\mathbf{v}=(1, -2)$ 사이의 거리를 구하여라.

답 (1) $\theta=90^\circ$ (2) $d(\mathbf{u}, \mathbf{v})=3$

03. $\boldsymbol{R}^2$의 두 벡터 $\mathbf{u}=(u_1, u_2)$, $\mathbf{v}=(v_1, v_2)$에 대하여 $\boldsymbol{R}^2$의 내적이 $\langle \mathbf{u}, \mathbf{v} \rangle = u_1v_1 + 2u_2v_2$로 정의되었을 때, 다음 물음에 답하여라.

(1) $\mathbf{u}=(1, 1)$, $\mathbf{v}=(1, -2)$ 사이의 각 θ를 구하여라.

(2) $\mathbf{u}=(1, 1)$, $\mathbf{v}=(1, -2)$ 사이의 거리를 구하여라.

답 (1) $\theta=\cos^{-1}\left(-\dfrac{1}{\sqrt{3}}\right)$ (2) $d(\mathbf{u}, \mathbf{v})=\sqrt{18}$

04. $\boldsymbol{R}^4$의 두 벡터 $\mathbf{u}=(u_1, u_2, u_3, u_4)$, $\mathbf{v}=(v_1, v_2, v_3, v_4)$에 대하여 $\boldsymbol{R}^4$의 내적이 $\langle \mathbf{u}, \mathbf{v} \rangle = u_1v_1 + 2u_2v_2 + 3u_3v_3 + 4u_4v_4$로 정의되었을 때, 다음 물음에 답하여라.

(1) W를 두 벡터 $\mathbf{u}$와 $\mathbf{v}$에 동시에 직교하는 $\boldsymbol{R}^4$의 벡터들의 집합이라고 할 때, W는 $\boldsymbol{R}^4$의 부분공간임을 보여라.

(2) (1)에서 $\mathbf{u}=(1, 0, 2, 1)$, $\mathbf{v}=(2, 1, 0, 1)$일 때 W의 기저를 구하여라.

답 (1) 생략 (2) W의 기저$=\{(-6, 6, 1, 0), (-4, 2, 0, 1)\}$

05. 예제 4.30의 내적이 정의된 내적공간 M_{22}에 대하여 다음 물음에 답하여라.

(1) $\mathbf{u}=\begin{bmatrix}1 & 0\\ 2 & -1\end{bmatrix}$, $\mathbf{v}=\begin{bmatrix}2 & 0\\ 1 & 1\end{bmatrix}$ 사이의 각 θ를 구하여라.

(2) $\mathbf{u}=\begin{bmatrix}1 & 0\\ 2 & -1\end{bmatrix}$, $\mathbf{v}=\begin{bmatrix}2 & 0\\ 1 & 1\end{bmatrix}$ 사이의 거리를 구하여라.

답 (1) 60° (2) $d(\mathbf{u}, \mathbf{v})=\sqrt{6}$

06. 벡터공간 M_{22}의 두 벡터 $\mathbf{u}=\begin{bmatrix}u_1 & u_2\\ u_3 & u_4\end{bmatrix}$, $\mathbf{v}=\begin{bmatrix}v_1 & v_2\\ v_3 & v_4\end{bmatrix}$에 대하여 M_{22}의 내적이 $\langle \mathbf{u}, \mathbf{v} \rangle = u_1v_1+2u_2v_2+3u_3v_3+4u_4v_4$로 정의되었을 때, 다음 물음에 답하여라.

(1) $\mathbf{u}=\begin{bmatrix}1 & 0\\ 2 & -1\end{bmatrix}$, $\mathbf{v}=\begin{bmatrix}2 & 0\\ 1 & 1\end{bmatrix}$ 사이의 각 θ를 구하여라.

(2) $\mathbf{u}=\begin{bmatrix}1 & 0\\ 2 & -1\end{bmatrix}$, $\mathbf{v}=\begin{bmatrix}2 & 0\\ 1 & 1\end{bmatrix}$ 사이의 거리를 구하여라.

답 (1) $\theta=\cos^{-1}\left(\dfrac{4}{\sqrt{187}}\right)$ (2) $d(\mathbf{u}, \mathbf{v})=4$

07. 벡터공간 P_2의 두 벡터 $\mathbf{p}=a_0+a_1x+a_2x^2$, $\mathbf{q}=b_0+b_1x+b_2x^2$에 대하여 $\langle \mathbf{p}, \mathbf{q} \rangle = a_0b_0+a_1b_1+a_2b_2$로 정의된 내적공간 P_2에 대하여 $\langle \mathbf{p}, \mathbf{q} \rangle$, $\|\mathbf{p}\|$, $\|\mathbf{q}\|$, $d(\mathbf{p}, \mathbf{q})$를 구하여라.

(1) $\mathbf{p}=1-x+3x^2$, $\mathbf{q}=x-x^2$

(2) $\mathbf{p}=1+x^2$, $\mathbf{q}=1-x^2$

답 (1) $\langle \mathbf{p}, \mathbf{q} \rangle=-4$, $\|\mathbf{p}\|=\sqrt{35}$, $\|\mathbf{q}\|=\sqrt{7}$, $d(\mathbf{p}, \mathbf{q})=3\sqrt{6}$

(2) $\langle \mathbf{p}, \mathbf{q} \rangle=0$, $\|\mathbf{p}\|=\|\mathbf{q}\|=\sqrt{2}$, $d(\mathbf{p}, \mathbf{q})=2$

08. 벡터공간 $C[0, 1]$의 두 벡터 $\mathbf{f}=f(x)$, $\mathbf{g}=g(x)\in C[0, 1]$에 대하여 $C[0, 1]$의 내적이 $\langle \mathbf{f}, \mathbf{g} \rangle = \int_0^1 f(x)g(x)dx$로 정의되었을 때, 다음 물음에 답하여라.

(1) $\mathbf{f}=x$, $\mathbf{g}=x^2$일 때, $\|\mathbf{f}\|$와 $d(\mathbf{f}, \mathbf{g})$를 구하여라.

(2) $\mathbf{f}=x$, $\mathbf{g}=x^2$일 때, $\langle \mathbf{f}, \mathbf{g} \rangle^2 \le \|\mathbf{f}\|^2\|\mathbf{g}\|^2$임을 보여라.

(3) $\mathbf{g}=x^2$상의 $\mathbf{f}=x$의 직교사영을 구하여라.

답 (1) $\|\mathbf{f}\|=\dfrac{1}{\sqrt{3}}$, $d(\mathbf{f}, \mathbf{g})=\dfrac{1}{\sqrt{30}}$

(2) $\langle \mathbf{f}, \mathbf{g} \rangle^2 = \frac{1}{16}$, $\|\mathbf{f}\|^2 = \frac{1}{3}$, $\|\mathbf{g}\|^2 = \frac{1}{5}$ 이므로 $\langle \mathbf{f}, \mathbf{g} \rangle^2 \le \|\mathbf{f}\|^2\|\mathbf{g}\|^2$이다.

(3) $\mathbf{g}=x^2$상의 $\mathbf{f}=x$의 직교사영$= \frac{\langle \mathbf{f}, \mathbf{g} \rangle}{\|\mathbf{g}\|^2}\mathbf{g} = \frac{1}{20}\mathbf{g} = \frac{1}{20}x^2$

09. 벡터공간 $C[-1, 1]$의 두 벡터 $\mathbf{f}=f(x)$, $\mathbf{g}=g(x)$에 대하여 $C[-1, 1]$의 내적이 $\langle \mathbf{f}, \mathbf{g} \rangle = \int_{-1}^{1} f(x)g(x)dx$로 정의되었을 때, 다음 물음에 답하여라.

(1) $\mathbf{f}=x$, $\mathbf{g}=x^2$일 때, $\|\mathbf{f}\|$와 $d(\mathbf{f}, \mathbf{g})$를 구하여라.

(2) $\mathbf{f}=x$, $\mathbf{g}=x^2$일 때, $\langle \mathbf{f}, \mathbf{g} \rangle^2 \le \|\mathbf{f}\|^2\|\mathbf{g}\|^2$임을 보여라.

(3) $\mathbf{g}=x^2$상의 $\mathbf{f}=x$의 직교사영을 구하여라.

답 (1) $\|\mathbf{f}\| = \sqrt{\frac{2}{3}}$, $d(\mathbf{f}, \mathbf{g}) = \frac{4}{\sqrt{15}}$

(2) $\langle \mathbf{f}, \mathbf{g} \rangle^2 = 0$, $\|\mathbf{f}\|^2 = \frac{2}{3}$, $\|\mathbf{g}\|^2 = \frac{2}{5}$이므로 $\langle \mathbf{f}, \mathbf{g} \rangle^2 \le \|\mathbf{f}\|^2\|\mathbf{g}\|^2$이다.

(3) $\mathbf{g}=x^2$상의 $\mathbf{f}=x$의 직교사영$= \frac{\langle \mathbf{f}, \mathbf{g} \rangle}{\|\mathbf{g}\|^2}\mathbf{g} = \mathbf{0}$

10. 벡터공간 $C[a, b]$의 두 벡터 $\mathbf{f}=f(x)$, $\mathbf{g}=g(x)$에 대하여 $C[a, b]$의 내적이 $\langle \mathbf{f}, \mathbf{g} \rangle = \int_a^b f(x)g(x)dx$로 정의되었을 때, 다음은 서로 수직임을 보여라.

(1) $C[-\pi, \pi]$에서 $\mathbf{f}=\cos x$, $\mathbf{g}=\sin x$

(2) $C[0, \pi]$에서 $\mathbf{f}=1$, $\mathbf{g}=\cos(2nx)$

(3) $C[-1, 1]$에서 $\mathbf{f}=x$, $\mathbf{g}=\frac{1}{2}(3x^2-1)$

(4) $C[-1, 1]$에서 $\mathbf{f}=x$, $\mathbf{g}=\frac{1}{2}(5x^3-3x)$

답 (1)~(4)의 각 경우 $\langle \mathbf{f}, \mathbf{g} \rangle = 0$ 이므로 서로 수직이다.

4.7 정규직교기저

유클리드 내적공간 $\boldsymbol{R}^2$의 임의의 벡터 (a, b)를 $(1, 1)$, $(1, 2)$의 1차 결합으로 표현하는 것보다 $\mathbf{e}_1$, $\mathbf{e}_2$의 1차 결합으로 표현하는 것이 훨씬 쉽다. 내적공간에 대한 문제를 해결하고자 할 때 일반적으로 서로 직교인 단위벡터로 이루어진 기저를 사용하는 것이 좋다. 이 절에서는 이러한 기저의 구하는 방법에 대하여 알아보자.

정의 4.14 내적공간 V에서 $S=\{\mathbf{u}_1, \mathbf{u}_2, \cdots, \mathbf{u}_n\}\subseteq V$, $n\geq 2$이라 할 때, S의 모든 벡터들이 서로 직교(즉, 임의의 두 벡터 $\mathbf{u}_i$, $\mathbf{u}_j\,(1\leq i\neq j\leq n)$가 서로 직교)이면 S를 **직교집합**(orthogonal set)이라 한다. 또한, S가 직교집합인 동시에 S의 모든 벡터들이 단위벡터일 때, S를 **정규직교집합**(orthonormal set)이라 한다.

예제 4.34

(1) $S=\{\mathbf{u}_1, \mathbf{u}_2, \cdots, \mathbf{u}_n\}$이 정규직교집합이면 각 벡터 $\mathbf{u}_i$의 노름은

$$\|\mathbf{u}_i\|^2=\langle \mathbf{u}_i, \mathbf{u}_i\rangle=1$$

이므로 각 벡터 $\mathbf{u}_i$는 단위벡터이다.

(2) 임의의 직교집합 $\{\mathbf{v}_1, \mathbf{v}_2, \cdots, \mathbf{v}_n\}$ (각 $\mathbf{v}_i\neq\mathbf{0}$)에 대하여

$$\mathbf{u}_i=\frac{\mathbf{v}_i}{\|\mathbf{v}_i\|}$$

로 정의하면 $\{\mathbf{u}_1, \mathbf{u}_2, \cdots, \mathbf{u}_n\}$은 정규직교집합이 된다.

예제 4.35

유클리드 내적공간 $\boldsymbol{R}^3$의 부분집합 $S=\{\mathbf{v}_1=(1,1,1),\ \mathbf{v}_2=(2,1,-3),\ \mathbf{v}_3=(4,-5,1)\}$는 $\langle \mathbf{v}_1, \mathbf{v}_2\rangle=\langle \mathbf{v}_1, \mathbf{v}_3\rangle=\langle \mathbf{v}_2, \mathbf{v}_3\rangle=0$이므로 S는 직교집합이지만 $\|\mathbf{v}_1\|\neq 1$(물론 $\|\mathbf{v}_2\|\neq 1$, $\|\mathbf{v}_3\|\neq 1$)이므로 S는 정규직교집합은 아니다.

정리 4.17 내적공간 V의 영벡터가 아닌 벡터들의 집합 $\{\mathbf{v}_1, \mathbf{v}_2, \cdots, \mathbf{v}_n\}$이 직교집합이면 집합 $\{\mathbf{v}_1, \mathbf{v}_2, \cdots, \mathbf{v}_n\}$은 1차 독립이다.

증명 $c_1\mathbf{v}_1+c_2\mathbf{v}_2+\cdots+c_n\mathbf{v}_n=\mathbf{0}$이라 두고, 각 $i\,(1\le i\le n)$에 대하여 이 식의 양변에 $\mathbf{v}_i$와 내적을 취하면

$$\langle \mathbf{v}_i,\ c_1\mathbf{v}_1+c_2\mathbf{v}_2+\cdots+c_n\mathbf{v}_n\rangle=\langle \mathbf{v}_i,\ \mathbf{0}\rangle=0$$

이고 이 식을 풀면 다음과 같다.

$$\langle \mathbf{v}_i,\ c_1\mathbf{v}_1+c_2\mathbf{v}_2+\cdots+c_n\mathbf{v}_n\rangle=c_1\langle \mathbf{v}_i, \mathbf{v}_1\rangle+c_2\langle \mathbf{v}_i, \mathbf{v}_2\rangle+\cdots+c_n\langle \mathbf{v}_i, \mathbf{v}_n\rangle=0$$

이제, $\{\mathbf{v}_1, \mathbf{v}_2, \cdots, \mathbf{v}_n\}$이 직교집합이고, $\mathbf{v}_i\neq\mathbf{0}$ $(i=1, 2, \cdots, n)$이므로 $\langle \mathbf{v}_i, \mathbf{v}_j\rangle=0$ $(i\neq j)$이고 $c_i\langle \mathbf{v}_i, \mathbf{v}_i\rangle=0$이다. 그런데 $\langle \mathbf{v}_i, \mathbf{v}_i\rangle\neq 0$이므로 모든 $i\,(1\le i\le n)$에 대하여 $c_i=0$이다. 따라서 $\{\mathbf{v}_1, \mathbf{v}_2, \cdots, \mathbf{v}_n\}$은 1차 독립이다. ∎

$S=\{\mathbf{v}_1, \mathbf{v}_2, \cdots, \mathbf{v}_n\}$가 n차원 내적공간 V의 정규직교집합이면 S는 V의 기저가 된다. 이러한 기저를 **정규직교기저**(orthonormal basis)라 한다.

참고 내적공간 V의 정규직교기저는 하나만 존재하는 것이 아니다(정리 4.20 [참고] 참조). 또한, 정리 4.17의 역은 성립하지 않는다(연습문제 5. 참조).

정리 4.18 $S=\{\mathbf{v}_1, \mathbf{v}_2, \cdots, \mathbf{v}_n\}$가 내적공간 V의 한 정규직교기저이면 V의 임의의 벡터 $\mathbf{u}$에 대하여 다음이 성립한다.

$$\mathbf{u}=\langle \mathbf{u}, \mathbf{v}_1\rangle\mathbf{v}_1+\langle \mathbf{u}, \mathbf{v}_2\rangle\mathbf{v}_2+\cdots+\langle \mathbf{u}, \mathbf{v}_n\rangle\mathbf{v}_n$$

증명 $S=\{\mathbf{v}_1, \mathbf{v}_2, \cdots, \mathbf{v}_n\}$은 V의 기저이므로 적당한 스칼라 $k_1, k_2, \cdots, k_n$이 존재하여 $\mathbf{u}=k_1\mathbf{v}_1+k_2\mathbf{v}_2+\cdots+k_n\mathbf{v}_n$이고, 각 $i\,(1\le i\le n)$에 대하여

$$\begin{aligned}\langle \mathbf{u},\ \mathbf{v}_i\rangle &= \langle k_1\mathbf{v}_1 + k_2\mathbf{v}_2 + \cdots + k_n\mathbf{v}_n,\ \mathbf{v}_i\rangle \\ &= k_1\langle \mathbf{v}_1,\ \mathbf{v}_i\rangle + k_2\langle \mathbf{v}_2,\ \mathbf{v}_i\rangle + \cdots + k_n\langle \mathbf{v}_n,\ \mathbf{v}_i\rangle = k_i\end{aligned}$$

이다. 따라서 다음이 성립한다.

$$\mathbf{u} = \langle \mathbf{u},\ \mathbf{v}_1\rangle\mathbf{v}_1 + \langle \mathbf{u},\ \mathbf{v}_2\rangle\mathbf{v}_2 + \cdots + \langle \mathbf{u},\ \mathbf{v}_n\rangle\mathbf{v}_n$$

예제 4.36

R^3의 벡터 $\mathbf{u} = (1,\ 1,\ 1)$를 유클리드 내적공간 R^3의 한 정규직교기저 $S = \{\mathbf{v}_1,\ \mathbf{v}_2,\ \mathbf{v}_3\}$의 1차 결합으로 나타내어라.

단, $\mathbf{v}_1 = (0,\ 1,\ 0)$, $\mathbf{v}_2 = \left(-\frac{4}{5},\ 0,\ \frac{3}{5}\right)$, $\mathbf{v}_3 = \left(\frac{3}{5},\ 0,\ \frac{4}{5}\right)$.

풀이 • • •

$$\begin{aligned}\mathbf{u} &= \langle \mathbf{u},\ \mathbf{v}_1\rangle\mathbf{v}_1 + \langle \mathbf{u},\ \mathbf{v}_2\rangle\mathbf{v}_2 + \langle \mathbf{u},\ \mathbf{v}_3\rangle\mathbf{v}_3 \\ &= \mathbf{v}_1 - \frac{1}{5}\mathbf{v}_2 + \frac{7}{5}\mathbf{v}_3.\end{aligned}$$

정리 4.19 집합 $\{\mathbf{v}_1,\ \mathbf{v}_2,\ \cdots,\ \mathbf{v}_r\}$을 내적공간 V의 한 정규직교집합이라 하자. W를 $\{\mathbf{v}_1,\ \mathbf{v}_2,\ \cdots,\ \mathbf{v}_r\}$에 의해 생성되는 부분공간이라 하면 V의 모든 벡터 $\mathbf{u}$는 $\mathbf{u} = \mathbf{w}_1 + \mathbf{w}_2$로 유일하게 표시된다. 여기서 $\mathbf{w}_1$은 W의 벡터이고 $\mathbf{w}_2$는 W에 직교하는 벡터이며

$$\mathbf{w}_1 = \langle \mathbf{u},\ \mathbf{v}_1\rangle\mathbf{v}_1 + \langle \mathbf{u},\ \mathbf{v}_2\rangle\mathbf{v}_2 + \cdots + \langle \mathbf{u},\ \mathbf{v}_r\rangle\mathbf{v}_r$$

이고

$$\mathbf{w}_2 = \mathbf{u} - \mathbf{w}_1 = \mathbf{u} - \langle \mathbf{u},\ \mathbf{v}_1\rangle\mathbf{v}_1 - \langle \mathbf{u},\ \mathbf{v}_2\rangle\mathbf{v}_2 - \cdots - \langle \mathbf{u},\ \mathbf{v}_r\rangle\mathbf{v}_r$$

이다.

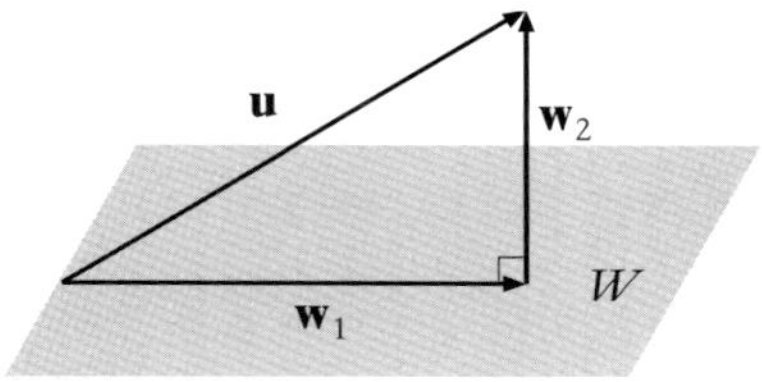

[그림 4.4]

[그림 4.4]는 R^3에서 정리 4.19를 설명하고 있다. $\mathbf{w}_1$은 W 상의 $\mathbf{u}$의 **직교사영**($\text{proj}_W\mathbf{u}$로 표기)이고, $\mathbf{w}_2 = \mathbf{u} - \text{proj}_W\mathbf{u}$는 W에 대한 $\mathbf{u}$의 **직교성분**이다.

예제 4.37

유클리드 내적공간 R^3의 부분공간 W는 정규직교집합 $\{\mathbf{v}_1, \mathbf{v}_2\}$에 의해 생성된다고 할 때, W상의 $\mathbf{u}=(1, 1, 1)$의 직교사영 $\mathbf{w}_1$과 W에 대한 $\mathbf{u}$의 직교성분 $\mathbf{w}_2$을 구하여라. 단, $\mathbf{v}_1 = (0, 1, 0)$, $\mathbf{v}_2 = \left(-\frac{4}{5}, 0, \frac{3}{5}\right)$.

풀이 • • •

$$\begin{aligned} \mathbf{w}_1 = \text{proj}_W\mathbf{u} &= \langle \mathbf{u}, \mathbf{v}_1 \rangle \mathbf{v}_1 + \langle \mathbf{u}, \mathbf{v}_2 \rangle \mathbf{v}_2 \\ &= (1)(0, 1, 0) + \left(-\frac{1}{5}\right)\left(-\frac{4}{5}, 0, \frac{3}{5}\right) \\ &= \left(\frac{4}{25}, 1, -\frac{3}{25}\right). \\ \mathbf{w}_2 = \mathbf{u} - \text{proj}_W\mathbf{u} &= (1, 1, 1) - \left(\frac{4}{25}, 1, -\frac{3}{25}\right) \\ &= \left(\frac{21}{25}, 0, \frac{28}{25}\right). \end{aligned}$$

내적공간 V의 한 기저 $S = \{\mathbf{u}_1, \mathbf{u}_2, \cdots, \mathbf{u}_n\}$가 주어졌을 때, 기저 S를 정규직교기저 $\{\mathbf{v}_1, \mathbf{v}_2, \cdots, \mathbf{v}_n\}$로 고치는 과정을 **Gram-Schmidt의 직교화 과정**이라 한다. 다음 정리는 Gram-Schmidt의 직교화 과정을 설명하는 중요한 정리이다.

정리 4.20 영벡터공간이 아닌 모든 유한차원 내적공간은 정규직교기저를 갖는다.

증명 V를 영벡터공간이 아닌 n차원 내적공간이라 하고 $S = \{\mathbf{u}_1, \mathbf{u}_2, \cdots, \mathbf{u}_n\}$를 내적공간 V의 한 기저라고 하면 다음과 같은 단계를 따라 V의 정규직교기저 $\{\mathbf{v}_1, \mathbf{v}_2, \cdots, \mathbf{v}_n\}$을 구할 수 있다.

단계 1. $\mathbf{v}_1 = \dfrac{\mathbf{u}_1}{\|\mathbf{u}_1\|}$이라 두면 $\|\mathbf{v}_1\| = 1$이다.

단계 2. $\mathbf{v}_1$에 직교하는 노름이 1인 벡터 $\mathbf{v}_2$를 구하기 위하여 $\{\mathbf{v}_1\}$에 의해 생성되는 벡터공간 W_1에 대한 $\mathbf{u}_2$의 직교성분을 구하고 그것을 정규화한다. 즉,

$$\mathbf{v}_2 = \frac{\mathbf{u}_2 - \langle \mathbf{u}_2, \mathbf{v}_1 \rangle \mathbf{v}_1}{\| \mathbf{u}_2 - \langle \mathbf{u}_2, \mathbf{v}_1 \rangle \mathbf{v}_1 \|}.$$

여기서 $\mathbf{u}_2 - \langle \mathbf{u}_2, \mathbf{v}_1 \rangle \mathbf{v}_1 \neq \mathbf{0}$이다(만일 $\mathbf{u}_2 - \langle \mathbf{u}_2, \mathbf{v}_1 \rangle \mathbf{v}_1 = \mathbf{0}$이라면

$$\mathbf{u}_2 = \langle \mathbf{u}_2, \mathbf{v}_1 \rangle \mathbf{v}_1 = \frac{\langle \mathbf{u}_2, \mathbf{v}_1 \rangle}{\| \mathbf{u}_1 \|} \mathbf{u}_1$$

이 되어 1차 독립성에 모순이 된다).

단계 3. $\mathbf{v}_1$, $\mathbf{v}_2$에 직교하는 노름이 1인 벡터 $\mathbf{v}_3$를 구하기 위하여 $\mathbf{v}_1$, $\mathbf{v}_2$ 의해 생성되는 벡터공간 W_2에 대한 $\mathbf{u}_3$의 직교성분을 구하고 그것을 정규화한다. 즉,

$$\mathbf{v}_3 = \frac{\mathbf{u}_3 - \langle \mathbf{u}_3, \mathbf{v}_1 \rangle \mathbf{v}_1 - \langle \mathbf{u}_3, \mathbf{v}_2 \rangle \mathbf{v}_2}{\| \mathbf{u}_3 - \langle \mathbf{u}_3, \mathbf{v}_1 \rangle \mathbf{v}_1 - \langle \mathbf{u}_3, \mathbf{v}_2 \rangle \mathbf{v}_2 \|}.$$

단계 2에서와 같이 $S = \{\mathbf{u}_1, \mathbf{u}_2, \cdots, \mathbf{u}_n\}$은 1차 독립인 벡터들의 집합이므로 $\mathbf{u}_3 - \langle \mathbf{u}_3, \mathbf{v}_1 \rangle \mathbf{v}_1 - \langle \mathbf{u}_3, \mathbf{v}_2 \rangle \mathbf{v}_2 \neq \mathbf{0}$이며 정규화는 항상 가능하다.

단계 4. 이러한 방법을 계속한다. ∎

참고 정리 4.20에서 정규직교화하는 과정에서 단계 1의 벡터를 바꾸면 또다른 정규직교기저를 구할 수 있다. 즉, 내적공간의 정규직교기저는 유일하지 않다.

예제 4.38

유클리드 내적공간 $\boldsymbol{R}^4$에서 집합 $S = \{\mathbf{u}_1, \mathbf{u}_2, \mathbf{u}_3\}$로 생성되는 벡터공간의 정규직교기저를 구하여라. 단, $\mathbf{u}_1 = (1, 1, -1, -1)$, $\mathbf{u}_2 = (3, 2, 1, -2)$, $\mathbf{u}_3 = (1, 2, 3, -2)$.

풀이 • • •

$\{\mathbf{u}_1, \mathbf{u}_2, \mathbf{u}_3\}$는 1차 독립이므로 $\boldsymbol{R}^4$의 3차원 부분공간에 대한 기저를 형성한다. 이제 Gram-Schmidt의 직교화 과정을 적용하면 다음과 같다.

$$\mathbf{v}_1 = \frac{\mathbf{u}_1}{\| \mathbf{u}_1 \|} = \left(\frac{1}{2}, \frac{1}{2}, -\frac{1}{2}, -\frac{1}{2} \right).$$

$$\mathbf{v}_2 = \frac{\mathbf{u}_2 - \langle \mathbf{u}_2, \mathbf{v}_1 \rangle \mathbf{v}_1}{\| \mathbf{u}_2 - \langle \mathbf{u}_2, \mathbf{v}_1 \rangle \mathbf{v}_1 \|}$$

$$= \frac{(3,\ 2,\ 1,\ -2)-3\left(\frac{1}{2},\ \frac{1}{2},\ -\frac{1}{2},\ -\frac{1}{2}\right)}{\left\|(3,\ 2,\ 1,\ -2)-3\left(\frac{1}{2},\ \frac{1}{2},\ -\frac{1}{2},\ -\frac{1}{2}\right)\right\|}$$

$$= \left(\frac{1}{2},\ \frac{1}{6},\ \frac{5}{6},\ -\frac{1}{6}\right).$$

$$\mathbf{v}_3 = \frac{\mathbf{u}_3 - \langle \mathbf{u}_3,\ \mathbf{v}_1 \rangle \mathbf{v}_1 - \langle \mathbf{u}_3,\ \mathbf{v}_2 \rangle \mathbf{v}_2}{\|\mathbf{u}_3 - \langle \mathbf{u}_3,\ \mathbf{v}_1 \rangle \mathbf{v}_1 - \langle \mathbf{u}_3,\ \mathbf{v}_2 \rangle \mathbf{v}_2\|}$$

$$= \frac{(1,\ 2,\ 3,\ -2)-\left(\frac{1}{2},\ \frac{1}{2},\ -\frac{1}{2},\ -\frac{1}{2}\right)-\frac{11}{3}\left(\frac{1}{2},\ \frac{1}{6},\ \frac{5}{6},\ -\frac{1}{6}\right)}{\left\|(1,\ 2,\ 3,\ -2)-\left(\frac{1}{2},\ \frac{1}{2},\ -\frac{1}{2},\ -\frac{1}{2}\right)-\frac{11}{3}\left(\frac{1}{2},\ \frac{1}{6},\ \frac{5}{6},\ -\frac{1}{6}\right)\right\|}$$

$$= \frac{1}{\sqrt{2}}\left(-1,\ \frac{2}{3},\ \frac{1}{3},\ -\frac{2}{3}\right).$$

지금까지는 정규직교기저를 구하는 방법에 대한 논의를 했는데, 정규직교기저의 활용은 5장, 6장에서 다루겠다. 다음에 소개되는 두 정리(정리 4.21, 4.22)는 정규직교기저의 또다른 활용으로 두 정리의 활용은 7.2절에서 상세히 다루며 이와 관련된 예제는 7.2절을 참고하기 바란다.

정리 4.21 (사영정리) W가 내적공간 V의 유한차원 부분공간이라면 V의 임의의 벡터 $\mathbf{u}$는 $\mathbf{u}=\mathbf{w}_1+\mathbf{w}_2$로 유일하게 표현된다. 이 때 $\mathbf{w}_1$과 $\mathbf{w}_2$는 서로 직교하며 $\mathbf{w}_1 \in W$, $\mathbf{w}_2$는 W와 수직인 벡터이다.

정리 4.22 (최적근사정리) W가 내적공간 V의 유한차원 부분공간이고 $\mathbf{u}$가 V의 벡터이면 $\text{proj}_W\mathbf{u}$는 W에서 $\mathbf{u}$의 최적근사이다. 즉, W의 임의의 벡터 $\mathbf{v}(\neq \text{proj}_W\mathbf{u})$와 $\text{proj}_W\mathbf{u}$의 차는 다음 식을 만족한다.

$$\|\mathbf{u}-\text{proj}_W\mathbf{u}\| < \|\mathbf{u}-\mathbf{v}\|$$

연습문제 4.7

1. 유클리드 내적공간 $\boldsymbol{R}^3$의 부분집합 $\{(0, 1, 2), (-1, 0, 1)\}$에 의하여 생성되는 부분공간의 정규직교기저를 구하라.

2. 벡터공간 P_2의 두 벡터 $\mathbf{p}=p(x)$, $\mathbf{q}=q(x)$에 대하여 P_2에서의 내적을 $\langle \mathbf{p}, \mathbf{q} \rangle = \int_{-1}^{1} p(x)q(x)dx$로 정의하면 $S=\{1, x, x^2\}$는 내적공간 P_2의 정규직교기저가 아니다. S를 정규직교기저로 바꾸어라.

3. 벡터공간 $C[-\pi, \pi]$의 두 벡터 $\mathbf{p}=p(x)$, $\mathbf{q}=q(x)$에 대하여 $C[-\pi, \pi]$의 내적을 $\langle \mathbf{p}, \mathbf{q} \rangle = \int_{-\pi}^{\pi} p(x)q(x)dx$로 정의할 때, $S=\{1, \sin x, \cos x\}$를 내적공간 $C[-\pi, \pi]$의 정규직교집합으로 바꾸어라(참고 : $C[-\pi, \pi]$는 무한차원 벡터공간이다).

4. 벡터공간 P_2의 두 벡터 $\mathbf{p}=a_0+a_1x+a_2x^2$, $\mathbf{q}=b_0+b_1x+b_2x^2$에 대하여 P_2의 내적을 $\langle \mathbf{p}, \mathbf{q} \rangle = a_0b_0+a_1b_1+a_2b_2$로 정의할 때, $S=\{1, x, x^2\}$는 내적공간 P_2의 정규직교기저임을 보여라.

5. 정리 4.17의 역이 성립하지 않는 예를 들어라.

6. 유클리드 내적공간 $\boldsymbol{R}^3$의 한 기저 B에 대하여 다음 물음에 답하여라.
   단, $B=\{\mathbf{u}_1=(1, 0, 1), \mathbf{u}_2=(0, 1, 0), \mathbf{u}_3=(0, 0, 1)\}$.
   (1) $\mathbf{u}_1$, $\mathbf{u}_3$ 사이의 각 θ를 구하여라(단, $0 \le \theta \le \pi$).
   (2) Gram-Schmidt의 직교화 과정에 따라 B를 정규직교기저로 바꾸어라.

7. $\boldsymbol{R}^3$의 두 벡터 $\mathbf{u}=(u_1, u_2, u_3)$, $\mathbf{v}=(v_1, v_2, v_3)$에 대하여 $\boldsymbol{R}^3$의 내적을 $\langle \mathbf{u}, \mathbf{v} \rangle = u_1v_1+2u_2v_2+3u_3v_3$로 정의할 때, $\mathbf{u}_1=(1, 0, 1)$, $\mathbf{u}_2=(0, 1, 0)$, $\mathbf{u}_3=(0, 0, 1)$에 대하여 다음 물음에 답하여라.
   (1) $\mathbf{u}_1$, $\mathbf{u}_3$ 사이의 각 θ를 구하여라(단, $0 \le \theta \le \pi$).
   (2) Gram-Schmidt의 직교화 과정에 따라 $\{\mathbf{u}_1, \mathbf{u}_2, \mathbf{u}_3\}$를 정규직교기저로 바꾸어라.

8. M_{31}의 세 벡터 $\mathbf{u}=\begin{bmatrix} 2 \\ -1 \\ 0 \end{bmatrix}$, $\mathbf{v}=\begin{bmatrix} 0 \\ 1 \\ 1 \end{bmatrix}$, $\mathbf{w}=\begin{bmatrix} 0 \\ -1 \\ 2 \end{bmatrix}$에 대하여 다음 물음에 답하여라.

(1) M_{31}의 두 벡터 $\mathbf{x}=\begin{bmatrix} x_1 \\ x_2 \\ x_3 \end{bmatrix}$, $\mathbf{y}=\begin{bmatrix} y_1 \\ y_2 \\ y_3 \end{bmatrix}$에 대하여 M_{31}의 내적을 $\langle \mathbf{x}, \mathbf{y} \rangle = x_1y_1 + x_2y_2 + x_3y_3$로 정의하면 $\{\mathbf{u}, \mathbf{v}, \mathbf{w}\}$는 M_{31}의 직교기저가 아님을 보여라.

(2) M_{31}의 내적을 $\langle \mathbf{x}, \mathbf{y} \rangle = \mathbf{x}^T A \mathbf{y}$로 정의하면 $\{\mathbf{u}, \mathbf{v}, \mathbf{w}\}$는 M_{31}의 직교기저가 됨을 보여라. 단, $A=\begin{bmatrix} 1 & 1 & 0 \\ 1 & 2 & 0 \\ 0 & 0 & 1 \end{bmatrix}$.

(3) (2)의 내적에서 $\{\mathbf{u}, \mathbf{v}, \mathbf{w}\}$를 정규직교기저로 바꾸어라.

9. 행렬 $A=\begin{bmatrix} 1 & 1 & -1 & -1 \\ 3 & 2 & 0 & 1 \\ 1 & 0 & 1 & 0 \end{bmatrix}$에 대하여 다음 물음에 답하여라.

(1) A의 행벡터들의 집합은 1차 독립임을 보여라.

(2) $\boldsymbol{R}^4$에 유클리드 내적을 정의했을 때, A의 행공간의 정규직교기저를 구하여라.

10. 유클리드 내적공간 $\boldsymbol{R}^3$에서 $\mathbf{u}=\left(\frac{1}{\sqrt{2}}, -\frac{1}{\sqrt{2}}, 0\right)$, $\mathbf{v}=(0, 0, 1)$를 포함하는 정규직교기저를 구하여라.

11. 벡터공간 P_2에 대하여 다음 물음에 답하여라.

(1) $\langle \mathbf{p}, \mathbf{q} \rangle_0 = \int_0^1 p(x)q(x)dx$는 P_2에서의 내적이 됨을 보여라.

(2) P_2의 기저 $S=\{1, x, x^2\}$은 (1)의 내적에서 정규직교기저가 아님을 보여라.

(3) P_2의 기저 $S=\{1, x, x^2\}$을 (1)의 내적에서 정규직교기저로 바꾸어라.

(4) $\langle \mathbf{p}, \mathbf{q} \rangle_1 = \int_{-1}^1 p(x)q(x)dx$는 P_2에서의 내적이 됨을 보여라.

(5) P_2의 기저 $S=\{1, x, x^2\}$은 (4)의 내적에서 정규직교기저가 아님을 보여라.

(6) P_2의 기저 $S=\{1, x, x^2\}$을 (4)의 내적에서 정규직교기저로 바꾸어라.

보 충 문 제 4.7

01. 내적공간의 정규직교기저는 유일한가?

답 유일하지 않다.

02. 유클리드 내적공간 $\boldsymbol{R}^3$에 대하여 다음 물음에 답하여라.

(1) $B=\left\{\mathbf{u}_1=\left(\frac{3}{5},\ \frac{4}{5},\ 0\right),\ \mathbf{u}_2=\left(-\frac{4}{5},\ \frac{3}{5},\ 0\right),\ \mathbf{u}_3=(0,\ 0,\ 1)\right\}$는 유클리드 내적공간의 정규직교기저임을 보여라.

(2) $\mathbf{v}=(5,\ -5,\ 2)$일 때, $[\mathbf{v}]_B$를 구하여라.

답 (1) $\begin{vmatrix} \frac{3}{5} & \frac{4}{5} & 0 \\ -\frac{4}{5} & \frac{3}{5} & 0 \\ 0 & 0 & 1 \end{vmatrix} \neq 0$이므로 벡터공간 $\boldsymbol{R}^3$의 기저이다.

또한, $\|\mathbf{u}_1\|=\|\mathbf{u}_2\|=\|\mathbf{u}_3\|=1$이고 $\mathbf{u}_1\cdot\mathbf{u}_2=\mathbf{u}_1\cdot\mathbf{u}_3=\mathbf{u}_2\cdot\mathbf{u}_3=0$이므로 B는 $\boldsymbol{R}^3$의 정규직교기저이다.

(2) $\mathbf{v}\cdot\mathbf{u}_1=-1,\ \mathbf{v}\cdot\mathbf{u}_2=-7,\ \mathbf{v}\cdot\mathbf{u}_3=2$이므로 $[\mathbf{v}]_B=\begin{bmatrix}-1\\-7\\2\end{bmatrix}$이다.

03. 유클리드 내적공간 $\boldsymbol{R}^3$의 한 기저 $B=\{\mathbf{u},\ \mathbf{v},\ \mathbf{w}\}$에 대하여 다음 물음에 답하여라. 단, $\mathbf{u}=(1,\ 1,\ 1),\ \mathbf{v}=(1,\ 0,\ 1),\ \mathbf{w}=(0,\ 1,\ 1)$.

(1) B를 정규직교기저 B'로 바꾸어라.

(2) $\mathbf{y}=(25,\ 3,\ -7)$일 때, $(\mathbf{y})_{B'}$를 구하여라.

답 (1) $B'=\left\{\frac{1}{\sqrt{3}}(1,\ 1,\ 1),\ \frac{1}{\sqrt{6}}(1,\ -2,\ 1),\ \frac{1}{\sqrt{2}}(-1,\ 0,\ 1)\right\}$

(2) $(\mathbf{y})_{B'}=\left(-\frac{42}{\sqrt{3}},\ -\frac{51}{\sqrt{6}},\ -\frac{95}{\sqrt{2}}\right)$

04. 유클리드 내적공간 $\boldsymbol{R}^3$에 대하여 다음 물음에 답하여라.

(1) $\boldsymbol{R}^3$의 부분공간 $W=\{(x, y, z) \mid x-y=0\}$의 한 기저 B를 구하여라.

(2) 기저 B를 $\boldsymbol{R}^3$의 정규직교기저 B'로 바꾸어라.

답 (1) $B=\{\mathbf{v}_1=(0, 0, 1), \mathbf{v}_2=(1, 1, 0)\}$

(2) $B'=\left\{\mathbf{u}_1=(0, 0, 1), \mathbf{u}_2=\left(\frac{1}{\sqrt{2}}, \frac{1}{\sqrt{2}}, 0\right)\right\}$

05. 유클리드 내적공간 $\boldsymbol{R}^3$에 대하여 다음 물음에 답하여라.

(1) $B=\{\mathbf{u}_1=(1, 0, 0), \mathbf{u}_2=(1, 1, 1), \mathbf{u}_3=(1, 0, 2)\}$는 벡터공간 $\boldsymbol{R}^3$의 기저이지만 유클리드 내적공간 $\boldsymbol{R}^3$의 정규직교기저는 아님을 보여라.

(2) 기저 B를 $\boldsymbol{R}^3$의 정규직교기저 B'로 바꾸어라.

(3) $\mathbf{v}=(1, 2, 3)$일 때, $[\mathbf{v}]_{B'}$를 구하여라.

(4) $\mathbf{u}_1$상의 $\mathbf{v}$의 직교사영 $\mathbf{w}_1$과 $\mathbf{u}_1$에 대한 $\mathbf{v}$의 직교성분 $\mathbf{w}_2$을 구하여라.

답 (1) $\begin{vmatrix} 1 & 0 & 0 \\ 1 & 1 & 1 \\ 1 & 0 & 2 \end{vmatrix} \neq 0$이므로 벡터공간 $\boldsymbol{R}^3$의 기저이다.

그러나 $\|\mathbf{u}_2\|=\sqrt{3}$이므로 B는 정규직교기저는 아니다.

(2) $B'=\left\{\mathbf{v}_1=(0, 0, 1), \mathbf{v}_2=\left(0, \frac{1}{\sqrt{2}}, \frac{1}{\sqrt{2}}\right), \mathbf{v}_3=\left(0, -\frac{1}{\sqrt{2}}, \frac{1}{\sqrt{2}}\right)\right\}$

(3) $\mathbf{v}\cdot\mathbf{v}_1=1$, $\mathbf{v}\cdot\mathbf{v}_2=\frac{5}{\sqrt{2}}$, $\mathbf{v}\cdot\mathbf{v}_3=\frac{1}{\sqrt{2}}$이므로 $[\mathbf{v}]_{B'}=\begin{bmatrix} 1 \\ \frac{5}{\sqrt{2}} \\ \frac{1}{\sqrt{2}} \end{bmatrix}$이다.

(4) $\mathbf{w}_1=\frac{1}{14}(1, 2, 3)$, $\mathbf{w}_2=\frac{1}{14}(13, -2, -3)$

06. 유클리드 내적공간 $\boldsymbol{R}^3$에 대하여 다음 물음에 답하여라.

(1) 네 점 $O(0, 0, 0)$, $A(1, -1, 0)$, $B(1, 0, -1)$, $C(0, 1, -1)$을 지나는 평면 W의 방정식을 구하여라.

(2) W의 한 기저 B를 찾아라.

(3) B를 정규직교기저 B'로 고쳐라.

(4) W상의 $\mathbf{u}=(1, 2, 3)$의 직교사영을 구하여라.

답 (1) 평면 W의 방정식 : $x+y+z=0$

(2) $B=\{\mathbf{u}_1=(1, -1, 0), \mathbf{u}_2=(1, 0, -1)\}$

(3) $B'=\left\{\mathbf{v}_1=\left(\frac{1}{\sqrt{2}}, -\frac{1}{\sqrt{2}}, 0\right), \mathbf{v}_2=\left(\frac{1}{\sqrt{6}}, \frac{1}{\sqrt{6}}, -\frac{2}{\sqrt{6}}\right)\right\}$

(4) $\left(-\frac{4}{3}, \frac{1}{3}, \frac{5}{3}\right)$

07. 유클리드 내적공간 $\boldsymbol{R}^3$의 부분공간 W는 정규직교집합 $\{\mathbf{v}_1, \mathbf{v}_2\}$에 의해 생성된다고 할 때, W 상의 $\mathbf{u}=(1, 1, 1)$의 직교사영 $\mathbf{w}_1$과 W에 대한 $\mathbf{u}$의 직교성분 $\mathbf{w}_2$을 구하여라.

답 $\mathbf{w}_1=\left(\frac{4}{25}, 1, -\frac{3}{25}\right), \mathbf{w}_2=\left(\frac{21}{25}, 0, \frac{28}{25}\right)$

08. $W=\langle(1, 1, -1, -1), (3, 2, 1, -2), (1, 0, 3, 0)\rangle$는 유클리드 내적공간 $\boldsymbol{R}^4$의 부분공간이다. W의 정규직교기저를 구하여라.

답 $S=\{(1, 1, -1, -1), (3, 2, 1, -2), (1, 0, 3, 0)\}$는 1차 종속이므로 W의 기저가 아니다. 그러나 $S'=\{(1, 1, -1, -1), (3, 2, 1, -2)\}$는 1차 독립이므로 W의 기저가 된다. 따라서 S'에 Gram-Schmidt의 직교화 과정에 따라 정규직교기저를 구하면 $\left\{\left(\frac{1}{2}, \frac{1}{2}, -\frac{1}{2}, -\frac{1}{2}\right), \left(\frac{1}{2}, \frac{1}{6}, \frac{5}{6}, -\frac{1}{6}\right)\right\}$가 된다.

09. $\boldsymbol{R}^3$의 두 벡터 $\mathbf{u}=(u_1, u_2, u_3)$, $\mathbf{v}=(v_1, v_2, v_3)$에 대하여 $\boldsymbol{R}^3$의 내적을 $\langle\mathbf{u}, \mathbf{v}\rangle=u_1v_1+2u_2v_2+3u_3v_3$로 정의할 때, 다음 물음에 답하여라.

(1) 기저 $B=\{\mathbf{u}_1=(1, 0, 0), \mathbf{u}_2=(1, 1, 0), \mathbf{u}_3=(1, 0, 2)\}$를 내적공간 $\boldsymbol{R}^3$의 정규직교기저 B'로 바꾸어라.

(2) $\mathbf{u}_1$과 $\mathbf{u}_2$ 사이의 각을 θ라 할 때, $\cos\theta$를 구하여라.

(3) $S=\left\{\left(\frac{1}{\sqrt{3}}, \frac{1}{\sqrt{3}}, 0\right), \left(-\frac{2}{\sqrt{15}}, \frac{1}{\sqrt{15}}, \frac{3}{\sqrt{15}}\right), \left(\frac{2}{\sqrt{10}}, -\frac{1}{\sqrt{10}}, \frac{2}{\sqrt{10}}\right)\right\}$
는 내적공간 $\boldsymbol{R}^3$의 정규직교기저임을 보여라.

(4) (3)을 이용하여 $(\mathbf{w})_S=(-1, 3, 2)$인 벡터 $\mathbf{w}$의 노름을 구하여라.

답 (1) $B'=\left\{\mathbf{v}_1=(1, 0, 0), \mathbf{v}_2=\left(0, \frac{1}{\sqrt{2}}, 0\right), \mathbf{u}_3=\left(0, 0, \frac{1}{\sqrt{3}}\right)\right\}$

(2) $\cos\theta=\frac{1}{\sqrt{3}}$

(3) 정규직교기저임은 자명

(4) $(\mathbf{w})_S = (-1, 3, 2)$ 이므로 $\|\mathbf{w}\| = \sqrt{14}$ 이다.

10. R^2는 $\mathbf{u} = (u_1, u_2)$, $\mathbf{v} = (v_1, v_2)$에 대하여 $\langle \mathbf{u}, \mathbf{v} \rangle = u_1 v_1 + 2u_2 v_2$로 정의된 내적공간이다. 두 벡터 $\mathbf{e}_1 = (1, 0)$, $\mathbf{e}_2 = (0, 1)$에 대하여 다음 물음에 답하여라.

(1) 두 벡터 $\mathbf{e}_1$과 $\mathbf{e}_2$ 사이의 거리를 구하여라.

(2) 두 벡터 $\mathbf{e}_1$과 $\mathbf{e}_2$ 사이의 각 θ를 구하여라.

(3) $\{\mathbf{e}_1, \mathbf{e}_2\}$는 내적공간 R^2의 정규직교기저가 아님을 보여라.

(4) $\{\mathbf{e}_1, \mathbf{e}_2\}$를 R^2의 정규직교기저 $\{\mathbf{v}_1, \mathbf{v}_2\}$로 바꾸어라.

답 (1) $d(\mathbf{e}_1, \mathbf{e}_2) = \sqrt{3}$ (2) $\theta = \frac{\pi}{2}$

(3) $\|\mathbf{e}_2\| = \sqrt{2}$ 이므로 정규직교기저가 아니다.

(4) $\left\{\mathbf{v}_1 = (1, 0),\ \mathbf{v}_2 = \left(0, \frac{1}{\sqrt{2}}\right)\right\}$

11. 벡터공간 R^3의 기저 $\{\mathbf{e}_1 = (1, 0, 0), \mathbf{e}_2 = (0, 1, 0), \mathbf{e}_3 = (0, 0, 1)\}$에 대하여 다음 물음에 답하여라.

(1) R^3의 두 벡터 $\mathbf{u} = (u_1, u_2, u_3)$, $\mathbf{v} = (v_1, v_2, v_3)$에 대하여 R^3의 내적을 $\langle \mathbf{u}, \mathbf{v} \rangle_1 = u_1 v_1 + u_2 v_2 + u_3 v_3$로 정의하면 R^3는 내적공간이 된다. $\|-\mathbf{e}_1 + \mathbf{e}_2 + \mathbf{e}_3\|_1$을 구하여라.

(2) R^3의 두 벡터 $\mathbf{u} = (u_1, u_2, u_3)$, $\mathbf{v} = (v_1, v_2, v_3)$에 대하여 R^3의 내적을 $\langle \mathbf{u}, \mathbf{v} \rangle_2 = u_1 v_1 + 2u_2 v_2 + 3u_3 v_3$로 정의하면 R^3는 내적공간이 된다. $\|-\mathbf{e}_1 + \mathbf{e}_2 + \mathbf{e}_3\|_2$을 구하여라.

(3) (2)의 내적이 주어진 내적공간 R^3에서는 $\{\mathbf{e}_1, \mathbf{e}_2, \mathbf{e}_3\}$는 정규직교기저가 아님을 보여라.

(4) (2)의 내적이 주어진 내적공간 R^3에서 $\{\mathbf{e}_1, \mathbf{e}_2, \mathbf{e}_3\}$를 정규직교기저로 바꾸어라.

답 (1) $\|-\mathbf{e}_1 + \mathbf{e}_2 + \mathbf{e}_3\|_1 = \sqrt{3}$ (2) $\|-\mathbf{e}_1 + \mathbf{e}_2 + \mathbf{e}_3\|_2 = 2$

(3) $\|\mathbf{e}_3\|_2 = \sqrt{2}$ 이므로 정규직교기저가 아니다.

(4) $\left\{\mathbf{v}_1 = (1, 0, 0),\ \mathbf{v}_2 = (0, 1, 0),\ \mathbf{v}_3 = \left(0, 0, \frac{1}{\sqrt{2}}\right)\right\}$

제 5 장 선형변환

한 벡터공간에서 다른 벡터공간으로의 선형변환은 수학에서 매우 중요하다. 이 장에서는 이러한 선형변환의 개념을 소개한다. 유한차원 벡터공간에서 유한차원 벡터공간으로의 모든 선형변환은 행렬에 의한 곱으로 바꾸어 문제를 해결할 수 있다. 따라서 선형변환은 결국 행렬을 연구 대상으로 한다. 또 이러한 선형변환을 표현하는 행렬은 벡터공간의 기저 선택에 의하여 결정된다. 행렬이 대각행렬 또는 직교행렬과 같이 간단한 형태의 행렬이 되도록 벡터공간의 기저를 선택하는 것이 바람직하다. 1절에서는 선형변환을 정의하고 간단한 성질들을 조사한다. 2절에서는 벡터공간의 기저변환에 대하여 알아본다. 3절에서는 1, 2절의 내용을 이용하여 유한차원 벡터공간에서 유한차원 벡터공간으로의 모든 선형변환을 행렬에 의한 곱으로 바꾸어 문제를 해결하는 방법을 알아본다.

5.1 선형변환의 정의와 기본 성질

벡터공간의 연구에서 가장 중요한 것은 선형변환이다. 이 절에서는 한 벡터공간에서 다른 벡터공간으로의 선형변환에 대하여 알아본다.

정의 5.1 벡터공간 V에서 W로의 함수 $T: V \to W$가 다음 두 조건을 만족하면 T를 **선형변환**(linear transformation)이라 한다.

(1) V의 임의의 두 벡터 $\mathbf{u}$, $\mathbf{v}$에 대하여
$T(\mathbf{u}+\mathbf{v}) = T(\mathbf{u}) + T(\mathbf{v})$이다.

(2) V의 임의의 벡터 $\mathbf{u}$와 임의의 스칼라 k에 대하여
$T(k\mathbf{u}) = kT(\mathbf{u})$이다.

주의 정리 5.1 (1)의 좌변의 연산 기호 '+'는 벡터공간 V에서의 연산이고, 우변의 연산 기호 '+'는 벡터공간 W에서의 연산이다. 또한 (2)의 좌변의 스칼라배 연산 $k\mathbf{u}$는 벡터공간 V에서의 연산이고, 우변의 스칼라배 연산 $kT(\mathbf{u})$는 벡터공간 W에서의 연산이다. 벡터공간 V와 벡터공간 W의 연산이 다르게 주어진 경우 특히 주의하여야 한다.

다음 예제의 예들은 선형변환을 이해하는데 도움을 줄 것이다.

예제 5.1

(1) V와 W를 벡터공간이라 하자. 사상 $T: V \to W$는 V의 모든 벡터 $\mathbf{v}$에 대하여 $T(\mathbf{v}) = \mathbf{0}$을 만족시킬 때 T를 **영변환**(zero transformation)이라 한다. 영변환이 선형변환임은 자명하다.

(2) V를 벡터공간이라 하자. $T(\mathbf{v}) = k\mathbf{v}$로 정의된 사상일 때 $k > 1$이면 **확대**(dialation)**변환**, $0 < k < 1$이면 $T: V \to V$를 **축소**(contraction)**변환**이라 한다. 특히, $k = 1$일 때, V위에서의 **항등변환**(identity transformation)이라 한다. 확대변환,

축소변환, 항등변환은 모두 선형변환이다.

(3) 행렬 $A_{m\times n}$에 대하여 $T: \boldsymbol{R}^n \to \boldsymbol{R}^m$, $T(\mathbf{x}) = A\mathbf{x}(\mathbf{x} \in \boldsymbol{R}^n)$라 정의하면 T는 선형변환이다. 이러한 선형변환을 **행렬변환**(matrix transformation)이라 한다.

(4) $T: V \to V$와 같이 자기 자신에서 자기 자신으로의 선형변환을 **선형연산자**(linear operator)라 한다.

(5) 내적공간 V의 유한차원 부분공간을 W, $S = \{\mathbf{w}_1, \mathbf{w}_2, \cdots, \mathbf{w}_r\}$를 W의 한 정규직교기저라 할 때, $T: V \to W$가

$$T(\mathbf{v}) = \langle \mathbf{v}, \mathbf{w}_1 \rangle \mathbf{w}_1 + \langle \mathbf{v}, \mathbf{w}_2 \rangle \mathbf{w}_2 + \cdots + \langle \mathbf{v}, \mathbf{w}_r \rangle \mathbf{w}_r$$

로 정의되면 T는 선형변환이다. 이러한 선형변환을 W 위로 V의 **직교사영변환**이라 한다. 예를 들어, 유클리드 내적공간 $\boldsymbol{R}^3$의 부분공간 W의 한 정규직교기저 $S = \{\mathbf{w}_1 = (1, 0, 0), \mathbf{w}_2 = (0, 1, 0)\}$에 대하여 W 위로 $\boldsymbol{R}^3$의 직교사영변환은 다음과 같다. $\boldsymbol{R}^3$의 임의의 원소 $\mathbf{v} = (x, y, z)$에 대하여

$$\begin{aligned} T(\mathbf{v}) &= \langle \mathbf{v}, \mathbf{w}_1 \rangle \mathbf{w}_1 + \langle \mathbf{v}, \mathbf{w}_2 \rangle \mathbf{w}_2 \\ &= x(1, 0, 0) + y(0, 1, 0) = (x, y, 0) \end{aligned}$$

(6) n차원 벡터공간 V의 기저가 B일 때, $T: V \to \boldsymbol{R}^n$이 $T(\mathbf{x}) = [\mathbf{x}]_B$는 선형변환이다. 이러한 선형변환을 **좌표행렬변환**이라 한다. 즉, 좌표행렬변환은 선형변환이다.

(7) $T: M_{nn} \to \boldsymbol{R}$, $T(A) = \det(A)$는 선형변환이 아니다.

정의 5.2 $T: V \to W$가 선형변환일 때, $Ker(T) = \{\mathbf{v} \in V \mid T(\mathbf{v}) = \mathbf{0}\}$를 T의 **핵**(Kernel)이라 하고, $R(T) = \{\mathbf{w} \in W \mid \mathbf{w} = T(\mathbf{v}), \mathbf{v} \in V\}$를 T의 **치역**(Range)이라 한다.

예제 5.2

$T: V \to W$가 영변환이면 V의 모든 벡터가 $\mathbf{0}$으로 사상되기 때문에 $Ker(T) = V$이고 $R(T) = \{\mathbf{0}\}$이다.

정리 5.1 $T: V \to W$가 선형변환일 때 다음이 성립한다.

(1) $T(\mathbf{0}) = \mathbf{0}$.

(2) 임의의 $\mathbf{v} \in V$에 대하여 $T(-\mathbf{v}) = -T(\mathbf{v})$이다.

(3) 임의의 $\mathbf{v}, \mathbf{w} \in V$에 대하여 $T(\mathbf{v}-\mathbf{w}) = T(\mathbf{v}) - T(\mathbf{w})$이다.

(4) $Ker(T)$는 V의 부분공간이다.

(5) $R(T)$는 W의 부분공간이다.

증명 (1) $T(\mathbf{0}) = T(\mathbf{0}+\mathbf{0}) = T(\mathbf{0}) + T(\mathbf{0})$. 따라서 $T(\mathbf{0}) = \mathbf{0}$이다.

(2) 임의의 $\mathbf{v} \in V$에 대하여 $T(-\mathbf{v}) = (-1)T(\mathbf{v}) = -T(\mathbf{v})$이다.

(3) 임의의 $\mathbf{v}, \mathbf{w} \in V$에 대하여

$$\begin{aligned} T(\mathbf{v}-\mathbf{w}) &= T(\mathbf{v}+(-1)\mathbf{w}) \\ &= T(\mathbf{v}) + (-1)T(\mathbf{w}) = T(\mathbf{v}) - T(\mathbf{w}). \end{aligned}$$

(4) $Ker(T)$가 V의 부분공간임을 보이자.
$T(\mathbf{0}) = \mathbf{0}$이므로 $\mathbf{0} \in Ker(T)$이다. 따라서 $Ker(T) \neq \phi$이다. 또한 분명히 $Ker(T) \subset V$이다. 임의의 $\mathbf{v}, \mathbf{w} \in Ker(T)$에 대하여

$$T(\mathbf{v}+\mathbf{w}) = T(\mathbf{v}) + T(\mathbf{w}) = \mathbf{0}+\mathbf{0} = \mathbf{0}$$

이므로 $\mathbf{v}+\mathbf{w} \in Ker(T)$이다. 임의의 $\mathbf{v} \in Ker(T)$와 임의의 스칼라 k에 대하여

$$T(k\mathbf{v}) = kT(\mathbf{v}) = k\mathbf{0} = \mathbf{0}$$

이므로 $k\mathbf{v} \in Ker(T)$이다. 따라서 $Ker(T)$는 V의 부분공간이다.

(5) $R(T)$가 W의 부분공간임을 보이자.
$T(\mathbf{0}) = \mathbf{0}$이므로 $\mathbf{0} \in R(T)$이다. 따라서 $R(T) \neq \phi$이다. 또한 분명히 $R(T) \subset W$이다. 임의의 $\mathbf{w}_1, \mathbf{w}_2 \in R(T)$에 대하여 적당한 $\mathbf{v}_1, \mathbf{v}_2$가 V에 존재하여 $T(\mathbf{v}_1) = \mathbf{w}_1$, $T(\mathbf{v}_2) = \mathbf{w}_2$이다. 그런데 V가 벡터공간이므로 $\mathbf{v}_1 + \mathbf{v}_2 \in V$이다. 이제 $\mathbf{v}_1 + \mathbf{v}_2 = \mathbf{u}$라 두면

$$\mathbf{w}_1 + \mathbf{w}_2 = T(\mathbf{v}_1) + T(\mathbf{v}_2) = T(\mathbf{v}_1 + \mathbf{v}_2) = T(\mathbf{u})$$

가 되어 $\mathbf{w}_1 + \mathbf{w}_2 \in R(T)$이다. 임의의 $\mathbf{w} \in R(T)$와 임의의 스칼라 k에 대하여 적당한 $\mathbf{v}$가 V에 존재하여 $T(\mathbf{v}) = \mathbf{w}$이므로

$$T(k\mathbf{v}) = kT(\mathbf{v}) = k\mathbf{w}$$

이고 $k\mathbf{v} \in V$가 되어 $k\mathbf{w} \in R(T)$이다. 따라서 $R(T)$는 W의 부분공간이다. ∎

정리 5.1에서 $Ker(T)$와 $R(T)$는 모두 벡터공간임을 알았다. 벡터공간 $Ker(T)$의 차원을 T의 **퇴화차수**(nullity)라 하고 $N(T)$로 표기한다. 또한 벡터공간 $R(T)$의 차원을 T의 **계수**(rank)라 하며 $r(T)$로 표기한다. 다음 예제는 선형변환 T가 행렬 A에 의한 곱으로 정의되는 경우 $N(T)$와 $r(T)$를 구하는 방법을 제시해 준다.

예제 5.3

$T: \boldsymbol{R}^n \to \boldsymbol{R}^m$이 행렬 $A = \begin{bmatrix} a_{11} & a_{12} & \cdots & a_{1n} \\ a_{21} & a_{22} & \cdots & a_{2n} \\ \vdots & \vdots & \vdots & \vdots \\ a_{m1} & a_{m2} & \cdots & a_{mn} \end{bmatrix}$에 의한 곱 즉, $T(\mathbf{x}) = A\mathbf{x}$이면 $Ker(T)$는 동차방정식 $A\mathbf{x} = \mathbf{0}$의 해들로 구성되는 벡터공간 즉, 해공간이 된다. 따라서 T의 퇴화차수 $N(T)$는 $A\mathbf{x} = \mathbf{0}$의 해공간의 차원이 된다. $R(T)$는 연립방정식 $A\mathbf{x} = \mathbf{b}$가 해를 갖는 벡터 $\mathbf{b}$들로 구성되는 벡터공간이 된다. 그러므로 정리 4.15의 [참고]에 의하여 $R(T)$는 행렬 A의 열공간이다. 따라서 선형변환이 행렬 A에 의한 곱으로 정의되면 $r(T) = rank(A)$이다.

$T: V \to W$가 선형변환이면 이 선형변환은 V의 기저를 W로 사상시킨 이미지에 의하여 완전히 결정된다. 다음 예제를 살펴보자.

예제 5.4

$\boldsymbol{R}^3$의 세 벡터 $\mathbf{v}_1 = (1, 1, 1)$, $\mathbf{v}_2 = (1, 1, 0)$, $\mathbf{v}_3 = (1, 0, 0)$에 대하여 선형변환 $T: \boldsymbol{R}^3 \to \boldsymbol{R}^2$는 $T(\mathbf{v}_1) = (1, 0)$, $T(\mathbf{v}_2) = (2, -1)$, $T(\mathbf{v}_3) = (4, 3)$으로 정의될 때, $T(2, -3, 5)$를 구하여라.

풀이 • • •

먼저 $\mathbf{v} = (2, -3, 5)$를 $\mathbf{v}_1$, $\mathbf{v}_2$, $\mathbf{v}_3$의 1차 결합으로 나타내면

$$(2, -3, 5) = k_1(1, 1, 1) + k_2(1, 1, 0) + k_3(1, 0, 0)$$

이고, 대응되는 성분을 같게 두면

$$\begin{aligned} k_1 + k_2 + k_3 &= 2 \\ k_1 + k_2 \quad\quad &= -3 \\ k_1 \quad\quad\quad\quad &= 5 \end{aligned}$$

이 되어 $k_1=5$, $k_2=-8$, $k_3=5$이다. 즉,

$$(2, -3, 5)=5(1, 1, 1)-8(1, 1, 0)+5(1, 0, 0)$$

이다. 따라서

$$\begin{aligned} T(2, -3, 5) &= 5T(\mathbf{v}_1)-8T(\mathbf{v}_2)+5T(\mathbf{v}_3) \\ &= 5(1, 0)-8(2, -1)+5(4, 3) \\ &= (9, 23). \end{aligned}$$

다음 정리는 $N(T)$와 $r(T)$ 사이의 관계를 알려주는 중요한 정리이다.

정리 5.2 차원정리(Dimension Theorem)

V가 n차원 벡터공간이고, $T: V \to W$로의 선형변환이면 다음이 성립한다.

$$r(T)+N(T)=n$$

예제 5.3에서 T의 퇴화차수는 $A\mathbf{x}=\mathbf{0}$의 해공간의 차원이고 T의 계수는 행렬 A의 계수임을 알았다. 그러므로 정리 5.2에 의하여 다음 정리를 얻는다.

동형정리 A가 $m \times n$행렬이면 $A\mathbf{x}=\mathbf{0}$의 해공간의 차원은 $n-rank(A)$이다.

예제 5.5

예제 4.23에서 다음 동차연립방정식의 해공간은 2차원임을 알았다.

$$\begin{aligned} x_1-3x_2-\ \ x_3&=0 \\ 2x_1-6x_2-2x_3&=0 \\ 3x_1-9x_2-3x_3&=0 \end{aligned}$$

이 동차연립방정식의 계수행렬을 A라 하면 A에는 3개의 열이 있으므로 정리 5.2의 동형정리에 의하여 A의 계수는 1이다($rank(A)=3-2=1$. 또는 A의 행사다리꼴 행렬을 이용하여 A의 계수가 1임을 보일 수도 있다).

연습문제 5.1

1. $F : \boldsymbol{R}^2 \to \boldsymbol{R}^2$는 평면의 각 점을 y축에 대칭이 되는 점으로 보내는 변환이라 할 때, 다음 물음에 답하여라.
   (1) F의 공식을 구하여라.
   (2) F는 선형연산자임을 보여라.

2. T는 유클리드 내적공간 $\boldsymbol{R}^3$에서 유클리드 내적공간 xz-평면 W 위로 직교사영변환이고, $S=\{(1, 0, 0), (0, 0, 1)\}$는 W의 한 정규직교기저일 때, 다음을 구하여라.
   (1) $T(2, 7, -1)$ (2) $T(x, y, z)$

3. $T : \boldsymbol{R}^3 \to \boldsymbol{R}^2$가 $T(\mathbf{v}_1)=T(\mathbf{v}_2)=(1, 0)$, $T(\mathbf{v}_3)=(0, 1)$로 정의된 선형변환이다. T를 행렬 A에 의한 곱으로 표현할 때, 이 행렬 A를 구하여라. 단, $\mathbf{v}_1=(1, 2, 3)$, $\mathbf{v}_2=(2, 5, 3)$, $\mathbf{v}_3=(1, 0, 10)$.

4. $T : \boldsymbol{R}^3 \to \boldsymbol{R}^3$로의 선형변환이 행렬 $\begin{bmatrix} 1 & -1 & 3 \\ 5 & 6 & -4 \\ 7 & 4 & 2 \end{bmatrix}$에 의한 곱으로 정의될 때, 다음 물음에 답하여라.
   (1) T의 치역의 기저를 구하여라.
   (2) T의 핵의 기저를 구하여라.
   (3) T의 계수와 퇴화차수를 구하여라.

5. T를 유클리드 내적공간 $\boldsymbol{R}^3$에서 유클리드 내적공간 W 위로 직교사영변환이라 할 때, 다음 물음에 답하여라. 단, $W=\{(x, y, z) \mid x+y+z=0\}$.
   (1) W의 기저를 구하여라.
   (2) (1)에서 구한 기저를 정규직교기저로 고쳐라.
   (3) $T(x, y, z)$의 식을 구하여라.

6. $T: \boldsymbol{R}^5 \to \boldsymbol{R}^4$로의 변환이 다음 연립방정식을 만족할 때, 다음 물음에 답하여라.

$$\begin{aligned} 2x_1 + 2x_2 - x_3 \qquad + x_5 &= 0 \\ -x_1 - x_2 + 2x_3 - 3x_4 + x_5 &= 0 \\ x_1 + x_2 - 2x_3 \qquad - x_5 &= 0 \\ x_3 + x_4 + x_5 &= 0 \end{aligned}$$

(1) $A = [T(\mathbf{e}_1) \mid T(\mathbf{e}_2) \mid T(\mathbf{e}_3) \mid T(\mathbf{e}_4) \mid T(\mathbf{e}_5)]$를 구하여라.

(2) 연립방정식의 해공간의 차원을 구하여라.

(3) A의 계수를 구하여라.

7. 선형변환 $T: \boldsymbol{R}^3 \to \boldsymbol{R}^3$가 $\begin{bmatrix} 1 & 3 & 4 \\ 3 & 4 & 7 \\ -2 & 2 & 0 \end{bmatrix}$에 의한 곱으로 정의될 때, 다음 물음에 답하여라.

(1) $R(T)$는 원점을 지나는 평면임을 보이고 평면의 방정식을 구하여라.

(2) $Ker(T)$는 원점을 지나는 직선임을 보이고 직선의 방정식을 구하여라.

8. $D: P_3 \to P_2$는 $D(\mathbf{p}) = \mathbf{p}'$인 미분변환일 때, D는 선형변환임을 보이고 $Ker(D)$를 구하여라.

9. $J: P_1 \to \boldsymbol{R}$는 $J(\mathbf{p}) = \int_{-1}^{1} p(x)dx$인 적분변환일 때, J는 선형변환임을 보이고 $Ker(J)$를 구하여라.

10. A는 $A\mathbf{x} = \mathbf{0}$이 자명해만 갖는 7×6행렬이고, 선형변환 $T: \boldsymbol{R}^6 \to \boldsymbol{R}^7$는 A에 의한 곱이라 할 때, T의 계수와 T의 퇴화차수를 구하여라.

11. 5×7행렬 A의 계수가 4일 때, 다음 물음에 답하여라.

(1) $A\mathbf{x} = \mathbf{0}$의 해공간의 차원을 구하여라.

(2) $A\mathbf{x} = \mathbf{b}$는 $\boldsymbol{R}^5$의 모든 벡터 $\mathbf{b}$에 대하여 해를 갖는다고 할 수 있는가?

보 충 문 제 5.1

01. 다음 중 선형변환인 것을 모두 찾아라.

(1) $T: M_{nn} \to \boldsymbol{R},\ T(A) = \det(A)$

(2) $T: \boldsymbol{R}^2 \to \boldsymbol{R},\ T(x, y) = xy$

(3) $T: \boldsymbol{R}^3 \to \boldsymbol{R}^2,\ T(x, y, z) = (x+y, z)$

(4) $T: P_1 \to P_2,\ T(p(x)) = xp(x)$

(5) $T: \boldsymbol{R}^3 \to \boldsymbol{R}^2,\ T(x, y, z) = (x+y, xz)$

(6) $T: P_1 \to \boldsymbol{R}^2,\ T(p(x)) = \begin{bmatrix} \dfrac{d}{dx}p(x) \\ \displaystyle\int_0^1 p(x)dx \end{bmatrix}$

답 (1), (5)를 제외한 나머지는 모두 선형변환이다.

02. $\boldsymbol{R}^3$의 세 벡터 $\mathbf{v}_1 = (1, 1, 0)$, $\mathbf{v}_2 = (0, -2, 0)$, $\mathbf{v}_3 = (0, 0, 3)$에 대하여 선형변환 $T: \boldsymbol{R}^3 \to \boldsymbol{R}^3$가 $T(\mathbf{v}_1) = (1, 0, 1)$, $T(\mathbf{v}_2) = (2, -1, 1)$, $T(\mathbf{v}_3) = (6, 3, 0)$으로 정의될 때, $T(2, -2, -4)$를 구하여라.

답 $(-2, -6, 4)$

03. $T: \boldsymbol{R}^3 \to \boldsymbol{R}^3$는 행렬 $A = \begin{bmatrix} 1 & 0 & 1 \\ 1 & 1 & 0 \\ 1 & 1 & 0 \end{bmatrix}$의 곱으로 정의된 선형변환일 때, 다음 물음에 답하여라.

(1) T의 치역의 기저를 구하여라.

(2) T의 핵의 기저를 구하여라.

(3) T의 계수와 퇴화차수를 구하여라.

답 (1) $\left\{\begin{bmatrix}1\\0\\0\end{bmatrix}, \begin{bmatrix}0\\1\\1\end{bmatrix}\right\}$ (2) $\left\{\begin{bmatrix}-1\\1\\1\end{bmatrix}\right\}$

(3) T의 계수$=2$, T의 퇴화차수$=1$

04. 선형변환 $T : \boldsymbol{R}^3 \to \boldsymbol{R}^4$가 $T\left(\begin{bmatrix}x\\y\\z\end{bmatrix}\right)=\begin{bmatrix}x+2y-z\\-y\\x+7y\\y+z\end{bmatrix}$로 정의될 때, 다음 물음에 답하여라.

(1) $R(T)$의 기저를 구하여라.

(2) 차원정리를 이용하여 퇴화차수 $N(T)$를 구하여라.

답 (1) $R(T)$의 기저$=\left\{\begin{bmatrix}1\\0\\0\\-1\end{bmatrix}, \begin{bmatrix}0\\1\\0\\4\end{bmatrix}, \begin{bmatrix}0\\0\\1\\1\end{bmatrix}\right\}$ (2) $N(T)=0$

05. 선형변환 $T : \boldsymbol{R}^3 \to \boldsymbol{R}^2$가 $T((x, y, z))=(x-y, z)$로 정의될 때, 다음 물음에 답하여라.

(1) $Ker(T)$의 기저와 $Ker(T)$의 차원 $N(T)$를 구하여라.

(2) 차원정리를 이용하여 $r(T)$를 구하여라.

답 (1) $Ker(T)$의 기저 $=\{(1, 1, 0)\}$, $N(T)=1$

(2) $r(T)=2$

06. 선형변환 $T : \boldsymbol{R}^4 \to \boldsymbol{R}^3$가 $T\left(\begin{bmatrix}x\\y\\z\\w\end{bmatrix}\right)=\begin{bmatrix}x+2y+z-4w\\2x+y-4z-2w\\2x-3z+3w\end{bmatrix}$로 정의될 때, 다음 물음에 답하여라.

(1) $T(\mathbf{x})=A\mathbf{x}$라 할 때, 행렬 A를 구하여라.

(2) $Ker(T)$의 기저를 구하여라.

(3) $R(T)$의 기저를 구하여라.

답 (1) $A=\begin{bmatrix}1&2&1&-4\\2&1&-4&-2\\2&0&-3&3\end{bmatrix}$ (2) $\left\{\begin{bmatrix}-3\\4\\-1\\1\end{bmatrix}\right\}$

(3) $\left\{\begin{bmatrix}1\\0\\0\end{bmatrix}, \begin{bmatrix}0\\1\\0\end{bmatrix}, \begin{bmatrix}0\\0\\1\end{bmatrix}\right\}$

07. T를 유클리드 내적공간 $\boldsymbol{R}^3$에서 유클리드 내적공간 W 위로 직교사영변환이라 할 때, 다음 물음에 답하여라. 단, $W=\langle(1, 2, 0), (1, 2, 2)\rangle$.

(1) W의 한 정규직교기저를 구하여라.

(2) (1)에서 구한 정규직교기저를 이용하여 $T(1, 1, 1)$을 구하여라.

답 (1) $\left\{\frac{1}{\sqrt{5}}(1, 2, 0), (0, 0, 1)\right\}$ (2) $\frac{1}{5}(3, 6, 5)$

08. T를 유클리드 내적공간 $\boldsymbol{R}^3$에서 유클리드 내적공간 W 위로 직교사영변환이라 할 때, 다음 물음에 답하여라. 단, $W=\{(x, y, z) \mid x-2y=0\}$.

(1) W의 한 정규직교기저를 구하여라.

(2) (1)에서 구한 정규직교기저를 이용하여 $T(x, y, z)$의 공식을 구하여라.

답 (1) $\left\{\frac{1}{\sqrt{5}}(2, 1, 0), (0, 0, 1)\right\}$ (2) $T(x, y, z)=\left(\frac{4}{5}x+\frac{2}{5}y, \frac{2}{5}x+\frac{1}{5}y, z\right)$

09. T를 유클리드 내적공간 $\boldsymbol{R}^3$에서 유클리드 내적공간 W 위로 직교사영변환이라 할 때, 다음 물음에 답하여라. 단, $W=\{(x, y, z) \mid x+y=0\}$.

(1) $T(1, 2, 3)$을 구하여라.

(2) $T(x, y, z)$의 공식을 구하여라.

답 (1) $T(1, 2, 3)=\left(-\frac{1}{2}, \frac{1}{2}, 3\right)$ (2) $T(x, y, z)=\frac{1}{2}(x-y, y-x, 2z)$

5.2 기저변환

벡터공간의 기저와 좌표계는 밀접한 관계가 있다. 이 절에서는 이러한 관계를 살펴보고, 나아가 벡터공간에서 기저를 변환하는 방법에 대하여 알아보자.

정의 5.3 $S=\{\mathbf{v}_1, \mathbf{v}_2, \cdots, \mathbf{v}_n\}$가 벡터공간 V의 한 기저라고 하면, V의 임의의 벡터 $\mathbf{v}$는 다음과 같이 유일한 방법으로 표시된다.

$$\mathbf{v}=c_1\mathbf{v}_1+c_2\mathbf{v}_2+\cdots+c_n\mathbf{v}_n$$

이때 $(\mathbf{v})_S=(c_1, c_2, \cdots, c_n)$을 기저 S에 대한 $\mathbf{v}$의 **좌표벡터**(coordinate vector), $[\mathbf{v}]_S=\begin{bmatrix} c_1 \\ c_2 \\ \vdots \\ c_n \end{bmatrix}$을 기저 S에 대한 $\mathbf{v}$의 **좌표행렬**(coordinate matrix)이라 한다.

예제 5.6

$S=\{\mathbf{v}_1=(1, 2, 1), \mathbf{v}_2=(2, 9, 0), \mathbf{v}_3=(3, 3, 4)\}$일 때 S는 $\boldsymbol{R}^3$의 기저가 된다. 다음을 구하여라.

(1) $\mathbf{v}=(5, -1, 9)$일 때, $(\mathbf{v})_S$와 $[\mathbf{v}]_S$를 구하여라.

(2) $[\mathbf{u}]_S=(-1, 3, 2)$인 $\boldsymbol{R}^3$의 벡터 $\mathbf{u}$를 구하여라.

풀이 • • •

(1) $\mathbf{v}=(5, -1, 9)=c_1\mathbf{v}_1+c_2\mathbf{v}_2+c_3\mathbf{v}_3$

$\quad =c_1(1, 2, 1)+c_2(2, 9, 0)+c_3(3, 3, 4)$

인 c_1, c_2, c_3를 구해야 하므로 대응하는 성분들의 방정식은 다음과 같다.

$$\begin{aligned} c_1+2c_2+3c_3 &= 5 \\ 2c_1+9c_2+3c_3 &= -1 \\ c_1+4c_3 &= 9 \end{aligned}$$

이 방정식을 풀면 $c_1=1,\ c_2=-1,\ c_3=2$이다. 따라서

$$(\mathbf{v})_S=(1,\ -1,\ 2),\ [\mathbf{v}]_S=\begin{bmatrix} 1 \\ -1 \\ 2 \end{bmatrix}.$$

(2) $(\mathbf{u})_S$의 정의를 이용하여 다음과 같이 구할 수 있다.

$$\mathbf{u}=(-1)\mathbf{v}_1+3\mathbf{v}_2+2\mathbf{v}_3=(11,\ 31,\ 7)$$

내적공간에서 정규직교기저는 매우 유용하다는 것을 4.7절의 여러 정리를 통하여 알았다. 다음 정리는 정규직교기저가 유용하게 이용되는 또다른 예이다.

정리 5.3 S가 n차 내적공간 V의 한 정규직교기저이고, $\mathbf{u},\ \mathbf{v} \in V$에 대하여 $(\mathbf{u})_S=(u_1,\ u_2,\ \cdots,\ u_n)$, $(\mathbf{v})_S=(v_1,\ v_2,\ \cdots,\ v_n)$이면 다음이 성립한다.

(1) $\|\mathbf{u}\|=\sqrt{u_1^2+u_2^2+\cdots+u_n^2}$

(2) $d(\mathbf{u},\ \mathbf{v})=\sqrt{(u_1-v_1)^2+(u_2-v_2)^2+\cdots+(u_n-v_n)^2}$

(3) $\langle \mathbf{u},\ \mathbf{v} \rangle=u_1v_1+u_2v_2+\cdots+u_nv_n$

주의 정리 5.3 (1)의 노름은 유클리드 노름이 아니고, (3)의 내적도 유클리드 내적이 아니다.

예제 5.7

$\boldsymbol{R}^3$에서의 내적을 $\langle \mathbf{u},\ \mathbf{v} \rangle=u_1v_1+2u_2v_2+u_3v_3$로 정의하면 $\boldsymbol{R}^3$는 내적공간이다. 단, $\mathbf{u}=(u_1,\ u_2,\ u_3)$, $\mathbf{v}=(v_1,\ v_2,\ v_3)$. 또한,

$$S=\left\{\left(\frac{1}{\sqrt{3}},\ \frac{1}{\sqrt{3}},\ 0\right),\ \left(\frac{-2}{\sqrt{15}},\ \frac{1}{\sqrt{15}},\ \frac{3}{\sqrt{15}}\right),\ \left(\frac{2}{\sqrt{10}},\ \frac{-1}{\sqrt{10}},\ \frac{2}{\sqrt{10}}\right)\right\}$$

는 내적공간 $\boldsymbol{R}^3$의 정규직교기저이다. $(\mathbf{w})_S=(-1,\ 3,\ 2)$인 $\boldsymbol{R}^3$의 벡터 $\mathbf{w}$의 노름은 정리 5.3에 의하여 $\|\mathbf{w}\|=\sqrt{(-1)^2+3^2+2^2}=\sqrt{14}$이다.

참고 예제 5.7에서 $(\mathbf{w})_S$를 이용하여 $\mathbf{w}$를 구한 후 $\|\mathbf{w}\|$를 구해도 같은 결과를 얻을 수 있다. 실제로 이러한 방법으로 계산해 보면

$$\mathbf{w}=\frac{1}{\sqrt{30}}(-\sqrt{10}-6\sqrt{2}+4\sqrt{3},\ -\sqrt{10}+3\sqrt{2}-2\sqrt{3},\ 9\sqrt{2}+4\sqrt{3})$$

이므로 $\|\mathbf{w}\|$의 계산이 너무 복잡해진다. 따라서 정리 5.3은 일반적인 내적공간에서 정규직교기저를 이용하여 노름, 거리, 내적을 손쉽게 구하도록 해주는 매우 유용한 정리이다.

참고 좌표벡터와 좌표행렬은 기저벡터를 나열하는 순서에 따라 달라진다.

예제 5.8

P_2의 두 벡터 $\mathbf{p}=a_0+a_1x+a_2x^2$, $\mathbf{q}=b_0+b_1x+b_2x^2$의 내적을 $\langle \mathbf{p}, \mathbf{q} \rangle = a_0b_0+a_1b_1+a_2b_2$로 정의하면 $S=\{1, x, x^2\}$는 P_2의 정규직교기저이므로 $(\mathbf{p})_S=(a_0, a_1, a_2)$이고, $\|\mathbf{p}\|=\sqrt{a_0^2+a_1^2+a_2^2}$이 된다.

이제 이 절의 주제인 기저변환 문제로 돌아가자. 벡터공간 V의 두 기저 $B=\{\mathbf{u}_1, \mathbf{u}_2, \cdots, \mathbf{u}_n\}$와 $B'=\{\mathbf{u}_1', \mathbf{u}_2', \cdots, \mathbf{u}_n'\}$를 생각해보자. V의 한 벡터 $\mathbf{v}$에 대하여 기저 B에 대한 $\mathbf{v}$의 좌표행렬 $[\mathbf{v}]_B$와 기저 B'에 대한 $\mathbf{v}$의 좌표행렬 $[\mathbf{v}]_{B'}$ 사이에는 어떠한 관계가 있는지 알아보자. 복잡함을 피하기 위하여 임의의 2차원 벡터공간 V에서 이 문제를 생각해 보자.

$B=\{\mathbf{u}_1, \mathbf{u}_2\}$와 $B'=\{\mathbf{u}_1', \mathbf{u}_2'\}$를 V의 두 기저라 하고 기저 B의 벡터들을 기저 B'에 대한 좌표행렬로 나타내면 다음과 같다고 하자.

$$[\mathbf{u}_1]_{B'}=\begin{bmatrix} a \\ b \end{bmatrix},\ [\mathbf{u}_2]_{B'}=\begin{bmatrix} c \\ d \end{bmatrix} \tag{5.1}$$

즉,

$$\begin{aligned} \mathbf{u}_1 &= a\mathbf{u}_1'+b\mathbf{u}_2' \\ \mathbf{u}_2 &= c\mathbf{u}_1'+d\mathbf{u}_2' \end{aligned} \tag{5.2}$$

이제 V의 어떤 벡터 $\mathbf{v}$를 기저 B에 대한 좌표행렬로 나타내면 다음과 같다고 하자.

$$[\mathbf{v}]_B = \begin{bmatrix} k_1 \\ k_2 \end{bmatrix} \tag{5.3}$$

즉,

$$\mathbf{v} = k_1\mathbf{u}_1 + k_2\mathbf{u}_2 \tag{5.4}$$

기저 B'에 대한 $\mathbf{v}$의 좌표행렬을 구하기 위하여, 기저 B'의 항으로 $\mathbf{v}$를 나타내야 한다. 이를 위하여 식 (5.4)에 식 (5.2)를 대입하면 다음과 같다.

$$\begin{aligned} \mathbf{v} &= k_1(a\mathbf{u}_1' + b\mathbf{u}_2') + k_2(c\mathbf{u}_1' + d\mathbf{u}_2') \\ &= (k_1a + k_2c)\mathbf{u}_1' + (k_1b + k_2d)\mathbf{u}_2' \end{aligned}$$

그러므로 기저 B'에 대한 $\mathbf{v}$의 좌표행렬은 다음과 같다.

$$\begin{aligned} [\mathbf{v}]_{B'} &= \begin{bmatrix} k_1a + k_2c \\ k_1b + k_2d \end{bmatrix} \\ &= \begin{bmatrix} a & c \\ b & d \end{bmatrix} \begin{bmatrix} k_1 \\ k_2 \end{bmatrix} \\ &= \begin{bmatrix} a & c \\ b & d \end{bmatrix} [\mathbf{v}]_B \end{aligned}$$

이 식은 기저 B'에 대한 $\mathbf{v}$의 좌표행렬 $[\mathbf{v}]_{B'}$를 기저 B에 대한 $\mathbf{v}$의 좌표행렬 $[\mathbf{v}]_B$의 왼쪽에 어떤 행렬 P를 곱하여 얻을 수 있다는 것을 의미한다. 그런데 행렬 P는 기저 B'에 대한 기저 B의 벡터들의 좌표행렬을 각 열로 갖고 있다(식 (5.1) 참조). 이러한 결과는 임의의 유한차원 벡터공간에서도 그대로 성립한다. 즉, V가 n차원 벡터공간이고, $B = \{\mathbf{u}_1, \mathbf{u}_2, \cdots, \mathbf{u}_n\}$, $B' = \{\mathbf{u}_1', \mathbf{u}_2', \cdots, \mathbf{u}_n'\}$를 V의 두 기저라고 하면 $[\mathbf{v}]_{B'} = P[\mathbf{v}]_B$가 성립한다. 여기서 P의 열들은 기저 B'에 대한 기저 B의 벡터들의 좌표행렬들이다. 즉,

$$P = [[\mathbf{u}_1]_{B'} \mid [\mathbf{u}_2]_{B'} \mid \cdots \mid [\mathbf{u}_n]_{B'}].$$

이때 행렬 P를 기저 B에서 기저 B'로의 **추이행렬**(transition matrix)이라고 한다.

예제 5.9

R^2의 두 기저 $B=\{\mathbf{u}_1, \mathbf{u}_2\}$와 $B'=\{\mathbf{u}_1', \mathbf{u}_2'\}$에 대하여 다음을 구하여라.

단, $\mathbf{u}_1=\begin{bmatrix}1\\0\end{bmatrix}$, $\mathbf{u}_2=\begin{bmatrix}0\\1\end{bmatrix}$, $\mathbf{u}_1'=\begin{bmatrix}1\\1\end{bmatrix}$, $\mathbf{u}_2'=\begin{bmatrix}2\\1\end{bmatrix}$.

(1) B에서 B'로의 추이행렬 P를 구하여라.

(2) $\mathbf{v}=\begin{bmatrix}7\\2\end{bmatrix}$일 때 $[\mathbf{v}]_{B'}$를 구하여라.

(3) $\mathbf{v}$를 $\mathbf{u}_1'$와 $\mathbf{u}_2'$의 1차 결합으로 표시하여라.

풀이 • • •

(1) $\begin{aligned}\mathbf{u}_1 &= -\mathbf{u}_1'+\mathbf{u}_2' \\ \mathbf{u}_2 &= 2\mathbf{u}_1'-\mathbf{u}_2'\end{aligned}$ 이므로

$$[\mathbf{u}_1]_{B'}=\begin{bmatrix}-1\\1\end{bmatrix},\ [\mathbf{u}_2]_{B'}=\begin{bmatrix}2\\-1\end{bmatrix}.$$

따라서 기저 B에서 기저 B'로의 추이행렬 P는

$$P=\begin{bmatrix}-1 & 2\\ 1 & -1\end{bmatrix}$$

이다.

(2) 관찰에 의하여 $[\mathbf{v}]_B=\begin{bmatrix}7\\2\end{bmatrix}$이므로

$$[\mathbf{v}]_{B'}=\begin{bmatrix}-1 & 2\\ 1 & -1\end{bmatrix}\begin{bmatrix}7\\2\end{bmatrix}=\begin{bmatrix}-3\\5\end{bmatrix}.$$

(3) 따라서 $\mathbf{v}=-3\mathbf{u}_1'+5\mathbf{u}_2'$이다.

예제 5.9의 추이행렬은 가역행렬임을 쉽게 알 수 있다. 실제로 한 벡터공간의 서로 다른 두 기저 B와 B'에 대하여 기저 B에서 기저 B'로의 추이행렬 P는 가역행렬이다. 또한 P^{-1}는 기저 B'에서 기저 B로의 추이행렬이 된다. 이러한 사실은 정리 5.4에 요약되어 있고 예제 5.10으로 확인해보자.

정리 5.4 P가 기저 B에서 기저 B'로의 추이행렬이면

(1) P는 가역행렬이다.

(2) P^{-1}는 B'에서 B로의 추이행렬이다.

예제 5.10

$\boldsymbol{R}^2$의 두 기저 $B=\{\mathbf{u}_1,\ \mathbf{u}_2\}$, $B'=\{\mathbf{u}_1',\ \mathbf{u}_2'\}$에 대하여 다음을 구하여라.

단, $\mathbf{u}_1=\begin{bmatrix}1\\0\end{bmatrix}$, $\mathbf{u}_2=\begin{bmatrix}0\\1\end{bmatrix}$, $\mathbf{u}_1'=\begin{bmatrix}1\\1\end{bmatrix}$, $\mathbf{u}_2'=\begin{bmatrix}2\\1\end{bmatrix}$.

(1) B'에서 B로의 추이행렬 Q를 구하여라.

(2) Q^{-1}는 B에서 B'로의 추이행렬임을 보여라.

풀이 • • •

(1) $\begin{array}{l}\mathbf{u}_1'=\ \ \mathbf{u}_1+\mathbf{u}_2\\ \mathbf{u}_2'=2\mathbf{u}_1+\mathbf{u}_2\end{array}$이므로

$$[\mathbf{u}_1']_B=\begin{bmatrix}1\\1\end{bmatrix},\ [\mathbf{u}_2']_B=\begin{bmatrix}2\\1\end{bmatrix}$$

이므로 기저 B'에서 기저 B로의 추이행렬은 $Q=\begin{bmatrix}1&2\\1&1\end{bmatrix}$이다.

(2) $Q^{-1}=\begin{bmatrix}-1&2\\1&-1\end{bmatrix}$이고 이는 예제 5.9의 추이행렬과 동일하다. 따라서 Q^{-1}는 B에서 B'로의 추이행렬이다.

일반적으로 추이행렬의 역행렬은 암산으로 쉽게 구할 수 없다. 그러나 정규직교기저에서 정규직교기저로의 추이행렬의 역행렬은 쉽게 구할 수 있다. 다음 정리는 이러한 내용을 요약한 것이다.

정리 5.5 P가 내적공간의 한 정규직교기저에서 다른 정규직교기저로의 추이행렬이면 $P^{-1}=P^T$이다.

정의 5.4 • • • $A^{-1}=A^T$인 정방행렬 A를 **직교행렬**(orthogonal matrix)이라고 한다.

정의 5.4에 의하면 정리 5.5는 정규직교기저에서 정규직교기저로의 추이행렬은 직교행렬이라는 사실을 말해 주고 있다. 이러한 좋은 성질 때문에 우리는 정규직교기저에 대한 공부를 꾸준히 해온 것이다. 다음 정리는 직교행렬의 성질을 요약한 것이다.

정리 5.6 A가 n차 정방행렬일 때, 다음은 서로 동치이다.

(1) A는 직교행렬이다.

(2) A의 행벡터들은 유클리드 내적공간 R^n의 정규직교기저를 형성한다.

(3) A의 열벡터들은 유클리드 내적공간 R^n의 정규직교기저를 형성한다.

정리 5.6의 내용을 예제 5.11로 확인해보자.

예제 5.11

행렬 $A=\begin{bmatrix} \frac{1}{\sqrt{2}} & \frac{1}{\sqrt{2}} & 0 \\ 0 & 0 & 1 \\ \frac{1}{\sqrt{2}} & -\frac{1}{\sqrt{2}} & 0 \end{bmatrix}$의 행벡터는

$$\mathbf{r}_1=\left(\frac{1}{\sqrt{2}},\ \frac{1}{\sqrt{2}},\ 0\right),\ \mathbf{r}_2=(0,\ 0,\ 1),\ \mathbf{r}_3=\left(\frac{1}{\sqrt{2}},\ -\frac{1}{\sqrt{2}},\ 0\right)$$

이다. R^3에서의 유클리드 내적을 이용하면 $\|\mathbf{r}_1\|=\|\mathbf{r}_2\|=\|\mathbf{r}_3\|=1$이고, $\mathbf{r}_1\cdot\mathbf{r}_2=\mathbf{r}_1\cdot\mathbf{r}_3=\mathbf{r}_2\cdot\mathbf{r}_3=0$이다. 따라서 A의 행벡터들은 R^3의 정규직교기저가 된다. 그러므로 정리 5.6에 의하여 A는 직교행렬이고

$$A^{-1}=A^T=\begin{bmatrix} \frac{1}{\sqrt{2}} & 0 & \frac{1}{\sqrt{2}} \\ \frac{1}{\sqrt{2}} & 0 & -\frac{1}{\sqrt{2}} \\ 0 & 1 & 0 \end{bmatrix}$$

이다.

연습문제 5.2

1. R^2의 두 기저 $B=\{\mathbf{u}_1,\ \mathbf{u}_2\}$와 $B'=\{\mathbf{v}_1,\ \mathbf{v}_2\}$에 대하여 다음을 구하여라.
   단, $\mathbf{u}_1=\begin{bmatrix}1\\0\end{bmatrix}$, $\mathbf{u}_2=\begin{bmatrix}0\\1\end{bmatrix}$, $\mathbf{v}_1=\begin{bmatrix}2\\1\end{bmatrix}$, $\mathbf{v}_2=\begin{bmatrix}-3\\4\end{bmatrix}$.

   (1) B에서 B'로의 추이행렬을 구하여라.

(2) $\mathbf{w}=\begin{bmatrix}3\\-4\end{bmatrix}$일 때, 좌표행렬 $[\mathbf{w}]_{B'}$를 계산하여라.

(3) 직접 $[\mathbf{w}]_{B'}$를 계산한 것과 비교하여라.

(4) B'에서 B로의 추이행렬을 구하여라.

2. $\boldsymbol{R}^2$의 두 기저 B, B'에 대하여 다음을 구하여라.

단, $B=\left\{\mathbf{u}_1=\begin{bmatrix}1\\0\end{bmatrix},\ \mathbf{u}_2=\begin{bmatrix}0\\1\end{bmatrix}\right\},\ B'=\left\{\mathbf{u}_1{}'=\begin{bmatrix}1\\1\end{bmatrix},\ \mathbf{u}_2{}'=\begin{bmatrix}2\\1\end{bmatrix}\right\}$

(1) B에서 B'로의 추이행렬 P를 구하여라.

(2) $\mathbf{w}=\begin{bmatrix}-2\\3\end{bmatrix}$일 때, $[\mathbf{w}]_B$, $[\mathbf{w}]_{B'}$를 구하여라.

3. $\mathbf{p}_1=6+3x,\ \mathbf{p}_2=10+2x,\ \mathbf{q}_1=2,\ \mathbf{q}_2=3+2x$일 때, P_1의 두 기저 $B=\{\mathbf{p}_1,\ \mathbf{p}_2\}$, $B'=\{\mathbf{q}_1,\ \mathbf{q}_2\}$에 대하여 다음 물음에 답하여라.

(1) B에서 B'로의 추이행렬을 구하여라.

(2) $\mathbf{p}=-4+x$일 때 좌표행렬 $[\mathbf{p}]_{B'}$를 계산하여라.

(3) 직접 $[\mathbf{p}]_{B'}$를 계산한 것과 (2)에서 구한 결과를 비교하여라.

(4) B'에서 B로의 추이행렬을 구하여라.

4. 벡터공간 $V=\langle\,\mathbf{f}_1=\sin x,\ \mathbf{f}_2=\cos x\,\rangle$에 대하여 다음 물음에 답하여라.

(1) $\mathbf{g}_1=2\sin x+\cos x,\ \mathbf{g}_2=3\cos x$는 V의 기저가 됨을 보여라.

(2) $B=\{\mathbf{f}_1,\ \mathbf{f}_2\}$에서 $B'=\{\mathbf{g}_1,\ \mathbf{g}_2\}$로의 추이행렬을 구하여라.

(3) $\mathbf{h}=2\sin x-5\cos x$일 때, 좌표행렬 $[\mathbf{h}]_{B'}$를 계산하여라.

(4) 직접 $[\mathbf{h}]_{B'}$를 계산한 것과 (3)에서 구한 결과를 비교하여라.

(5) B'에서 B로의 추이행렬을 구하여라.

5. 행렬 $\begin{bmatrix}\frac{1}{2}&\frac{1}{2}&\frac{1}{2}&\frac{1}{2}\\ \frac{1}{2}&a&\frac{1}{6}&\frac{1}{6}\\ \frac{1}{2}&\frac{1}{6}&\frac{1}{6}&a\\ \frac{1}{2}&\frac{1}{6}&a&\frac{1}{6}\end{bmatrix}$이 직교행렬이 되도록 a의 값을 결정하여라.

보 충 문 제 5.2

01. $S=\{\mathbf{v}_1=(1,\ 1,\ 1),\ \mathbf{v}_2=(1,\ 1,\ 0),\ \mathbf{v}_3=(1,\ 0,\ 0)\}$가 $\boldsymbol{R}^3$의 한 기저일 때, 벡터 $\mathbf{v}=(1,\ 2,\ 3)$의 기저 S에 대한 좌표벡터 $(\mathbf{v})_S$를 구하여라.

답 $(\mathbf{v})_S=(3,\ -1,\ -1)$

02. R^2의 두 기저 $B=\left\{\mathbf{u}_1=\begin{bmatrix}5\\2\end{bmatrix},\ \mathbf{u}_2=\begin{bmatrix}1\\6\end{bmatrix}\right\}$, $B'=\left\{\mathbf{v}_1=\begin{bmatrix}-2\\0\end{bmatrix},\ \mathbf{v}_2=\begin{bmatrix}1\\2\end{bmatrix}\right\}$에 대하여 다음 물음에 답하여라.

(1) B에서 B'로의 추이행렬 P를 구하여라.

(2) $\mathbf{v}=\begin{bmatrix}7\\14\end{bmatrix}$일 때, $[\mathbf{v}]_B$와 $[\mathbf{v}]_{B'}$를 구하여라.

답 (1) $P=\begin{bmatrix}-2 & 1\\ 1 & 2\end{bmatrix}$ (2) $[\mathbf{v}]_B=\begin{bmatrix}1\\2\end{bmatrix}$, $[\mathbf{v}]_{B'}=\begin{bmatrix}0\\7\end{bmatrix}$

03. $B=\{\mathbf{e}_1,\ \mathbf{e}_2,\ \mathbf{e}_3\}$, $B'=\{\mathbf{v}_1=(0,\ 0,\ 2),\ \mathbf{v}_2=(0,\ -1,\ 1),\ \mathbf{v}_3=(1,\ 0,\ 1)\}$은 $\boldsymbol{R}^3$의 두 기저이다. 다음 물음에 답하여라.

(1) B에서 B'로의 추이행렬 P를 구하여라.

(2) $\mathbf{u}=(2,\ 2,\ 3)$의 기저 B'에 대한 좌표행렬 $[\mathbf{u}]_{B'}$를 (1)을 이용하여 구하여라.

답 (1) $P=\begin{bmatrix}-\frac{1}{2} & \frac{1}{2} & \frac{1}{2}\\ 0 & -1 & 0\\ 1 & 0 & 0\end{bmatrix}$ (2) $[\mathbf{u}]_{B'}=\begin{bmatrix}\frac{3}{2}\\ -2\\ 2\end{bmatrix}$

04. $B=\{\mathbf{e}_1,\ \mathbf{e}_2,\ \mathbf{e}_3\}$, $B'=\{\mathbf{v}_1=(1,\ 0,\ 0),\ \mathbf{v}_2=(1,\ 1,\ 0),\ \mathbf{v}_3=(1,\ 1,\ 1)\}$은 $\boldsymbol{R}^3$의 두 기저이다. 다음 물음에 답하여라.

(1) B에서 B'로의 추이행렬 P를 구하여라.

(2) $\mathbf{v}=(2, -5, 3)$의 기저 B'에 대한 좌표행렬 $[\mathbf{v}]_{B'}$를 (1)을 이용하여 구하여라.

(3) B'에서 B로의 추이행렬 Q를 구하여라.

답 (1) $P=\begin{bmatrix}1 & -1 & 0\\ 0 & 1 & -1\\ 0 & 0 & 1\end{bmatrix}$ (2) $[\mathbf{v}]_{B'}=\begin{bmatrix}4\\ -8\\ 3\end{bmatrix}$ (3) $Q=\begin{bmatrix}1 & 1 & 1\\ 0 & 1 & 1\\ 0 & 0 & 1\end{bmatrix}$

05. P_1의 두 기저 $B=\{1, x\}$, $B_0=\{x, 1+x\}$에 대하여 다음 물음에 답하여라.

(1) B에서 B_0로의 추이행렬 P를 구하여라.

(2) $\mathbf{p}=-2+3x$의 기저 B_0에 대한 좌표행렬 $[\mathbf{p}]_{B_0}$를 구하여라.

(3) B_0에서 B로의 추이행렬 Q를 구하여라.

답 (1) $P=\begin{bmatrix}-1 & 1\\ 1 & 0\end{bmatrix}$ (2) $[\mathbf{p}]_{B_0}=\begin{bmatrix}5\\ -2\end{bmatrix}$

(3) $Q=\begin{bmatrix}0 & 1\\ 1 & 1\end{bmatrix}$

06. $B=\{1, x, x^2\}$와 $B'=\left\{\mathbf{u}_1=1,\ \mathbf{u}_2=\dfrac{1}{\sqrt{2}}(x+x^2),\ \mathbf{u}_3=\dfrac{1}{\sqrt{2}}(x-x^2)\right\}$은 벡터공간 P_2의 두 기저이다. 다음 물음에 답하여라.

(1) B'에서 B로의 추이행렬 Q를 구하여라.

(2) (1)의 Q는 직교행렬임을 보여라.

답 (1) $Q=\begin{bmatrix}1 & 0 & 0\\ 0 & \frac{1}{\sqrt{2}} & \frac{1}{\sqrt{2}}\\ 0 & \frac{1}{\sqrt{2}} & -\frac{1}{\sqrt{2}}\end{bmatrix}$ (2) 생략

5.3 선형행렬변환

이 절에서는 유한차원 벡터공간에서 유한차원 벡터공간으로의 모든 선형변환을 행렬변환으로 바꾸어 문제를 해결하는 방법을 알아본다. 이를 위하여 먼저 $T : \boldsymbol{R}^n \to \boldsymbol{R}^m$으로의 선형변환은 행렬에 의한 곱이 된다는 것을 보이자. 문제를 간단하게 하기 위하여 선형변환 $T : \boldsymbol{R}^2 \to \boldsymbol{R}^2$가 행렬에 의한 곱이 되는 실제 예를 살펴보자.

선형변환 $T : \boldsymbol{R}^2 \to \boldsymbol{R}^2$가 $T\left(\begin{bmatrix} x_1 \\ x_2 \end{bmatrix}\right) = \begin{bmatrix} x_1 + 2x_2 \\ x_1 - x_2 \end{bmatrix}$로 주어졌다면 변환식의 우변은 $\begin{bmatrix} x_1 + 2x_2 \\ x_1 - x_2 \end{bmatrix} = \begin{bmatrix} 1 & 2 \\ 1 & -1 \end{bmatrix}\begin{bmatrix} x_1 \\ x_2 \end{bmatrix}$으로 표현할 수 있다. 즉, $A = \begin{bmatrix} 1 & 2 \\ 1 & -1 \end{bmatrix}$이라 두면 $T\left(\begin{bmatrix} x_1 \\ x_2 \end{bmatrix}\right) = A\begin{bmatrix} x_1 \\ x_2 \end{bmatrix}$이다. 따라서 선형변환 $T : \boldsymbol{R}^2 \to \boldsymbol{R}^2$가 행렬에 의한 곱이 된다. 이때 A는 다음과 같이 구할 수도 있다. $\boldsymbol{R}^2$의 표준기저 $\{\mathbf{e}_1, \mathbf{e}_2\}$에 대하여 $T(\mathbf{e}_1) = \begin{bmatrix} 1 \\ 1 \end{bmatrix}$, $T(\mathbf{e}_2) = \begin{bmatrix} 2 \\ -1 \end{bmatrix}$는 각각 A의 제1열과 제2열이므로

$$A = [T(\mathbf{e}_1) \mid T(\mathbf{e}_2)] = \begin{bmatrix} 1 & 2 \\ 1 & -1 \end{bmatrix}$$

이다.

일반적으로 $T : \boldsymbol{R}^n \to \boldsymbol{R}^m$으로의 선형변환도 행렬에 의한 곱이 된다. 정의 5.5는 이러한 내용을 요약해서 정리한 것이다.

정의 5.5 $\boldsymbol{R}^n$의 표준기저 $B = \{\mathbf{e}_1, \mathbf{e}_2, \cdots, \mathbf{e}_n\}$에 대하여 선형변환 $T : \boldsymbol{R}^n \to \boldsymbol{R}^m$의 이미지 $T(\mathbf{e}_1), T(\mathbf{e}_2), \cdots, T(\mathbf{e}_n)$을 열벡터로 갖는 행렬을 A라 하면 $T(\mathbf{x}) = A\mathbf{x}$ $(\mathbf{x} \in \boldsymbol{R}^n)$가 된다. 이 때 A를 T의 **표준행렬**(standard matrix for T)이라 한다.

실제 문제에서, $\boldsymbol{R}^n$에서 $\boldsymbol{R}^m$으로의 선형변환에 대한 표준행렬을 알고 있다면 문제를 간단히 해결할 수 있는 경우가 많다. 다음 예제는 선형변환이 주어졌을 때 표준행렬을 구하는 예이다.

예제 5.12

선형변환 $T: \boldsymbol{R}^3 \to \boldsymbol{R}^4$가 $T\left(\begin{bmatrix} x_1 \\ x_2 \\ x_3 \end{bmatrix}\right) = \begin{bmatrix} x_1 + x_2 \\ x_1 - x_2 \\ x_3 \\ x_1 \end{bmatrix}$으로 정의될 때, T의 표준행렬을 구하여라.

풀이

$$T(\mathbf{e}_1) = T\left(\begin{bmatrix} 1 \\ 0 \\ 0 \end{bmatrix}\right) = \begin{bmatrix} 1 \\ 1 \\ 0 \\ 1 \end{bmatrix},\ T(\mathbf{e}_2) = T\left(\begin{bmatrix} 0 \\ 1 \\ 0 \end{bmatrix}\right) = \begin{bmatrix} 1 \\ -1 \\ 0 \\ 0 \end{bmatrix},\ T(\mathbf{e}_3) = T\left(\begin{bmatrix} 0 \\ 0 \\ 1 \end{bmatrix}\right) = \begin{bmatrix} 0 \\ 0 \\ 1 \\ 0 \end{bmatrix}$$

이므로 T의 표준행렬 A는

$$A = \begin{bmatrix} 1 & 1 & 0 \\ 1 & -1 & 0 \\ 0 & 0 & 1 \\ 1 & 0 & 0 \end{bmatrix}$$

이고 이를 검산하면

$$\begin{bmatrix} 1 & 1 & 0 \\ 1 & -1 & 0 \\ 0 & 0 & 1 \\ 1 & 0 & 0 \end{bmatrix}\begin{bmatrix} x_1 \\ x_2 \\ x_3 \end{bmatrix} = \begin{bmatrix} x_1 + x_2 \\ x_1 - x_2 \\ x_3 \\ x_1 \end{bmatrix}$$

임을 알 수 있다.

만약 V와 W가 유한차원 벡터공간(반드시 $\boldsymbol{R}^n$과 $\boldsymbol{R}^m$일 필요는 없다)이면 약간의 기교를 써서 선형변환 $T: V \to W$는 행렬변환으로 문제를 바꿀 수 있다. 기본적인 아이디어는 V와 W에 대한 기저들을 선택하고 기저들에 대한 각 벡터들의 좌표행렬을 이용하는 것이다. V를 n차원, W를 m차원 벡터공간이라 가정하자. 만일 V와 W에 대한 기저들을 각각 B와 B'라 하면, V의 임의의 벡터 $\mathbf{x}$의 기저 B에 대한 좌표행렬 $[\mathbf{x}]_B$는 $\boldsymbol{R}^n$의 벡터이고, 좌표행렬 $[T(\mathbf{x})]_{B'}$는 $\boldsymbol{R}^m$의 벡터가 된다. 이와 같이 선형변환 $T: V \to W$에서 $\mathbf{x}$가 $T(\mathbf{x})$로 사상되는 과정은 $\boldsymbol{R}^n$의 벡터 $[\mathbf{x}]_B$를 $\boldsymbol{R}^m$의 벡터 $[T(\mathbf{x})]_{B'}$로 사상시키는 변환식을 만들어 낸다. 이렇게 만들어진 변환은 $A[\mathbf{x}]_B = [T(\mathbf{x})]_{B'}$를 만족한다(그림 5.1). 이때 A는 $\boldsymbol{R}^n$에서 $\boldsymbol{R}^m$으로의 선형변환의 표준행렬과 같은 역할을 한다. 이 행렬 A를 기저 B와 B'에 대한 T의 행렬이라 한다. 만일 $B' = B$이면 A를 기저 B에 대한 T의 행렬이라 한다.

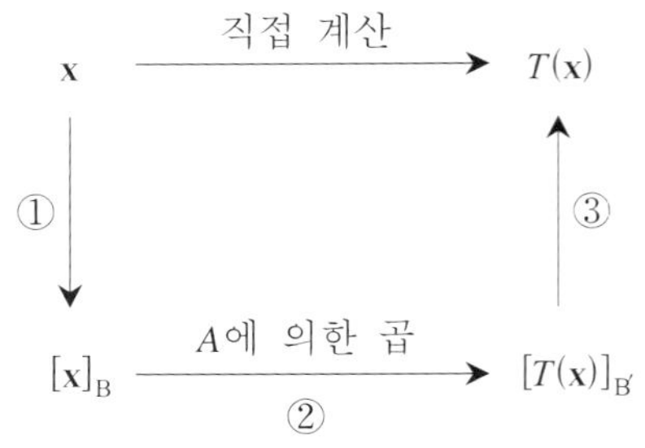

[그림 5.1]

만일

$$A[\mathbf{x}]_B = [T(\mathbf{x})]_{B'} \tag{5.5}$$

를 만족하는 행렬 A를 구할 수 있다면 [그림 5.1]에서 보인 것처럼 $T(\mathbf{x})$는 다음과 같은 3단계의 간접적인 절차로 구할 수 있다.

① 좌표행렬 $[\mathbf{x}]_B$를 계산한다.
② 행렬 A의 우측에 $[\mathbf{x}]_B$를 곱하여 $[T(\mathbf{x})]_{B'}$를 구한다.
③ 좌표행렬 $[T(\mathbf{x})]_{B'}$에서 $T(\mathbf{x})$를 구한다.

위에서 살펴본 바와 같이 행렬 A는 기저 B와 B'에 의해 결정되므로 좌표행렬 계산이 쉽도록 기저 B와 B'를 선택해야 한다. 물론 행렬 A가 대각행렬이 되도록 기저 B와 B'를 선택할 수도 있다. 이제 식 (5.5)를 만족시키는 행렬 A를 구하는 문제로 되돌아가자.

V는 기저가 $B = \{\mathbf{u}_1, \mathbf{u}_2, \cdots, \mathbf{u}_n\}$인 n차원 벡터공간이고, W는 기저가 $B' = \{\mathbf{v}_1, \mathbf{v}_2, \cdots, \mathbf{v}_m\}$인 m차원 벡터공간이라 하자. 우리는 V의 모든 벡터 $\mathbf{x}$에 대하여 식 (5.5)를 만족하는 $m \times n$ 행렬

$$A = \begin{bmatrix} a_{11} & a_{12} & \cdots & a_{1n} \\ a_{21} & a_{22} & \cdots & a_{2n} \\ \vdots & \vdots & & \vdots \\ a_{m1} & a_{m2} & \cdots & a_{mn} \end{bmatrix}$$

을 구하려고 한다. 특히, $\mathbf{x}$가 기저벡터 $\mathbf{u}_1$일 때

$$A[\mathbf{u}_1]_B = [T(\mathbf{u}_1)]_{B'}$$

가 되어야 한다. 그런데

$$[\mathbf{u}_1]_B = \begin{bmatrix} 1 \\ 0 \\ \vdots \\ 0 \end{bmatrix}$$

이므로

$$A[\mathbf{u}_1]_B = \begin{bmatrix} a_{11} & a_{12} & \cdots & a_{1n} \\ a_{21} & a_{22} & \cdots & a_{2n} \\ \vdots & \vdots & & \vdots \\ a_{m1} & a_{m2} & \cdots & a_{mn} \end{bmatrix} \begin{bmatrix} 1 \\ 0 \\ \vdots \\ 0 \end{bmatrix} = \begin{bmatrix} a_{11} \\ a_{21} \\ \vdots \\ a_{m1} \end{bmatrix}$$

이다. 그러므로 식 (5.5)는

$$\begin{bmatrix} a_{11} \\ a_{21} \\ \vdots \\ a_{m1} \end{bmatrix} = [T(\mathbf{u}_1)]_{B'}$$

임을 의미한다. 즉, A의 제 1열은 기저 B'에 대한 벡터 $T(\mathbf{u}_1)$의 좌표행렬이다. 같은 방법으로 식 (5.5)에서 $\mathbf{x} = \mathbf{u}_2$라 두면

$$A[\mathbf{u}_2]_B = [T(\mathbf{u}_2)]_{B'}$$

를 얻는다. 그런데

$$[\mathbf{u}_2]_B = \begin{bmatrix} 0 \\ 1 \\ 0 \\ \vdots \\ 0 \end{bmatrix}$$

이다. 따라서

$$\begin{bmatrix} a_{12} \\ a_{22} \\ \vdots \\ a_{m2} \end{bmatrix} = [T(\mathbf{u}_2)]_{B'}$$

이다. 즉, A의 제 2열은 기저 B'에 대한 벡터 $T(\mathbf{u}_2)$의 좌표행렬이다. 이와 같은 방법을

계속하여 기저 B'에 대한 벡터 $T(\mathbf{u}_j)$의 좌표행렬은 A의 제 j열이 됨을 알 수 있다. 따라서 A는 다음과 같이 주어 주어진다.

$$\begin{aligned} A &= \text{기저 } B\text{와 } B'\text{에 대한 } T\text{의 행렬} \\ &= \left[[T(\mathbf{u}_1)]_{B'} \mid [T(\mathbf{u}_2)]_{B'} \mid \cdots \mid [T(\mathbf{u}_n)]_{B'} \right] \end{aligned}$$

다음 예제는 기저 B와 B'에 대한 T의 행렬 A를 이용하여 선형변환의 치역을 구하는 예이다.

예제 5.13

$T: P_1 \to P_2$는 $T(p(x)) = xp(x)$로 정의된 선형변환이라 하자. $\mathbf{u}_1 = 1$, $\mathbf{u}_2 = x$, $\mathbf{u}_1{}' = 1$, $\mathbf{u}_2{}' = x$, $\mathbf{u}_3{}' = x^2$일 때, 다음 물음에 답하여라.

(1) 기저 $B = \{\mathbf{u}_1, \mathbf{u}_2\}$와 $B' = \{\mathbf{u}_1{}', \mathbf{u}_2{}', \mathbf{u}_3{}'\}$에 대한 T의 행렬을 구하여라.

(2) $\mathbf{x} = 1 - 2x$일 때, (1)을 이용하여 $T(\mathbf{x})$를 계산하여라.

(3) $R(T)$의 기저를 구하여라.

풀이

(1) T의 식에서 $T(\mathbf{u}_1) = T(1) = x$, $T(\mathbf{u}_2) = T(x) = x^2$이다.

그러므로 B'에 대한 $T(\mathbf{u}_1)$, $T(\mathbf{u}_2)$의 좌표행렬은

$$[T(\mathbf{u}_1)]_{B'} = \begin{bmatrix} 0 \\ 1 \\ 0 \end{bmatrix}, \quad [T(\mathbf{u}_2)]_{B'} = \begin{bmatrix} 0 \\ 0 \\ 1 \end{bmatrix}$$

이다. 따라서 기저 B와 B'에 대한 T의 행렬은 다음과 같다.

$$\left[[T(\mathbf{u}_1)]_{B'} \ \vdots \ [T(\mathbf{u}_2)]_{B'} \right] = \begin{bmatrix} 0 & 0 \\ 1 & 0 \\ 0 & 1 \end{bmatrix}$$

(2) B에 대한 $\mathbf{x}$의 좌표행렬은 $[\mathbf{x}]_B = \begin{bmatrix} 1 \\ -2 \end{bmatrix}$이므로

$$[T(\mathbf{x})]_{B'} = A[\mathbf{x}]_B = \begin{bmatrix} 0 & 0 \\ 1 & 0 \\ 0 & 2 \end{bmatrix} \begin{bmatrix} 1 \\ -2 \end{bmatrix} = \begin{bmatrix} 0 \\ 1 \\ -2 \end{bmatrix}$$

이다. 따라서 $T(\mathbf{x})$는 다음과 같다.

$$T(\mathbf{x}) = 0\mathbf{u}_1' + 1\mathbf{u}_2' - 2\mathbf{u}_3' = x - 2x^2$$

(3) 벡터공간 $\{[T(\mathbf{x})]_{B'} \in \boldsymbol{R}^3 | \mathbf{x} \in P_1\}$ 은 기저 B와 B'에 대한 T의 행렬 $\begin{bmatrix} 0 & 0 \\ 1 & 0 \\ 0 & 2 \end{bmatrix}$의 열공간과 같으므로 벡터공간 $\{[T(\mathbf{x})]_{B'} \in \boldsymbol{R}^3 | \mathbf{x} \in P_1\}$의 기저는 $\left\{\begin{bmatrix} 0 \\ 1 \\ 0 \end{bmatrix}, \begin{bmatrix} 0 \\ 0 \\ 1 \end{bmatrix}\right\}$이다. 따라서 $R(T)$의 기저는 $\{x, x^2\}$이다.

예제 5.13에서 T의 행렬 A를 이용하여 선형변환의 치역의 기저를 구하였다. 이외에도 T의 행렬 A를 이용하면 T의 핵, 고유치, 고유벡터 등 벡터공간과 연관된 다양한 분야에 대한 연구가 용이하다. 즉, 행렬 A를 이용하는 방법은 주어진 선형변환의 성질 연구뿐만 아니라 선형변환과 관련된 이론 연구에도 유용하게 사용된다.

예제 5.14

$B = \{\mathbf{u}_1, \mathbf{u}_2, \cdots, \mathbf{u}_n\}$은 n차원 벡터공간 V의 한 기저이고 $I : V \to V$가 항등연산자이면

$$I(\mathbf{u}_1) = \mathbf{u}_1,\ I(\mathbf{u}_2) = \mathbf{u}_2,\ \cdots,\ I(\mathbf{u}_n) = \mathbf{u}_n$$

이다. 그러므로

$$[I(\mathbf{u}_1)]_B = \mathbf{e}_1,\ [I(\mathbf{u}_2)]_B = \mathbf{e}_2,\ \cdots,\ [I(\mathbf{u}_n)]_B = \mathbf{e}_n$$

이고, 따라서 기저 B에 대한 I의 행렬은 I_n이 된다.

선형연산자 $T : V \to V$의 행렬은 V의 기저에 따라 달라진다. 따라서 T의 행렬이 다루기 편한 대각행렬이 되도록 V의 기저를 선택하는 것이 중요하다. 이를 위해 표준기저와 같이 손쉬운 기저에 대한 T의 행렬을 구해보는 것이 첫 번째 선택이 될 것이다. 그러나 일반적으로 표준기저에 대한 T의 행렬이 대각행렬을 만들지는 못한다. 그래서 T의 행렬이 대각행렬이 되도록 처음에 선택한 기저를 변환하는 방법을 생각해보자. 다음 정리는 기저변환이 선형연산자 T의 행렬에 어떠한 영향을 미치는가를 보여주는 중요한 결과이다.

정리 5.7 유한차원 벡터공간 V의 두 기저 B, B'와 선형연산자 $T: V \to V$에 대하여 A를 기저 B에 대한 T의 행렬, A'를 기저 B'에 대한 T의 행렬이라 하면

$$A' = Q^{-1}AQ \tag{5.2}$$

이다. 여기서 Q는 기저 B'에서 B로의 추이행렬이다.

증명 편의를 위하여 $A\mathbf{u} = \mathbf{v}$의 관계를 $\mathbf{u} \xrightarrow{A} \mathbf{v}$로 표시하겠다.

A는 기저 B에 대한 T의 행렬이고 A'는 기저 B'에 대한 T의 행렬이므로 V의 모든 $\mathbf{x}$에 대하여 다음의 관계가 성립한다.

$$A[\mathbf{x}]_B = [T(\mathbf{x})]_B, \quad A'[\mathbf{x}]_{B'} = [T(\mathbf{x})]_{B'}$$

이것은 다음과 같이 쓸 수 있다.

$$\begin{aligned} &[\mathbf{x}]_B \xrightarrow{A} [T(\mathbf{x})]_B \\ &[\mathbf{x}]_{B'} \xrightarrow{A'} [T(\mathbf{x})]_{B'} \end{aligned} \tag{5.6}$$

행렬 A와 A'의 관련성을 보이기 위하여 Q를 B'에서 B로의 추이행렬이라 하자. 그러면 Q^{-1}는 B에서 B'로의 추이행렬이 된다. 그러므로

$$Q[\mathbf{x}]_{B'} = [\mathbf{x}]_B, \quad Q^{-1}[T(\mathbf{x})]_B = [T(\mathbf{x})]_{B'}$$

이고 다음과 같이 표시될 수 있다.

$$\begin{aligned} &[\mathbf{x}]_{B'} \xrightarrow{Q} [\mathbf{x}]_B \\ &[T(\mathbf{x})]_B \xrightarrow{Q^{-1}} [T(\mathbf{x})]_{B'} \end{aligned} \tag{5.7}$$

식 (5.6)과 식 (5.7)의 관계는 다음과 같은 간단한 그림으로 나타낼 수 있다.

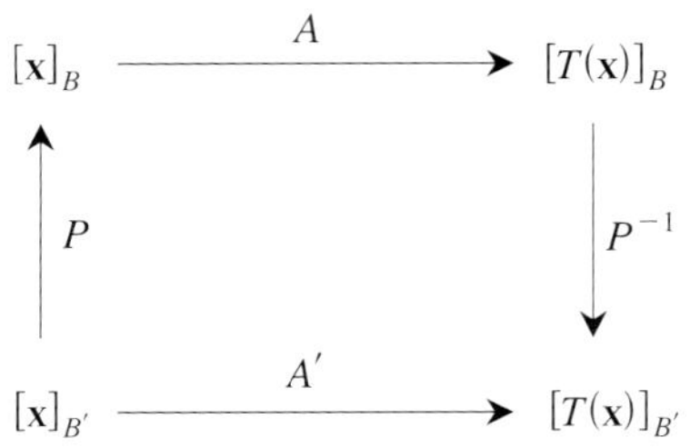

[그림 5.2]

[그림 5.2]는 행렬 $[\mathbf{x}]_{B'}$에서 행렬 $[T(\mathbf{x})]_{B'}$를 구하는 두 가지 방법을 제시하고 있다.

(1) 제1방법 : [그림 5.2]에서 맨 아래의 화살표 방향을 택한다. 즉,

$$A'[\mathbf{x}]_{B'} = [T(\mathbf{x})]_{B'}.$$

(2) 제2방법 : [그림 5.2]에서 좌변으로 올라가서 윗부분을 가로질러 우변으로 내려온다(화살표방향).

$$Q^{-1}AQ[\mathbf{x}]_{B'} = [T(\mathbf{x})]_{B'}.$$

위의 (1), (2)의 방법을 비교하면 V의 모든 $\mathbf{x}$에 대하여

$$Q^{-1}AQ[\mathbf{x}]_{B'} = A'[\mathbf{x}]_{B'}$$

이고 연습문제10 (2)를 이용하면 $A' = Q^{-1}AQ$임을 알 수 있다. ∎

정의 5.6 ••• A, B는 같은 크기의 정방행렬이고, 적당한 가역행렬 P가 존재하여 $B = P^{-1}AP$를 만족하면 B는 A와 상사(similarity)라 한다. $P^{-1} = Q$라 하면 $A = Q^{-1}BQ$가 된다. 즉, A는 B와 상사이다. 따라서 간단히 A와 B는 상사라 한다.

참고 정리 5.7의 두 행렬 A와 A'는 상사이다.

예제 5.15

$T : \mathbf{R}^2 \to \mathbf{R}^2$는 $T\left(\begin{bmatrix} x \\ y \end{bmatrix}\right) = \begin{bmatrix} x + y \\ -2x + 4y \end{bmatrix}$로 정의된 선형변환일 때, 기저 $B = \{\mathbf{e}_1, \mathbf{e}_2\}$에 대한 T의 행렬 A를 구하고 추이행렬을 이용하여 기저 $B' = \{\mathbf{u}_1, \mathbf{u}_2\}$에 대한 T의 행렬 A'를 구하여라. 단, $\mathbf{e}_1 = \begin{bmatrix} 1 \\ 0 \end{bmatrix}$, $\mathbf{e}_2 = \begin{bmatrix} 0 \\ 1 \end{bmatrix}$, $\mathbf{u}_1 = \begin{bmatrix} 1 \\ 1 \end{bmatrix}$, $\mathbf{u}_2 = \begin{bmatrix} 1 \\ 2 \end{bmatrix}$.

풀이 •••

$T(\mathbf{e}_1) = \begin{bmatrix} 1 \\ -2 \end{bmatrix}$, $T(\mathbf{e}_2) = \begin{bmatrix} 1 \\ 4 \end{bmatrix}$이므로 기저 B에 대한 T의 행렬은 $A = \begin{bmatrix} 1 & 1 \\ -2 & 4 \end{bmatrix}$이다. 기저 B'에 대한 T의 행렬 A'를 구하려면 B'에서 B로의 추이행렬이 필요하다.

$$\mathbf{u}_1 = \mathbf{e}_1 + \mathbf{e}_2,\ \mathbf{u}_2 = \mathbf{e}_1 + 2\mathbf{e}_2$$

이므로

$$[\mathbf{u}_1]_B = \begin{bmatrix} 1 \\ 1 \end{bmatrix}, \quad [\mathbf{u}_2]_B = \begin{bmatrix} 1 \\ 2 \end{bmatrix}$$

이다. 따라서 B'에서 B로의 추이행렬 Q와 Q^{-1}는 다음과 같다.

$$Q = \begin{bmatrix} 1 & 1 \\ 1 & 2 \end{bmatrix}, \quad Q^{-1} = \begin{bmatrix} 2 & -1 \\ -1 & 1 \end{bmatrix}$$

따라서 기저 B'에 대한 T의 행렬은 다음과 같다.

$$A' = Q^{-1}AQ = \begin{bmatrix} 2 & -1 \\ -1 & 1 \end{bmatrix}\begin{bmatrix} 1 & 1 \\ -2 & 4 \end{bmatrix}\begin{bmatrix} 1 & 1 \\ 1 & 2 \end{bmatrix} = \begin{bmatrix} 2 & 0 \\ 0 & 3 \end{bmatrix}$$

예제 5.15는 벡터공간의 표준기저에 대한 선형연산자 T의 행렬(T의 표준행렬)이 대각행렬을 되지 못함을 보여준다. 즉, 이 예제에서 T의 표준행렬 $A = \begin{bmatrix} 1 & 1 \\ -2 & 4 \end{bmatrix}$는 구조에 있어서 기저 B'에 대한 T의 행렬 $\begin{bmatrix} 2 & 0 \\ 0 & 3 \end{bmatrix}$ 만큼 간단하지 않다. 주어진 선형연산자 T의 행렬이 대각행렬이 되도록 기저를 선택하면 계산이 용이해지기 때문에 대각행렬을 만드는 기저를 어떻게 구하는가 하는 의문이 생김은 당연하다. 이러한 의문에 대한 해법은 다음 장에서 알아보겠다. 이 장을 마치기 전에 응용의 예를 한 가지 더 들어 보자.

예제 5.16

$T : P_1 \to P_1$는 $T(ax+b) = (4a-2b)x + (a+b)$로 정의된 선형변환일 때, P_1의 표준기저 $B = \{1, x\}$에 대한 T의 행렬 A와 추이행렬을 이용하여 기저 $B' = \{\mathbf{u}_1, \mathbf{u}_2\}$에 대한 T의 행렬 A'를 구하여라. 단, $\mathbf{u}_1 = x+1$, $\mathbf{u}_2 = 2x+1$.

풀이

$T(1) = \begin{bmatrix} 1 \\ -2 \end{bmatrix}$, $T(x) = \begin{bmatrix} 1 \\ 4 \end{bmatrix}$이므로 $[T(1)]_B = \begin{bmatrix} 1 \\ -2 \end{bmatrix}$, $[T(x)]_B = \begin{bmatrix} 1 \\ 4 \end{bmatrix}$이다. 따라서 기저 B에 대한 T의 행렬은 $A = \begin{bmatrix} 1 & 1 \\ -2 & 4 \end{bmatrix}$이다. 기저 B'에 대한 T의 행렬 A'를 구하려면 B'에서 B로의 추이행렬이 필요하다.

$$\mathbf{u}_1 = x+1, \quad \mathbf{u}_2 = 2x+1$$

이므로

$$[\mathbf{u}_1]_B = \begin{bmatrix} 1 \\ 1 \end{bmatrix},\ [\mathbf{u}_2]_B = \begin{bmatrix} 1 \\ 2 \end{bmatrix}$$

이다. 따라서 B'에서 B로의 추이행렬 Q와 Q^{-1}는 다음과 같다.

$$Q = \begin{bmatrix} 1 & 1 \\ 1 & 2 \end{bmatrix},\ Q^{-1} = \begin{bmatrix} 2 & -1 \\ -1 & 1 \end{bmatrix}$$

따라서 기저 B'에 대한 T의 행렬 A'는 다음과 같다.

$$A' = Q^{-1}AQ = \begin{bmatrix} 2 & -1 \\ -1 & 1 \end{bmatrix}\begin{bmatrix} 1 & 1 \\ -2 & 4 \end{bmatrix}\begin{bmatrix} 1 & 1 \\ 1 & 2 \end{bmatrix} = \begin{bmatrix} 2 & 0 \\ 0 & 3 \end{bmatrix}$$

연습문제 5.3

1. 선형변환 $T : \boldsymbol{R}^3 \to \boldsymbol{R}^2$가 $T(\mathbf{e}_1) = (1,\ 1)$, $T(\mathbf{e}_2) = (3,\ 0)$, $T(\mathbf{e}_3) = (4,\ -7)$로 정의될 때, T의 표준행렬 A를 구하여라.

2. $T : \boldsymbol{R}^3 \to \boldsymbol{R}^3$가 다음과 같이 정의될 때, 다음 물음에 답하여라.

$$T\left(\begin{bmatrix} x \\ y \\ z \end{bmatrix}\right) = \begin{bmatrix} x-y \\ y-x \\ x-z \end{bmatrix}$$

(1) T의 표준행렬 A를 구하여라.

(2) A를 이용하여 $T(2,\ 0,\ 0)$을 구하여라.

(3) 기저 $B = \{\mathbf{v}_1,\ \mathbf{v}_2,\ \mathbf{v}_3\}$에 대한 T의 행렬 C를 구하여라.

단, $\mathbf{v}_1 = \begin{bmatrix} 1 \\ 0 \\ 1 \end{bmatrix},\ \mathbf{v}_2 = \begin{bmatrix} 0 \\ 1 \\ 1 \end{bmatrix},\ \mathbf{v}_3 = \begin{bmatrix} 1 \\ 1 \\ 0 \end{bmatrix}$.

(4) C를 이용하여 $T(2,\ 0,\ 0)$을 구하여라.

3. $T : V \to V$가 축소(또는 확장)변환이면 모든 V의 기저에 대한 T의 행렬은 대각행렬임을 보여라.

4. $T : \boldsymbol{R}^3 \to \boldsymbol{R}^3$는 $T\left(\begin{bmatrix} x \\ y \\ z \end{bmatrix}\right) = \begin{bmatrix} x+2y-z \\ -y \\ x+7y \end{bmatrix}$로 정의되고 B는 $\boldsymbol{R}^3$의 표준기저이고, $B' = \{\mathbf{v}_1, \mathbf{v}_2, \mathbf{v}_3\}$일 때, 다음 물음에 답하여라. 단, $\mathbf{v}_1 = \begin{bmatrix} 1 \\ 0 \\ 0 \end{bmatrix}$, $\mathbf{v}_2 = \begin{bmatrix} 1 \\ 1 \\ 0 \end{bmatrix}$, $\mathbf{v}_3 = \begin{bmatrix} 1 \\ 1 \\ 1 \end{bmatrix}$.
   (1) $\boldsymbol{R}^3$의 표준기저 $B = \{\mathbf{e}_1, \mathbf{e}_2, \mathbf{e}_3\}$에 대한 T의 행렬을 구하여라.
   (2) 기저 B'에 대한 T의 행렬을 구하여라.

5. $T : \boldsymbol{R}^2 \to \boldsymbol{R}^2$가 선형변환이고 $\boldsymbol{R}^2$의 기저는 $B = \{\mathbf{v}_1, \mathbf{v}_2\}$이다. $A = \begin{bmatrix} 1 & 3 \\ -2 & 5 \end{bmatrix}$를 기저 B에 대한 T의 행렬이라 할 때, 다음 물음에 답하여라. 단, $\mathbf{v}_1 = \begin{bmatrix} 1 \\ 3 \end{bmatrix}$, $\mathbf{v}_2 = \begin{bmatrix} -1 \\ 4 \end{bmatrix}$.
   (1) $[T(\mathbf{v}_1)]_B$와 $[T(\mathbf{v}_2)]_B$를 구하여라.
   (2) $T(\mathbf{v}_1)$과 $T(\mathbf{v}_2)$를 구하여라.
   (3) $T\left(\begin{bmatrix} 1 \\ 10 \end{bmatrix}\right)$을 구하여라.

6. $T : P_2 \to P_2$는 선형변환이고 $B = \{\mathbf{v}_1, \mathbf{v}_2, \mathbf{v}_3\}$은 P_2의 기저이다.
   $A = \begin{bmatrix} 1 & 3 & -1 \\ 2 & 5 & 0 \\ 6 & -2 & 4 \end{bmatrix}$를 기저 B에 대한 T의 행렬이라 할 때, 다음 물음에 답하여라.
   단, $\mathbf{v}_1 = 3x + 3x^2$, $\mathbf{v}_2 = -1 + 3x + 2x^2$, $\mathbf{v}_3 = 3 + 7x + 2x^2$.
   (1) $[T(\mathbf{v}_1)]_B$, $[T(\mathbf{v}_2)]_B$, $[T(\mathbf{v}_3)]_B$를 구하여라.
   (2) $T(\mathbf{v}_1)$, $T(\mathbf{v}_2)$, $T(\mathbf{v}_3)$를 구하여라.
   (3) $T(1 + x^2)$을 구하여라.

7. $B = \{\mathbf{v}_1, \mathbf{v}_2, \mathbf{v}_3, \mathbf{v}_4\}$는 벡터공간 V의 한 기저이고 T는 $T(\mathbf{v}_1) = \mathbf{v}_2$, $T(\mathbf{v}_2) = \mathbf{v}_3$, $T(\mathbf{v}_3) = \mathbf{v}_4$, $T(\mathbf{v}_4) = \mathbf{v}_1$으로 정의된 선형연산자일 때, 기저 B에 대한 T의 행렬을 구하여라.

8. 행렬 A와 B가 상사일 때, 다음 물음에 답하여라.
   (1) A^2과 B^2은 상사임을 보여라.
   (2) k가 임의의 양의 정수이면 A^k과 B^k은 상사임을 보여라.

(3) $\det(A) = \det(B)$임을 보여라.

(4) $rank(A) = rank(B)$임을 보여라.

9. 행렬 $A = \begin{bmatrix} 2 & 1 \\ 3 & 1 \end{bmatrix}$은 직선 $y = 3x + 1$을 다른 직선으로 사상시킨다. 이 직선의 방정식을 구하여라.

10. $m \times n$행렬 C와 D에 대하여 다음 물음에 답하여라.

(1) $\boldsymbol{R}^n$의 모든 $\mathbf{x}$에 대하여 $C\mathbf{x} = D\mathbf{x}$이면 $C = D$이다.

(2) $B = \{\mathbf{v}_1, \mathbf{v}_2, \cdots, \mathbf{v}_n\}$는 어떤 벡터공간 V의 기저이고 V의 모든 $\mathbf{x}$에 대하여 $C[\mathbf{x}]_B = D[\mathbf{x}]_B$이면 $C = D$이다.

11. $D : P_2 \to P_2$는 미분연산자 $D(\mathbf{p}) = \mathbf{p}'$라 할 때, 다음 물음에 답하여라.

(1) 기저 $B = \{\mathbf{p}_1 = 1, \mathbf{p}_2 = x, \mathbf{p}_3 = x^2\}$에 대한 D의 행렬을 구하여라.

(2) 기저 $B' = \{\mathbf{p}_1 = 2, \mathbf{p}_2 = 2 - 3x, \mathbf{p}_3 = 2 - 3x + 8x^2\}$에 대한 D의 행렬을 구하여라.

(3) (1)에서 구한 행렬을 이용하여 $D(6 - 6x + 24x^2)$을 구하여라.

(4) (2)에서 구한 행렬을 이용하여 $D(6 - 6x + 24x^2)$을 구하여라.

12. $T : P_1 \to P_1$는 $T(a_0 + a_1 x) = a_0 + a_1(x+1)$로 정의되고 $B = \{\mathbf{p}_1, \mathbf{p}_2\}$, $B' = \{\mathbf{q}_1, \mathbf{q}_2\}$일 때, 다음 물음에 답하여라. 단, $\mathbf{p}_1 = 6 + 3x$, $\mathbf{p}_2 = 10 + 2x$, $\mathbf{q}_1 = 2$, $\mathbf{q}_2 = 3 + 2x$.

(1) 기저 B에 대한 T의 행렬을 구하여라.

(2) 정리 5.7을 이용하여 기저 B'에 대한 T의 행렬을 구하여라.

보충문제 5.3

01. $T : \boldsymbol{R}^2 \to \boldsymbol{R}^2$는 $T(x_1, x_2) = (2x_1 - 2x_2, -x_1 + 3x_2)$로 정의되고 $B' = \{(1, 0), (1, 1)\}$일 때, 다음 물음에 답하여라.

(1) T에 대한 표준행렬 A를 구하여라.

(2) 기저 B'에 대한 T의 행렬 A'를 구하여라.

답 (1) $A = \begin{bmatrix} 2 & -2 \\ -1 & 3 \end{bmatrix}$ (2) $A' = \begin{bmatrix} 3 & -2 \\ -1 & 2 \end{bmatrix}$

02. $T : \boldsymbol{R}^2 \to \boldsymbol{R}^2$가 선형변환이고, $\boldsymbol{R}^2$의 두 기저를 $B = \{(-3, 2), (4, -2)\}$와 $B' = \{(-1, 2), (2, -2)\}$라 하자. $A = \begin{bmatrix} -2 & 7 \\ -3 & 7 \end{bmatrix}$가 기저 B에 대한 T의 행렬일 때, 다음 물음에 답하여라.

(1) 기저 B'에서 B로의 추이행렬 Q를 구하여라.

(2) 기저 B'에 대한 T의 행렬 A'를 구하여라.

(3) $[\mathbf{v}]_{B'} = \begin{bmatrix} -3 \\ -1 \end{bmatrix}$일 때 $[\mathbf{v}]_B$와 $[T(\mathbf{v})]_B$를 구하여라.

답 (1) $Q = \begin{bmatrix} 3 & -2 \\ 2 & -1 \end{bmatrix}$ (2) $A' = \begin{bmatrix} 2 & 1 \\ -1 & 3 \end{bmatrix}$

(3) $[\mathbf{v}]_B = \begin{bmatrix} -7 \\ -5 \end{bmatrix}$, $[T(\mathbf{v})]_B = \begin{bmatrix} -21 \\ -14 \end{bmatrix}$

03. $T : \boldsymbol{R}^3 \to \boldsymbol{R}^3$가 선형변환이고, $\boldsymbol{R}^2$의 두 기저를 $B = \{(1, 1, 0), (1, 0, 1), (0, 1, 1)\}$와 $B' = \{(1, 0, 0), (0, 1, 0), (0, 0, 1)\}$라 하자. $A = \begin{bmatrix} \frac{3}{2} & -1 & -\frac{1}{2} \\ -\frac{1}{2} & 2 & \frac{1}{2} \\ \frac{1}{2} & 1 & \frac{5}{2} \end{bmatrix}$가 기저 B에

대한 T의 행렬일 때, 다음 물음에 답하여라.

(1) 기저 B'에서 B로의 추이행렬 Q를 구하여라.

(2) $[\mathbf{v}]_{B'} = \begin{bmatrix} 1 \\ 0 \\ -1 \end{bmatrix}$일 때 $[\mathbf{v}]_B$와 $[T(\mathbf{v})]_B$를 구하여라.

(3) 기저 B'에 대한 T의 행렬 A'를 구하여라.

답 (1) $Q = \begin{bmatrix} \frac{1}{2} & \frac{1}{2} & -\frac{1}{2} \\ \frac{1}{2} & -\frac{1}{2} & \frac{1}{2} \\ -\frac{1}{2} & \frac{1}{2} & \frac{1}{2} \end{bmatrix}$ (2) $[\mathbf{v}]_B = \begin{bmatrix} 1 \\ 0 \\ -1 \end{bmatrix}$, $[T(\mathbf{v})]_B = \begin{bmatrix} 2 \\ -1 \\ -2 \end{bmatrix}$

(3) $A' = \begin{bmatrix} 1 & 0 & 0 \\ 0 & 2 & 0 \\ 0 & 0 & 3 \end{bmatrix}$

04. $W = \{(x, y, z) \mid x - y + z = 0\}$가 유클리드 내적공간 $\boldsymbol{R}^3$의 한 부분공간이고, 선형변환 $T : \boldsymbol{R}^3 \to W$가 직교사영변환 즉, $T(\mathbf{u}) = \text{proj}_W \mathbf{u}$라 할 때, 다음 물음에 답하여라.

(1) W의 기저를 구하여라.

(2) (1)에서 구한 기저를 정규직교기저로 고쳐라.

(3) 선형변환 T에 대한 표준행렬 A를 구하여라.

답 (1) $\{(1, 1, 0), (-1, 0, 1)\}$

(2) $\left\{\left(\frac{1}{\sqrt{2}}, \frac{1}{\sqrt{2}}, 0\right), \left(-\frac{1}{\sqrt{6}}, \frac{1}{\sqrt{6}}, \frac{2}{\sqrt{6}}\right)\right\}$

(3) $A = \frac{1}{3}\begin{bmatrix} 2 & 1 & -1 \\ 1 & 2 & 1 \\ -1 & 1 & 2 \end{bmatrix}$

05. $T : P_1 \to P_1$ 는 $T(\mathbf{p}) = x \times \frac{d}{dx}\mathbf{p}$로 정의된 선형변환이다. P_1의 두 기저 $B = \{1, x\}$와 $B' = \{2, 2-3x\}$에 대하여 다음 물음에 답하여라.

(1) B에서 B'로의 추이행렬 P를 구하여라.

(2) 기저 B에 대한 T의 행렬 A를 구하여라.

(3) $Ker(T)$의 기저를 구하여라.

답 (1) $P = \begin{bmatrix} 1/2 & 1/3 \\ 0 & -1/3 \end{bmatrix}$ (2) $A = \begin{bmatrix} 0 & 0 \\ 0 & 1 \end{bmatrix}$

(3) $Ker(T)$의 기저 $=\{1\}$

06. $T: P_2 \to P_2$는 $T(p(x))=p(x)+\int_0^1 p(x)dx$로 정의된 선형변환이다. P_2의 기저 $B=\{1,\ 1+x,\ x+x^2\}$에 대하여 다음 물음에 답하여라.

(1) 기저 B에 대한 T의 행렬 A를 구하여라.

(2) T의 치역 $R(T)$의 기저와 차원을 구하여라.

답 (1) $A=\begin{bmatrix} 2 & \frac{3}{2} & \frac{5}{6} \\ 0 & 1 & 0 \\ 0 & 0 & 1 \end{bmatrix}$ (2) 기저 : $\{1,\ 1+x,\ x+x^2\}$, 차원 : 3

07. $T: P_2 \to P$가 선형변환이고 $A=\begin{bmatrix} 1 & 3 & 0 \\ 3 & 1 & 0 \\ 0 & 0 & -2 \end{bmatrix}$는 P_2의 표준기저에 대한 T의 행렬일 때, 기저 $B'=\{1+x,\ 1-x,\ x^2\}$에 대한 T의 행렬 A'를 구하여라.

답 $A'=\begin{bmatrix} 4 & 0 & 0 \\ 0 & -2 & 0 \\ 0 & 0 & -2 \end{bmatrix}$

08. 두 행렬 A와 B가 상사일 때, 다음 물음에 답하여라.

(1) A가 가역행렬이면 B도 가역행렬이다.

(2) A가 가역행렬이면 A^{-1}와 B^{-1}도 상사이다.

답 (1) $B=P^{-1}AP$ 즉, 가역행렬의 곱이므로 가역행렬이다.

(2) $A^{-1}=(Q^{-1}BQ)^{-1}=Q^{-1}B^{-1}Q$

09. $T: P_2 \to P_2$는 $T(p(x))=x^2+\frac{d}{dx}p(x)+6\left(\int_0^1 p(x)dx\right)$로 정의된 선형변환이다. B는 P_2의 표준기저이고, $B'=\left\{\frac{1}{3}+\frac{2}{3}x+\frac{2}{3}x^2,\ \frac{2}{3}-\frac{2}{3}x+\frac{1}{3}x^2,\ \frac{2}{3}+\frac{1}{3}x-\frac{2}{3}x^2\right\}$에 대하여 다음 물음에 답하여라.

(1) 기저 B'에서 B로의 추이행렬 Q를 구하여라.

(2) P_2의 기저 B에 대한 T의 행렬 A를 구하여라.

(3) 기저 B'에 대한 T의 행렬 A'를 구하여라.

답 (1) $Q=\frac{1}{3}\begin{bmatrix} 1 & 2 & 2 \\ 2 & -2 & 1 \\ 2 & 1 & -2 \end{bmatrix}$ (2) $A=\begin{bmatrix} 6 & 4 & 2 \\ 0 & 0 & 2 \\ 1 & 1 & 1 \end{bmatrix}$

(3) $A' = \begin{bmatrix} 4 & \frac{4}{3} & \frac{2}{3} \\ \frac{11}{3} & 1 & \frac{11}{3} \\ \frac{10}{3} & \frac{4}{3} & 2 \end{bmatrix}$

10. $T : P_1 \to \boldsymbol{R}^2$는 $T(p(x)) = \begin{bmatrix} \frac{d}{dx}p(x) \\ \int_0^1 p(x)dx \end{bmatrix}$로 정의된 선형변환일 때, P_1의 표준기저 $B = \{1, x\}$와 $\boldsymbol{R}^2$의 표준기저 $B' = \left\{ \begin{bmatrix} 1 \\ 0 \end{bmatrix}, \begin{bmatrix} 0 \\ 1 \end{bmatrix} \right\}$에 대한 T의 행렬 A를 구하여라.

답 $A = \begin{bmatrix} 0 & 1 \\ 1 & \frac{1}{2} \end{bmatrix}$

제 6 장 고유치와 고유벡터

선형대수학의 응용분야에서 $A\mathbf{x}=\lambda\mathbf{x}$라는 방정식을 자주 접하게 되는데 이 방정식이 비자명해 $\mathbf{x}$를 가질 때, λ를 행렬 A의 고유치, $\mathbf{x}$를 λ에 대한 A의 고유벡터라 한다. 고유치는 미분방정식의 해법에도 응용이 되는데 간단한 예는 7.1절에서 다루겠다. 1절에서는 고유치와 고유벡터를 정의하고, 2절과 3절에서는 고유치와 고유벡터를 이용해서 행렬을 대각화하는 방법에 대하여 알아본다.

6.1 고유치와 고유벡터

공학이나 수학 문제에서 선형변환 $T: V \to V$를 자주 접하게 되는데 이 때 $\mathbf{x}$에 대한 방정식 $T(\mathbf{x}) = \lambda\mathbf{x}$가 $\mathbf{0}$이 아닌 해를 갖기 위한 실수 λ를 결정하는 것이 대단히 중요하다(다음 절에서 λ가 행렬을 대각화하는데 결정적인 역할을 한다는 것을 알 수 있을 것이다). 유한차원 벡터공간에서 유한차원 벡터공간으로의 모든 선형변환은 행렬에 의한 곱으로 문제를 간단히 해결할 수 있으므로 선형변환의 연구 대상은 결국 행렬이 된다. 이 절에서는 선형변환의 고유치, 고유벡터와 관계된 내용을 행렬의 고유치, 고유벡터에 대한 내용으로 바꾸는 것에 대하여 알아보자. 이를 위하여 먼저 행렬의 고유치와 고유벡터에 대해 알아보자.

정의 6.1 A가 n차 정방행렬이고 $\boldsymbol{R}^n$의 벡터 $\mathbf{x}(\neq \mathbf{0})$에 대하여 $A\mathbf{x} = \lambda\mathbf{x}$일 때, λ를 행렬 A의 고유치(eigenvalue)라 하고, 벡터 $\mathbf{x}$를 고유치 λ에 대한 행렬 A의 고유벡터(eigenvector)라고 부른다. (그림 6.1).

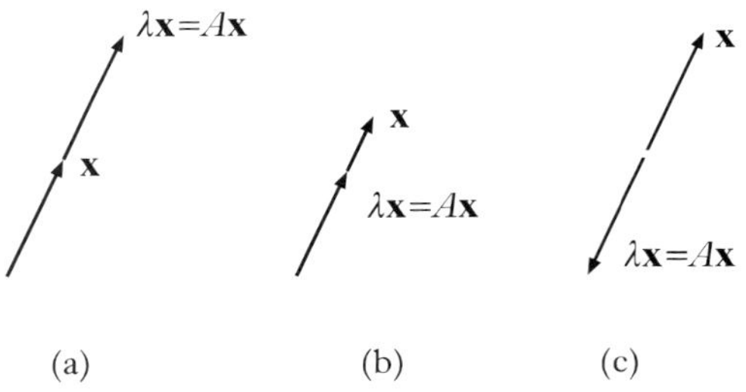

[그림 6.1]

예제 6.1

행렬 $A = \begin{bmatrix} 2 & 1 \\ 1 & 2 \end{bmatrix}$의 고유치와 각 고유치에 대한 A의 고유벡터를 구하여라.

풀이 • • •

실수 λ에 대해 $A\begin{bmatrix}x\\y\end{bmatrix}=\lambda\begin{bmatrix}x\\y\end{bmatrix}$라고 하자. 이 행렬방정식을 동차연립방정식의 형태로 고치면 $\begin{cases}(2-\lambda)x+y=0\\x+(2-\lambda)y=0\end{cases}$이 된다. 이제 이 연립방정식이 비자명해 $\begin{bmatrix}x\\y\end{bmatrix}$를 갖도록 λ의 값을 구하고, 각 λ에 대한 해 $\mathbf{x}=\begin{bmatrix}x\\y\end{bmatrix}$를 구하자.

이 연립방정식이 비자명해를 가질 조건은 $\begin{vmatrix}2-\lambda & 1\\1 & 2-\lambda\end{vmatrix}=0$이므로 $\lambda=1$, $\lambda=3$이 된다 (정리 4.14). 따라서 행렬 A의 고유치는 $\lambda=1$, $\lambda=3$이다.

$\lambda=1$이면 연립방정식은 $\begin{cases}x+y=0\\x+y=0\end{cases}$이므로 비자명해는 다음과 같다.

$$\mathbf{x}=k\begin{bmatrix}1\\-1\end{bmatrix},\ k\neq0$$

따라서 $\lambda=1$에 대한 A의 고유벡터는 $k\begin{bmatrix}1\\-1\end{bmatrix}$, $k\neq0$이다.

$\lambda=3$이면 연립방정식은 $\begin{cases}y-x=0\\x-y=0\end{cases}$이므로 비자명해는 다음과 같다.

$$\mathbf{x}=l\begin{bmatrix}1\\1\end{bmatrix},\ l\neq0$$

따라서 $\lambda=3$에 대한 A의 고유벡터는 $l\begin{bmatrix}1\\1\end{bmatrix}$, $l\neq0$이다.

예제 6.1에서 A의 고유치를 구하기 위하여 $A\mathbf{x}=\lambda\mathbf{x}$를 풀었다. 이 식을 고쳐 쓰면 $A\mathbf{x}=\lambda I\mathbf{x}$ 또는

$$(A-\lambda I)\mathbf{x}=\mathbf{0} \tag{6.1}$$

이 된다. λ가 A의 고유치가 되기 위해서는 식 (6.1)이 비자명해 $\mathbf{x}$를 가져야 한다. 그런데 정리 4.14에 의하면 식 (6.1)은 $\det(A-\lambda I)=0$일 때 비자명해 $\mathbf{x}$를 가진다. 이때 $\det(A-\lambda I)=0$을 A의 **고유방정식**(characteristic equation)이라 부른다. 또한, 이 방정식을 만족하는 실수 λ는 A의 고유치가 된다. λ에 대한 다항식 $f(\lambda)=\det(A-\lambda I)$를 A의 **고유다항식**(characteristic polynomial)이라 부르고 $(A-\lambda I)\mathbf{x}=\mathbf{0}$의 해공간을 고유치 λ에 대한 A의 **고유공간**(eigenspace)이라 한다. 예제 6.1에서 고유치 $\lambda=1$에 대한 고유벡터는 $k\begin{bmatrix}1\\-1\end{bmatrix}$, $k\neq0$이었고, 고유치 $\lambda=3$에 대한 고유벡터는 $l\begin{bmatrix}1\\1\end{bmatrix}$, $l\neq0$이었다. 따라서 고유치 $\lambda=1$에 대한 A의 고유공간은 집합 $\left\{\begin{bmatrix}1\\-1\end{bmatrix}\right\}$로 생성되고, $\left\{\begin{bmatrix}1\\-1\end{bmatrix}\right\}$을 고유치 $\lambda=1$에

대한 A의 고유공간의 기저라고 말한다. 고유치 $\lambda=3$에 대한 A의 고유공간의 기저는 $\left\{\begin{bmatrix}1\\1\end{bmatrix}\right\}$이다.

예제 6.1에서는 방정식의 조건을 만족시키는 실수 λ를 구할 수 있었지만 이러한 실수 λ가 항상 존재하는 것은 아니다. 다음 예제는 조건을 만족시키는 실수 λ가 존재하지 않는 경우이고 이 경우에 주어진 행렬의 고유치는 없다고 말한다.

예제 6.2

$A=\begin{bmatrix}-2 & -1\\ 5 & 2\end{bmatrix}$의 고유치를 구하여라(고유치가 없는 경우).

풀이

$\det(A-\lambda I)=(\lambda+2)(\lambda-2)+5=\lambda^2+1=0$이므로 이를 만족하는 실수 λ는 없다. 따라서 A의 고유치는 없다.

문제에 따라서 조건을 만족시키는 고유치 λ가 중근인 경우가 있는데, 고유치 λ가 고유방정식의 r–중근일 때 r을 고유치 λ의 **중복도**라 한다. 다음 두 예제에서 중복도가 각각 2, 3인 경우에 대하여 살펴보자.

예제 6.3

$A=\begin{bmatrix}3 & -2 & 0\\ -2 & 3 & 0\\ 0 & 0 & 5\end{bmatrix}$의 고유치와 각 고유치에 대한 A의 고유공간의 기저를 구하여라 (중복도가 2인 경우).

풀이

A의 고유방정식은 $(\lambda-1)(\lambda-5)^2=0$이므로 A의 고유치는 $\lambda=1$, $\lambda=5$(중근)이다. λ에 대한 A의 고유공간은 $(A-\lambda I)\mathbf{x}=\mathbf{0}$의 해공간이다. $\lambda=5$(중근)일 때 $(A-5I_3)\mathbf{x}=\mathbf{0}$를 연립방정식의 형태로 고쳐 쓰면 다음과 같다.

$$\begin{aligned}-2x-2y&=0\\-2x-2y&=0\end{aligned}$$

이 연립방정식에서 $y=s$, $z=t\,(s,\ t\in \boldsymbol{R})$이라 두면 $x=-s$이므로 해는

$$\mathbf{x}=\begin{bmatrix}-s\\s\\t\end{bmatrix}=s\begin{bmatrix}-1\\1\\0\end{bmatrix}+t\begin{bmatrix}0\\0\\1\end{bmatrix}\quad(s,\ t\in\boldsymbol{R})$$

이고 집합 $\left\{\begin{bmatrix}-1\\1\\0\end{bmatrix},\ \begin{bmatrix}0\\0\\1\end{bmatrix}\right\}$은 1차 독립이다. 따라서 $\lambda=5$(중근)에 대한 A의 고유공간의 기저는 $\left\{\begin{bmatrix}-1\\1\\0\end{bmatrix},\ \begin{bmatrix}0\\0\\1\end{bmatrix}\right\}$이다.

$\lambda=1$일 때 $(A-I_3)\mathbf{x}=\mathbf{0}$를 연립방정식의 형태로 고쳐 쓰면 다음과 같다.

$$\begin{aligned}2x-2y\quad&=0\\-2x+2y\quad&=0\\4z&=0\end{aligned}$$

이 연립방정식에서 $y=s(s\in\boldsymbol{R})$라 두면 $x=s$가 되어 해는

$$\mathbf{x}=\begin{bmatrix}s\\s\\0\end{bmatrix}=s\begin{bmatrix}1\\1\\0\end{bmatrix}\quad(s\in\boldsymbol{R})$$

이다. 따라서 $\lambda=1$에 대한 A의 고유공간의 기저는 $\left\{\begin{bmatrix}1\\1\\0\end{bmatrix}\right\}$이다.

예제 6.4

$A=\begin{bmatrix}4&-6&-2\\1&-1&-1\\-1&3&3\end{bmatrix}$의 고유치와 각 고유치에 대한 A의 고유공간의 기저를 구하여라(고유치의 중복도가 3인 경우).

풀이 • • •

A의 고유방정식은 $-(\lambda-2)^3=0$이다. 그러므로 A의 고유치는 $\lambda=2$(3중근)이다. λ에 대한 A의 고유공간은 $(A-\lambda I)\mathbf{x}=\mathbf{0}$의 해공간이다. $\lambda=2$(3중근)일 때 $(A-2I_3)\mathbf{x}=\mathbf{0}$를 연립방정식의 형태로 고쳐 쓰면 $x-3y-z=0$이 되므로 $y=s,\ z=t(s,\ t\in\boldsymbol{R})$라 두면 $x=3s+t$가 되어 해는

$$\mathbf{x}=\begin{bmatrix}3s+t\\s\\t\end{bmatrix}=s\begin{bmatrix}3\\1\\0\end{bmatrix}+t\begin{bmatrix}1\\0\\1\end{bmatrix}\quad(s,\ t\in\boldsymbol{R})$$

이고 $\left\{\begin{bmatrix}3\\1\\0\end{bmatrix}, \begin{bmatrix}1\\0\\1\end{bmatrix}\right\}$은 1차 독립이다. 따라서 $\lambda=2$(3중근)에 대한 A의 고유공간의 기저는 $\left\{\begin{bmatrix}3\\1\\0\end{bmatrix}, \begin{bmatrix}1\\0\\1\end{bmatrix}\right\}$이다.

다음 정리는 지금까지 언급한 내용을 요약 정리한 것이다.

정리 6.1 A가 n차 정방행렬이면 다음은 동치이다.

(1) λ는 A의 고유치이다.

(2) 연립방정식 $(A-\lambda I)\mathbf{x}=\mathbf{0}$는 비자명해를 갖는다.

(3) $\boldsymbol{R}^n$에 $\mathbf{0}$이 아닌 벡터 $\mathbf{x}$가 존재하여 $A\mathbf{x}=\lambda\mathbf{x}$를 만족한다.

(4) λ는 고유방정식 $\det(A-\lambda I)=0$의 실수해이다.

대수학의 기본정리(복소수 계수의 n차 방정식은 n개의 복소수근을 가진다)에 의하면 n차 방정식은 복소수근과 중근까지 고려하면 n개의 근을 가져야 하므로 n차 정방행렬 A의 고유치는 복소수 범위에서 중복도를 고려하면 n개가 존재한다. 실제로 많은 공학문제에서는 고유치가 복소수인 경우도 고려하고 있다. n차 정방행렬 A의 고유치가 $\lambda_1, \lambda_2, \cdots, \lambda_n$(중근과 복소수근 포함)이면 $\det(A)=\lambda_1\lambda_2\cdots\lambda_n$이 된다(연습문제 7). 그러므로 행렬 A의 고유치에 0이 포함되기 위한 필요충분조건은 $\det(A)=0$이 된다.

고유벡터와 고유치는 행렬뿐 아니라 선형변환에서도 정의할 수 있다. 벡터공간 V의 영벡터가 아닌 벡터 $\mathbf{x}$에 대하여 $T(\mathbf{x})=\lambda\mathbf{x}$를 만족하면 실수 λ를 **선형변환 $T: V\rightarrow V$의 고유치**라 부른다. 행렬의 경우와 마찬가지로 I가 항등변환일 때 λ에 대한 **T의 고유벡터**는 $Ker(T-\lambda I)$의 영벡터가 아닌 벡터이다. 벡터공간 $Ker(T-\lambda I)$를 **λ에 대한 T의 고유공간**이라 부른다.

V가 유한차원 벡터공간이고 A가 V의 임의의 기저 B에 대한 T의 행렬이라 하자. 선형변환 $T: V\rightarrow V$는 $[T(\mathbf{x})]_B=A[\mathbf{x}]_B$임을 5.3절에서 살펴보았다. 만일 λ가 T의 고유치이면 좌표행렬변환은 선형변환이므로 $[\lambda\mathbf{x}]_B=\lambda[\mathbf{x}]_B$이다. 따라서 다음 식이 성립한다.

$$[T(\mathbf{x})]_B=[\lambda\mathbf{x}]_B=\lambda[\mathbf{x}]_B=A[\mathbf{x}]_B$$

즉, T의 고유치는 행렬 A의 고유치이며, 벡터 $\mathbf{x}$가 λ에 대한 T의 고유벡터이기 위한 필요충분조건은 좌표행렬 $[\mathbf{x}]_B$가 λ에 대한 A의 고유벡터이다.

따라서 다음과 같은 정리를 얻을 수 있다.

정리 6.2 유한차원 벡터공간 V와 V의 임의의 기저 B에 대한 T의 행렬 A에 대하여 다음이 성립한다.

(1) T의 고유치는 A의 고유치이다.

(2) 벡터 $\mathbf{x}$가 λ에 대한 T의 고유벡터일 필요충분조건은 $\mathbf{x}$의 좌표행렬 $[\mathbf{x}]_B$가 λ에 대한 A의 고유벡터이다.

다음 예제는 정리 6.2를 적용하여 선형변환 T의 고유치와 고유공간의 기저를 구하는 예이다.

예제 6.5

$T(a+bx+cx^2)=(3a-2b)+(-2a+3b)x+(5c)x^2$으로 정의된 선형변환 $T: P_2 \to P_2$의 고유치와 각 고유치에 대한 T의 고유공간의 기저를 구하여라.

풀이 • • •

P_2의 기저를 표준기저 $B=\{1, x, x^2\}$로 택하자(물론, 다른 기저를 선택해도 되지만 풀이가 복잡해진다).

$$[T(1)]_B=\begin{bmatrix}3\\-2\\0\end{bmatrix},\ [T(x)]_B=\begin{bmatrix}-2\\3\\0\end{bmatrix},\ [T(x^2)]_B=\begin{bmatrix}0\\0\\5\end{bmatrix}$$

이므로 표준기저 B에 대한 T의 행렬은

$$A=\begin{bmatrix}3 & -2 & 0\\-2 & 3 & 0\\0 & 0 & 5\end{bmatrix}$$

이다. 행렬 A의 고유치는 예제 6.3에서 $\lambda=1, 5$(중근)임을 알았다. 그러므로 정리 6.2에 의하여 T의 고유치는 $\lambda=1, 5$(중근)이다. 그리고 $\lambda=5$에 대한 A의 고유공간의 기저는 $\left\{\begin{bmatrix}-1\\1\\0\end{bmatrix}, \begin{bmatrix}0\\0\\1\end{bmatrix}\right\}$이므로 T의 고유공간의 기저는 $\{-1+x, x^2\}$이다. 같은 방법으로 $\lambda=1$에 대한 T의 고유공간의 기저를 구하면 $\{1+x\}$이다.

연습문제 6.1

1. $A=\begin{bmatrix} 1 & 1 \\ 1 & 1 \end{bmatrix}$의 고유치와 각 고유치에 대한 A의 고유공간의 기저를 구하여라.

2. $T: P_1 \to P_1$은 $T(a_0+a_1x)=a_0+(6a_0-a_1)x$로 정의되는 선형변환일 때, T의 고유치와 각 고유치에 대한 T의 고유공간의 기저를 구하여라.

3. $T: P_1 \to P_1$는 $T(a+bx)=a-2b+(2b-3a)x$로 정의되는 선형변환이고 P_1의 기저를 $B=\{1, x\}$라 할 때, 다음 물음에 답하여라.
   (1) 기저 B에 대한 T의 행렬 A를 구하여라.
   (2) T의 고유치를 구하여라.
   (3) 각 고유치에 대한 A의 고유공간의 기저를 구하여라.
   (4) 각 고유치에 대한 T의 고유공간의 기저를 구하여라.

4. λ가 n차 정방행렬 A의 고유치이고, $\mathbf{x}$가 고유치 λ에 대한 A의 고유벡터이면 임의의 자연수 m에 대하여 λ^m은 A^m의 고유치이고 $\mathbf{x}$는 λ^m에 대한 A^m의 고유벡터임을 보여라.

5. λ가 n차 가역행렬 A의 고유치이고, $\mathbf{x}$가 λ에 대한 A의 고유벡터이면 λ^{-1}는 A^{-1}의 고유치이고, $\mathbf{x}$는 λ^{-1}에 대한 A^{-1}의 고유벡터임을 보여라.

6. 행렬 A의 고유치에 0이 포함되기 위한 필요충분조건은 $\det(A)=0$임을 보여라.

7. 행렬 A의 고유치가 $\lambda_1, \lambda_2, \cdots, \lambda_n$(중근과 복소수근 포함)이면 $\det(A)=\lambda_1\lambda_2\cdots\lambda_n$임을 보여라.

8. n차 정방행렬 A와 A^T의 고유치는 같음을 보여라.

9. 삼각행렬의 고유치는 주대각선상의 원들임을 보여라.

10. 연습문제 4, 9의 결과를 이용하여 A^9의 고유치를 구하여라.

    단, $A=\begin{bmatrix} 1 & 3 & 7 & 11 \\ 0 & -1 & 3 & 8 \\ 0 & 0 & -2 & 4 \\ 0 & 0 & 0 & 2 \end{bmatrix}$.

11. λ를 선형변환 $T: V \rightarrow V$의 고유치라 하자. λ에 대한 T의 고유벡터는 $Ker(T-\lambda I)$의 $\mathbf{0}$이 아닌 벡터임을 보여라. 단, I는 항등변환이다.

12. 선형변환 $T: M_{22} \rightarrow M_{22}$가 $T\left(\begin{bmatrix} a & b \\ c & d \end{bmatrix}\right)=\begin{bmatrix} 2c & a+c \\ b-2c & d \end{bmatrix}$로 정의될 때, 다음 물음에 답하여라.

    (1) T의 고유치를 구하여라.

    (2) 각 고유치에 대한 T의 고유공간의 기저를 구하여라.

보충문제 6.1

01. 다음 행렬들의 고유치와 각 고유치에 대한 고유공간의 기저와 차원을 구하여라.

(1) $\begin{bmatrix} 2 & 0 \\ 1 & 2 \end{bmatrix}$ (2) $\begin{bmatrix} 3 & -2 \\ -2 & 3 \end{bmatrix}$

(3) $\begin{bmatrix} 5 & 6 & 2 \\ 0 & -1 & -8 \\ 1 & 0 & -2 \end{bmatrix}$ (4) $\begin{bmatrix} 2 & 1 & 1 \\ 0 & 1 & -1 \\ 0 & 2 & 4 \end{bmatrix}$

(5) $\begin{bmatrix} 4 & -6 & -2 \\ 1 & -1 & -1 \\ -1 & 3 & 3 \end{bmatrix}$ (6) $\begin{bmatrix} 4 & 0 & 1 \\ -2 & 1 & 0 \\ -2 & 0 & 1 \end{bmatrix}$

답 (1) 고유치 $\lambda=2$,

$\lambda=2$에 대한 고유공간의 기저 $=\left\{\begin{bmatrix} 0 \\ 1 \end{bmatrix}\right\}$, 차원$=1$

(2) 고유치 $\lambda=1,\ 5$,

$\lambda=1$에 대한 고유공간의 기저 $=\left\{\begin{bmatrix} 1 \\ 1 \end{bmatrix}\right\}$, 차원$=1$

$\lambda=5$에 대한 고유공간의 기저 $=\left\{\begin{bmatrix} 1 \\ -1 \end{bmatrix}\right\}$, 차원$=1$

(3) 고유치 $\lambda=3,\ -4$,

$\lambda=3$에 대한 고유공간의 기저$=\left\{\begin{bmatrix} 5 \\ -2 \\ 1 \end{bmatrix}\right\}$, 차원$=1$

$\lambda=-4$에 대한 고유공간의 기저 $=\left\{\begin{bmatrix} -2 \\ \frac{8}{3} \\ 1 \end{bmatrix}\right\}$, 차원$=1$

(4) 고유치 $\lambda=2$(중근), 3,

$\lambda=3$에 대한 고유공간의 기저$=\left\{\begin{bmatrix} -1 \\ 1 \\ -2 \end{bmatrix}\right\}$, 차원$=1$

$\lambda=2$(중근)에 대한 고유공간의 기저 $=\left\{\begin{bmatrix}1\\0\\0\end{bmatrix}, \begin{bmatrix}0\\1\\-1\end{bmatrix}\right\}$, 차원$=2$

(5) 고유치 $\lambda=2$(삼중근),

$\lambda=2$(삼중근)에 대한 고유공간의 기저$=\left\{\begin{bmatrix}3\\1\\1\end{bmatrix}, \begin{bmatrix}1\\0\\1\end{bmatrix}\right\}$, 차원$=2$

(6) 고유치 $\lambda=1, 2, 3$,

$\lambda=1$에 대한 고유공간의 기저$=\left\{\begin{bmatrix}0\\1\\0\end{bmatrix}\right\}$, 차원$=1$

$\lambda=2$에 대한 고유공간의 기저 $=\left\{\begin{bmatrix}-\frac{1}{2}\\1\\1\end{bmatrix}\right\}$, 차원$=1$

$\lambda=3$에 대한 고유공간의 기저 $=\left\{\begin{bmatrix}-1\\1\\1\end{bmatrix}\right\}$, 차원$=1$

02. 두 행렬 A와 B가 상사이면 두 행렬의 고유치는 같음을 보여라.

답 행렬 A와 B가 상사이므로 적당한 가역행렬 P가 존재하여 $B=P^{-1}AP$이다.
행렬 A와 B의 고유다항식을 각각 $f_A(\lambda)$, $f_B(\lambda)$라 하면

$$\begin{aligned} f_B(\lambda) &= \det(B-\lambda I)=\det(P^{-1}AP-\lambda I)\\ &= \det(P^{-1}AP-P^{-1}\lambda IP)=\det(P^{-1}(A-\lambda I)P)\\ &= \det(P^{-1})\det(A-\lambda I)\det(P)\\ &= \det(A-\lambda I)=f_A(\lambda)\end{aligned}$$

즉, 두 행렬의 고유다항식이 같다. 따라서 두 행렬의 고유치는 같다.

03. $T: P_1 \to P_1$는 $T(a+bx)=a+2b+(2b+3a)x$로 정의된 선형변환이고 P_1의 기저를 $B=\{1, x\}$라 할 때, 다음 물음에 답하여라.

(1) 기저 B에 대한 T의 행렬 A를 구하여라.

(2) (1)에서 구한 행렬 A의 고유치를 모두 구하여라.

(3) 각 고유치에 대한 A의 고유공간의 기저를 구하여라.

(4) 각 고유치에 대한 T의 고유공간의 기저를 구하여라.

답 (1) $A=\begin{bmatrix}1 & 2\\3 & 2\end{bmatrix}$.

(2) 행렬 A의 고유치 $\lambda=-1, 4$.

(3) 고유치 $\lambda=-1$에 대한 A의 고유공간의 기저$=\left\{\begin{bmatrix}1\\-1\end{bmatrix}\right\}$,

고유치 $\lambda=4$에 대한 A의 고유공간의 기저$=\left\{\begin{bmatrix}2\\3\end{bmatrix}\right\}$.

(4) 고유치 $\lambda=-1$에 대한 T의 고유공간의 기저$=\{1-x\}$,

고유치 $\lambda=4$에 대한 T의 고유공간의 기저$=\{2+3x\}$.

04. 다음과 같이 정의된 선형변환 $T: P_2 \to P_2$에서 T의 고유치와 각 고유치에 대한 T의 고유공간의 기저를 구하여라(hint : P_2의 기저를 표준기저로 택하여라).

(1) $T(a+bx+cx^2)=2a+(a+3b)x+(-3a+5b+3c)x^2$

(2) $T(a+bx+cx^2)=3a-2b+(-2a+3b)x+5cx^2$

답 (1) P_2의 표준기저에 대한 T의 행렬 A의 고유치는 $\lambda=2$, 3(중근)이다.

$\lambda=3$(중근)에 대한 A의 고유공간의 기저는 $\left\{\begin{bmatrix}0\\0\\1\end{bmatrix}\right\}$이므로 고유치 $\lambda=3$(중근)에 대한 T의 고유공간의 기저는 $\{x^2\}$이다.

$\lambda=2$에 대한 A의 고유공간의 기저는 $\left\{\begin{bmatrix}1\\1\\1\end{bmatrix}\right\}$이므로 $\lambda=1$에 대한 T의 고유공간의 기저는 $\{1+x+x^2\}$이다.

(2) P_2의 표준기저에 대한 T의 행렬을 A라 하면 A의 고유치는 $\lambda=5$(중근), 1이다.

$\lambda=5$(중근)에 대한 A의 고유공간의 기저는 $\left\{\begin{bmatrix}-1\\1\\0\end{bmatrix}, \begin{bmatrix}0\\1\\1\end{bmatrix}\right\}$이므로 고유치 $\lambda=5$(중근)에 대한 T의 고유공간의 기저는 $\{-1+x, x^2\}$이다.

$\lambda=1$에 대한 A의 고유공간의 기저는 $\left\{\begin{bmatrix}1\\1\\0\end{bmatrix}\right\}$이므로 $\lambda=1$에 대한 T의 고유공간의 기저는 $\{1+x\}$이다.

6.2 대각화

이 절과 다음 절에서는 아래와 같은 문제들에 대하여 생각해보자.

문제 1 유한차원 벡터공간 V 위의 선형변환 $T: V \to V$가 주어졌을 때 기저 B에 대한 T의 행렬이 대각행렬이 되는 V의 기저 B가 존재하는가?

문제 2 유한차원 내적공간 V 위의 선형변환 $T: V \to V$가 주어졌을 때 기저 B'에 대한 T의 행렬이 대각행렬이 되는 V의 직교기저 B'가 존재하는가?

선형변환 $T: V \to V$와 어떤 기저 B에 대한 T의 행렬 A를 생각해보자. 문제1)은 V의 기저를 적당하게 바꾸면 새로운 기저 B'에 대한 T의 행렬 A'가 대각행렬이 되는가를 물어보는 것과 동치이다.

만약 V가 내적공간이고 V의 서로 다른 두 기저들이 정규직교기저이면 정리 5.5에 의해 추이행렬 Q는 직교행렬이다. 따라서 위의 문제들은 다음과 같이 행렬에 대한 내용으로 바꾸어 생각할 수 있다.

문제 1 정방행렬 A가 주어졌을 때 $Q^{-1}AQ$가 대각행렬이 되는 가역행렬 Q가 존재하는가?

문제 2 정방행렬 A가 주어졌을 때 $Q^{-1}AQ$가 대각행렬이 되는 직교행렬 Q가 존재하는가?

예제 5.15에서 정방행렬 A는 대각행렬이 아니지만 적당한 가역행렬 Q에 대하여 $Q^{-1}AQ$는 대각행렬이 되었다. 이 문제를 해결하기 위해서는 먼저 $Q^{-1}AQ$가 대각행렬이 되는 가역행렬 Q를 만들어 내는 것이 필요하다. 위 문제를 해결하기 위하여 몇 가지 용어의 정의를 알아보자.

정의 6.2 정방행렬 A에 대하여 $Q^{-1}AQ$가 대각행렬이 되는 가역행렬 Q가 존재하면 정방행렬 A는 **대각화 가능**(diagonalizable)하다고 하고 행렬 Q를 행렬 A의 **대각화 행렬**(diagonalization matrix)이라고 한다.

다음 정리는 행렬이 대각화 가능한 지를 판별하는 방법으로 이용될 수 있다.

정리 6.3 A가 n차 정방행렬이면 다음은 동치이다.

(1) A는 대각화 가능한 행렬이다.

(2) A는 n개의 1차 독립인 고유벡터들을 갖는다.

증명 (1) $\Rightarrow$ (2) A는 대각화 가능한 행렬이므로 적당한 가역행렬

$$Q=\begin{bmatrix} q_{11} & q_{12} & \cdots & q_{1n} \\ q_{21} & q_{22} & \cdots & q_{2n} \\ \vdots & \vdots & & \vdots \\ q_{n1} & q_{n2} & \cdots & q_{nn} \end{bmatrix}$$

가 존재해서 $Q^{-1}AQ$가 대각행렬이 된다. 즉, $Q^{-1}AQ=D$이다. 여기에서

$$D=\begin{bmatrix} \lambda_1 & 0 & \cdots & 0 \\ 0 & \lambda_2 & \cdots & 0 \\ \vdots & \vdots & & \vdots \\ 0 & 0 & \cdots & \lambda_n \end{bmatrix}$$

이다. 따라서 $AQ=QD$이다. 즉,

$$AQ=\begin{bmatrix} q_{11} & q_{12} & \cdots & q_{1n} \\ q_{21} & q_{22} & \cdots & q_{2n} \\ \vdots & \vdots & & \vdots \\ q_{n1} & q_{n2} & \cdots & q_{nn} \end{bmatrix}\begin{bmatrix} \lambda_1 & 0 & \cdots & 0 \\ 0 & \lambda_2 & \cdots & 0 \\ \vdots & \vdots & & \vdots \\ 0 & 0 & \cdots & \lambda_n \end{bmatrix} \tag{6.2}$$

$$=\begin{bmatrix} \lambda_1 q_{11} & \lambda_2 q_{12} & \cdots & \lambda_n q_{1n} \\ \lambda_1 q_{21} & \lambda_2 q_{22} & \cdots & \lambda_n q_{2n} \\ \vdots & \vdots & & \vdots \\ \lambda_1 q_{n1} & \lambda_2 q_{n2} & \cdots & \lambda_n q_{nn} \end{bmatrix}$$

이다. 이제 $\mathbf{q}_1, \mathbf{q}_2, \cdots, \mathbf{q}_n$을 행렬 Q의 열벡터라고 하면 식 (6.2)로부터 AQ의 열들은 $\lambda_1\mathbf{q}_1, \lambda_2\mathbf{q}_2, \cdots, \lambda_n\mathbf{q}_n$이다. 그런데 AQ의 열들은 $A\mathbf{q}_1, A\mathbf{q}_2, \cdots, A\mathbf{q}_n$으로 쓸 수 있으므로

$$A\mathbf{q}_1 = \lambda_1\mathbf{q}_1,\ A\mathbf{q}_2 = \lambda_2\mathbf{q}_2,\ \cdots,\ A\mathbf{q}_n = \lambda_n\mathbf{q}_n \tag{6.3}$$

이 된다. 그리고 Q가 가역행렬이므로 Q의 열벡터들은 모두 영벡터가 아니다. 그러므로 식 (6.3)에 의해 $\lambda_1, \lambda_2, \cdots, \lambda_n$은 행렬 A의 고유치이며 $\mathbf{q}_1, \mathbf{q}_2, \cdots, \mathbf{q}_n$은 각 고유치에 대한 고유벡터들이다. 또 Q가 가역행렬이므로 정리 4.14에 의하여 집합 $\{\mathbf{q}_1, \mathbf{q}_2, \cdots, \mathbf{q}_n\}$은 1차 독립이다. 그러므로 A는 n개의 1차 독립인 고유벡터를 갖는다.

(2) ⇒ (1) A가 n개의 1차 독립인 고유벡터를 갖는다고 가정하고 열벡터들이 $\mathbf{q}_1, \mathbf{q}_2, \cdots, \mathbf{q}_n$인 행렬을 Q라 하면 즉,

$$Q = [\mathbf{q}_1 \mid \mathbf{q}_2 \mid \cdots \mid \mathbf{q}_n] = \begin{bmatrix} q_{11} & q_{12} & \cdots & q_{1n} \\ q_{21} & q_{22} & \cdots & q_{2n} \\ \vdots & \vdots & & \vdots \\ q_{n1} & q_{n2} & \cdots & q_{nn} \end{bmatrix}$$

이라 하면 AQ의 열들은 $A\mathbf{q}_1, A\mathbf{q}_2, \cdots, A\mathbf{q}_n$이다. 각 $i\,(i=1, 2, \cdots, n)$에 대하여 $\mathbf{q}_i$를 고유치 λ_i에 대한 고유벡터라 두면 $A\mathbf{q}_1 = \lambda_1\mathbf{q}_1$, $A\mathbf{q}_2 = \lambda_2\mathbf{q}_2$, $\cdots$, $A\mathbf{q}_n = \lambda_n\mathbf{q}_n$이다. 따라서

$$\begin{aligned} AQ &= \begin{bmatrix} \lambda_1 q_{11} & \lambda_2 q_{12} & \cdots & \lambda_n q_{1n} \\ \lambda_1 q_{21} & \lambda_2 q_{22} & \cdots & \lambda_n q_{2n} \\ \vdots & \vdots & & \vdots \\ \lambda_1 q_{n1} & \lambda_2 q_{n2} & \cdots & \lambda_n q_{nn} \end{bmatrix} \\ &= \begin{bmatrix} q_{11} & q_{12} & \cdots & q_{1n} \\ q_{21} & q_{22} & \cdots & q_{2n} \\ \vdots & \vdots & & \vdots \\ q_{n1} & q_{n2} & \cdots & q_{nn} \end{bmatrix} \begin{bmatrix} \lambda_1 & 0 & \cdots & 0 \\ 0 & \lambda_2 & \cdots & 0 \\ \vdots & \vdots & & \vdots \\ 0 & 0 & \cdots & \lambda_n \end{bmatrix} \\ &= QD \end{aligned} \tag{6.4}$$

이다. 여기서 D는 주대각선상의 원들이 고유치 $\lambda_1, \lambda_2, \cdots, \lambda_n$인 대각행렬이다. Q의 열벡터들이 1차 독립이므로 Q는 가역행렬이고, 식 (6.4)는 $Q^{-1}AQ = D$로 고쳐 쓸 수 있다. 즉, A는 대각화 가능하다. ∎

정리 6.3의 증명과정에서 살펴본 바와 같이 대각화 가능한 n차 정방행렬 A를 대각화하는 순서는 다음과 같이 요약할 수 있다.

1단계 : 행렬 A에 대한 n개의 1차 독립인 고유벡터 $\mathbf{q}_1, \mathbf{q}_2, \cdots, \mathbf{q}_n$을 구한다.

2단계 : $\mathbf{q}_1, \mathbf{q}_2, \cdots, \mathbf{q}_n$을 열벡터로 갖는 행렬 Q를 만든다.

3단계 : 행렬 $Q^{-1}AQ$는 대각선의 원이 $\lambda_1, \lambda_2, \cdots, \lambda_n$인 대각행렬이 된다.
여기서 $\lambda_i\ (i=1, 2, \cdots, n)$는 $\mathbf{q}_i$에 대한 고유치이다.

예제 6.6

행렬 $A=\begin{bmatrix} 3 & -2 & 0 \\ -2 & 3 & 0 \\ 0 & 0 & 5 \end{bmatrix}$의 대각화 행렬 Q를 구하여라.

풀이

예제 6.3에서 A의 고유치는 $\lambda=1, 5$(중근)이었다. 또한, $\lambda=5$에 대한 고유공간의 기저는 $\left\{\mathbf{q}_1=\begin{bmatrix} -1 \\ 1 \\ 0 \end{bmatrix}, \mathbf{q}_2=\begin{bmatrix} 0 \\ 0 \\ 1 \end{bmatrix}\right\}$이었고, $\lambda=1$에 대한 고유공간의 기저는 $\left\{\mathbf{q}_3=\begin{bmatrix} 1 \\ 1 \\ 0 \end{bmatrix}\right\}$이었다. $\{\mathbf{q}_1, \mathbf{q}_2, \mathbf{q}_3\}$는 1차 독립이므로 A의 대각화 행렬은 $Q=\begin{bmatrix} -1 & 0 & 1 \\ 1 & 0 & 1 \\ 0 & 1 & 0 \end{bmatrix}$이다. 또한 Q는 행렬 A를 다음과 같이 대각화한다.

$$Q^{-1}AQ=\begin{bmatrix} -\frac{1}{2} & \frac{1}{2} & 0 \\ 0 & 0 & 1 \\ \frac{1}{2} & \frac{1}{2} & 0 \end{bmatrix}\begin{bmatrix} 3 & -2 & 0 \\ -2 & 3 & 0 \\ 0 & 0 & 5 \end{bmatrix}\begin{bmatrix} -1 & 0 & 1 \\ 1 & 0 & 1 \\ 0 & 1 & 0 \end{bmatrix}=\begin{bmatrix} 5 & 0 & 0 \\ 0 & 5 & 0 \\ 0 & 0 & 1 \end{bmatrix}$$

참고 예제 6.6의 풀이에서 행렬 Q를 만들 때 열의 순서는 고려할 필요가 없다. $Q^{-1}AQ$의 i번째 대각선상의 원은 행렬 Q의 i번째 열벡터에 대한 고유치이므로 행렬 Q의 열의 순서가 바뀌면 $Q^{-1}AQ$의 대각선상의 고유치의 순서가 바뀐다. 예를 들어, 예제 6.6의 행렬 Q를

$$Q=\begin{bmatrix} -1 & 1 & 0 \\ 1 & 1 & 0 \\ 0 & 0 & 1 \end{bmatrix}$$

이라 두면

$$Q^{-1}AQ = \begin{bmatrix} 5 & 0 & 0 \\ 0 & 1 & 0 \\ 0 & 0 & 5 \end{bmatrix}$$

가 된다.

다음 예제는 대각화 불가능한 행렬의 예이다.

예제 6.7

행렬 $A = \begin{bmatrix} -3 & 2 \\ -2 & 1 \end{bmatrix}$는 대각화 가능한가?

풀이

A의 고유방정식은 $(1+\lambda)^2 = 0$이다. 그러므로 $\lambda = -1$은 A의 유일한 고유치이다. $\lambda = -1$의 고유벡터는 $(A+I)\mathbf{x} = \mathbf{0}$의 비자명해이다. 즉, 다음 연립방정식의 비자명해이다.

$$\begin{aligned} 2x_1 - 2x_2 = 0 \\ 2x_1 - 2x_2 = 0 \end{aligned}$$

이 연립방정식의 해는 $x_1 = t,\ x_2 = t$이므로 고유공간은 $\begin{bmatrix} t \\ t \end{bmatrix} = t\begin{bmatrix} 1 \\ 1 \end{bmatrix}$ 모양의 모든 벡터들로 구성된다. 따라서 $\lambda = -1$에 대한 A의 고유공간은 1차원이므로 행렬 A는 2개의 1차 독립인 고유벡터를 가질 수 없다. 따라서 A는 대각화 불가능하다.

예제 6.8

$T : \boldsymbol{R}^3 \to \boldsymbol{R}^3$는 $T\left(\begin{bmatrix} x_1 \\ x_2 \\ x_3 \end{bmatrix}\right) = \begin{bmatrix} 3x_1 - 2x_2 \\ -2x_1 + 3x_2 \\ 5x_3 \end{bmatrix}$로 정의된 선형변환이라 할 때, 선형변환 T의 행렬이 대각행렬이 되는 $\boldsymbol{R}^3$의 기저를 구하여라.

풀이

$B = \{\mathbf{e}_1,\ \mathbf{e}_2,\ \mathbf{e}_3\}$를 $\boldsymbol{R}^3$의 표준기저라 하면

$$T(\mathbf{e}_1) = T\left(\begin{bmatrix} 1 \\ 0 \\ 0 \end{bmatrix}\right) = \begin{bmatrix} 3 \\ -2 \\ 0 \end{bmatrix},\ T(\mathbf{e}_2) = T\left(\begin{bmatrix} 0 \\ 1 \\ 0 \end{bmatrix}\right) = \begin{bmatrix} -2 \\ 3 \\ 0 \end{bmatrix},\ T(\mathbf{e}_3) = T\left(\begin{bmatrix} 0 \\ 0 \\ 1 \end{bmatrix}\right) = \begin{bmatrix} 0 \\ 0 \\ 5 \end{bmatrix}$$

이고 T의 표준행렬은 $A=\begin{bmatrix} 3 & -2 & 0 \\ -2 & 3 & 0 \\ 0 & 0 & 5 \end{bmatrix}$이다. 이 행렬 A는 대각행렬이 아니다. T의 행렬이 대각행렬 A'가 되는 또다른 기저를 $B'=\{\mathbf{u}_1, \mathbf{u}_2, \mathbf{u}_3\}$라 하자. 그리고 Q를 기저 B'에서 표준기저 B로의 추이행렬이라 하면 정리 5.7에 의하여 $A'=Q^{-1}AQ$가 된다. 다시 말해 추이행렬 Q는 A를 대각화한다. 예제 6.6에서 행렬 Q와 A'는 각각

$$Q=\begin{bmatrix} -1 & 0 & 1 \\ 1 & 0 & 1 \\ 0 & 1 & 0 \end{bmatrix},\ A'=\begin{bmatrix} 5 & 0 & 0 \\ 0 & 5 & 0 \\ 0 & 0 & 1 \end{bmatrix}$$

이었고, Q는 기저 $B'=\{\mathbf{u}_1, \mathbf{u}_2, \mathbf{u}_3\}$에서 표준기저 $B=\{\mathbf{e}_1, \mathbf{e}_2, \mathbf{e}_3\}$로의 추이행렬을 의미하므로 Q의 열은 $[\mathbf{u}_1]_B$, $[\mathbf{u}_2]_B$, $[\mathbf{u}_3]_B$이다. 따라서

$$[\mathbf{u}_1]_B=\begin{bmatrix} -1 \\ 1 \\ 0 \end{bmatrix},\ [\mathbf{u}_2]_B=\begin{bmatrix} 0 \\ 0 \\ 1 \end{bmatrix},\ [\mathbf{u}_3]_B=\begin{bmatrix} 1 \\ 1 \\ 0 \end{bmatrix}$$

이다. 그러므로

$$\mathbf{u}_1=(-1)\mathbf{e}_1+(1)\mathbf{e}_2+(0)\mathbf{e}_3=\begin{bmatrix} -1 \\ 1 \\ 0 \end{bmatrix},$$

$$\mathbf{u}_2=(0)\mathbf{e}_1+(0)\mathbf{e}_2+(1)\mathbf{e}_3=\begin{bmatrix} 0 \\ 0 \\ 1 \end{bmatrix},$$

$$\mathbf{u}_3=(1)\mathbf{e}_1+(1)\mathbf{e}_2+(0)\mathbf{e}_3=\begin{bmatrix} 1 \\ 1 \\ 0 \end{bmatrix}.$$

이다. 따라서 $\left\{\begin{bmatrix} -1 \\ 1 \\ 0 \end{bmatrix}, \begin{bmatrix} 0 \\ 0 \\ 1 \end{bmatrix}, \begin{bmatrix} 1 \\ 1 \\ 0 \end{bmatrix}\right\}$는 T의 행렬 A'가 대각행렬이 되도록 하는 $\boldsymbol{R}^3$의 기저이다.

지금까지 대각화 가능한 행렬들을 대각화하는 방법을 알아보았다. 이제 정방행렬 A가 대각화될 수 있는 조건을 다음 정리에서 살펴보자.

정리 6.4 (1) $\mathbf{v}_1, \mathbf{v}_2, \cdots, \mathbf{v}_k$가 k개의 서로 다른 고유치 $\lambda_1, \lambda_2, \cdots, \lambda_k$에 대한 행렬 A의 고유벡터들이면 집합 $\{\mathbf{v}_1, \mathbf{v}_2, \cdots, \mathbf{v}_k\}$는 1차 독립이다.

(2) n차 정방행렬 A에 n개의 서로 다른 고유치가 존재하면 A는 대각화 가능하다(역은 성립하지 않는다. 연습문제 1. 참조).

증명 (1) $\mathbf{v}_1, \mathbf{v}_2, \cdots, \mathbf{v}_k$가 k개의 서로 다른 고유치 $\lambda_1, \lambda_2, \cdots, \lambda_k$에 대한 행렬 A의 고유벡터라 하자. 이제 $\{\mathbf{v}_1, \mathbf{v}_2, \cdots, \mathbf{v}_k\}$가 1차 종속이라 가정하고 모순을 유도하여 $\{\mathbf{v}_1, \mathbf{v}_2, \cdots, \mathbf{v}_k\}$가 1차 독립이라는 결론을 얻고자 한다. 정의에 의하여 고유벡터는 $\mathbf{0}$이 아니므로 $\{\mathbf{v}_1\}$은 1차 독립이다. 이제 r을 집합 $\{\mathbf{v}_1, \mathbf{v}_2, \cdots, \mathbf{v}_r\}$이 1차 독립이 되는 가장 큰 정수라고 가정하자. 그런데 $\{\mathbf{v}_1, \mathbf{v}_2, \cdots, \mathbf{v}_k\}$가 1차 종속이라 가정하였기 때문에 r은 $1 \le r < k$를 만족해야 한다. 또한 r의 최대성에 의해 $\{\mathbf{v}_1, \mathbf{v}_2, \cdots, \mathbf{v}_{r+1}\}$은 1차 종속이다. 따라서 모두는 0이 아닌 실수 $c_1, c_2, \cdots, c_{r+1}$이 존재하여

$$c_1\mathbf{v}_1 + c_2\mathbf{v}_2 + \cdots + c_{r+1}\mathbf{v}_{r+1} = \mathbf{0} \tag{6.5}$$

이 된다. 식 (6.5)의 양변에 A를 곱하고

$$A\mathbf{v}_1 = \lambda_1\mathbf{v}_1,\ A\mathbf{v}_2 = \lambda_2\mathbf{v}_2,\ \cdots,\ A\mathbf{v}_{r+1} = \lambda_{r+1}\mathbf{v}_{r+1}$$

인 관계식을 이용하면

$$c_1\lambda_1\mathbf{v}_1 + c_2\lambda_2\mathbf{v}_2 + \cdots + c_{r+1}\lambda_{r+1}\mathbf{v}_{r+1} = \mathbf{0} \tag{6.6}$$

을 얻는다. 식 (6.6)에 식 (6.5)의 양변에 λ_{r+1}을 곱한 식을 빼면

$$c_1(\lambda_1 - \lambda_{r+1})\mathbf{v}_1 + c_2(\lambda_2 - \lambda_{r+1})\mathbf{v}_2 + \cdots + c_r(\lambda_r - \lambda_{r+1})\mathbf{v}_r = \mathbf{0}$$

를 얻는다. 그런데 집합 $\{\mathbf{v}_1, \mathbf{v}_2, \cdots, \mathbf{v}_r\}$이 1차 독립이라 가정하였기 때문에

$$c_1(\lambda_1 - \lambda_{r+1}) = c_2(\lambda_2 - \lambda_{r+1}) = \cdots = c_r(\lambda_r - \lambda_{r+1}) = 0$$

이 된다. 그러나 $\lambda_1, \lambda_2, \cdots, \lambda_r$은 λ_{r+1}과 같지 않으므로

$$c_1 = c_2 = \cdots = c_r = 0 \tag{6.7}$$

이다. 이제 식 (6.7)을 식 (6.5)에 대입하면 $c_{r+1}\mathbf{v}_{r+1} = \mathbf{0}$이고 $\mathbf{v}_{r+1}$은 고유벡터이므로 영벡터가 아니다. 따라서 $c_{r+1} = 0$이다. 이는 식 (6.5)에서 모두는 0이 아닌 실수 $c_1, c_2, \cdots, c_{r+1}$라는 사실에 모순이다.

(2) 만약 $\mathbf{v}_1, \mathbf{v}_2, \cdots, \mathbf{v}_n$이 서로 다른 고유치 $\lambda_1, \lambda_2, \cdots, \lambda_n$에 대한 고유벡터라 하면 (1)에 의하여 집합 $\{\mathbf{v}_1, \mathbf{v}_2, \cdots, \mathbf{v}_n\}$은 1차 독립이다. 따라서 행렬 A는 정리 6.3에 의하여 대각화 가능하다. ∎

예제 6.9

행렬 $A=\begin{bmatrix} 2 & 1 & 0 \\ 3 & 2 & 0 \\ 0 & 0 & 4 \end{bmatrix}$는 서로 다른 3개의 고유치 $\lambda=4$, $\lambda=2\pm\sqrt{3}$를 가지므로 대각화 가능하고 적당한 가역행렬 Q에 대하여 다음과 같이 대각화할 수 있다.

$$Q^{-1}AQ=\begin{bmatrix} 4 & 0 & 0 \\ 0 & 2+\sqrt{3} & 0 \\ 0 & 0 & 2-\sqrt{3} \end{bmatrix}$$

참고 정리 6.4의 (1)은 다음과 같이 확장될 수 있다.
$\lambda_1, \lambda_2, \cdots, \lambda_k$를 서로 다른 고유치라 하고 각 고유치에 대한 고유공간의 1차 독립인 벡터들을 모두 모아 하나의 집합으로 만들면 이 집합은 여전히 1차 독립이다. 예를 들면, 하나의 고유공간으로부터 3개의 1차 독립인 벡터들을 취하고 또다른 고유공간으로부터 2개의 1차 독립인 고유벡터를 취한다면 이 5개의 벡터들의 집합은 1차 독립이다. 증명은 생략한다.

연습문제 6.2

1. $A=\begin{bmatrix} 3 & 0 \\ 0 & 3 \end{bmatrix}$는 고유치가 하나 밖에 없지만 대각화 가능함을 설명하여라.

2. $A=\begin{bmatrix} 1 & 1 \\ -2 & 4 \end{bmatrix}$의 대각화 행렬 Q를 구하여라.

3. $A=\begin{bmatrix} 0 & 0 & 1 \\ 0 & 1 & 2 \\ 0 & 0 & 1 \end{bmatrix}$는 대각화 가능한 행렬인가?

4. $T:\boldsymbol{R}^3\to\boldsymbol{R}^3$는 $T\left(\begin{bmatrix} x \\ y \\ z \end{bmatrix}\right)=\begin{bmatrix} -2y-3z \\ -x+y-z \\ 2x+2y+5z \end{bmatrix}$로 정의된 선형변환일 때, T의 행렬이 대각

행렬이 되는 $\boldsymbol{R}^3$의 기저를 구하여라.

5. 다음 행렬들의 대각화 가능 여부를 판별하고 대각화 가능한 경우 대각화 행렬 Q와 $Q^{-1}AQ$를 구하여라.

(1) $\begin{bmatrix} 2 & 0 \\ 1 & 2 \end{bmatrix}$ (2) $\begin{bmatrix} 1 & 0 \\ 6 & -1 \end{bmatrix}$ (3) $\begin{bmatrix} 2 & -3 \\ 1 & -2 \end{bmatrix}$

(4) $\begin{bmatrix} 3 & 0 & 0 \\ 0 & 2 & 0 \\ 0 & 1 & 2 \end{bmatrix}$ (5) $\begin{bmatrix} 5 & 0 & 0 \\ 1 & 5 & 0 \\ 0 & 1 & 5 \end{bmatrix}$ (6) $\begin{bmatrix} 0 & 0 & 0 \\ 0 & 0 & 0 \\ 3 & 0 & 1 \end{bmatrix}$

6. $T : \boldsymbol{R}^3 \to \boldsymbol{R}^3$는 $T\left(\begin{bmatrix} x \\ y \\ z \end{bmatrix}\right) = \begin{bmatrix} 2x-y+z \\ y+z \\ x+y+2z \end{bmatrix}$로 정의된 선형변환일 때, T의 행렬이 대각행렬이 되는 $\boldsymbol{R}^3$의 기저를 구하여라.

7. A를 n차 정방행렬, Q를 n차 가역행렬이라 할 때, 다음을 증명하여라.

(1) $(Q^{-1}AQ)^2 = Q^{-1}A^2Q$

(2) $(Q^{-1}AP)^k = Q^{-1}A^kQ$ (k는 양의 정수)

8. $A = \begin{bmatrix} 3 & -2 & 0 \\ -2 & 3 & 0 \\ 0 & 0 & 5 \end{bmatrix}$일 때, A^{10}과 A^{10}의 고유치를 구하여라(hint : A의 대각화 행렬 Q를 구하고 $(Q^{-1}AQ)^{10}$을 계산하여라).

9. $T : P_1 \to P_1$를 $T(a_0 + a_1x) = a_0 + (6a_0 - a_1)x$로 정의된 선형변환일 때, T의 행렬이 대각행렬이 되는 P_1의 기저를 구하여라.

10. $A = \begin{bmatrix} a & b \\ c & d \end{bmatrix}$라 할 때, 다음을 증명하여라.

(1) $(a+d)^2 + 4bc > 0$이면 A는 대각화 가능하다.

(2) $(a+d)^2 + 4bc < 0$이면 A는 대각화 불가능하다.

보충문제 6.2

01. 행렬 $A=\begin{bmatrix} 2 & 0 & -2 \\ 0 & 3 & 0 \\ 0 & 0 & 3 \end{bmatrix}$에 대하여 다음 물음에 답하여라.

(1) A의 고유치와 각 고유치에 대한 고유공간의 기저를 구하여라.

(2) A의 대각화 행렬 Q를 구하여라.

(3) 대각행렬 $Q^{-1}AQ$를 구하여라.

답 (1) A의 고유치 $\lambda=2,\ 3.$

$\lambda=2$에 대한 고유공간의 기저$=\left\{\begin{bmatrix} 1 \\ 0 \\ 0 \end{bmatrix}\right\}$

$\lambda=3$에 대한 고유공간의 기저$=\left\{\begin{bmatrix} -2 \\ 1 \\ 0 \end{bmatrix}, \begin{bmatrix} 0 \\ 1 \\ 0 \end{bmatrix}\right\}$

(2) $Q=\begin{bmatrix} 1 & -2 & 0 \\ 0 & 0 & 1 \\ 0 & 1 & 0 \end{bmatrix}$ (3) $Q^{-1}AQ=\begin{bmatrix} 2 & 0 & 0 \\ 0 & 3 & 0 \\ 0 & 0 & 3 \end{bmatrix}$

02. 선형변환 $T: \boldsymbol{R}^3 \to \boldsymbol{R}^3$가 $T\left(\begin{bmatrix} x \\ y \\ z \end{bmatrix}\right)=\begin{bmatrix} -x+4y-2z \\ -3x+4y \\ -3x+y+3z \end{bmatrix}$로 정의될 때, 다음 물음에 답하여라.

(1) T의 표준행렬 A를 구하여라.

(2) A의 고유치와 각 고유치에 대한 A의 고유공간의 기저를 구하여라.

(3) A의 대각화 행렬 Q를 구하여라.

(4) (3)에서 구한 대각화 행렬을 이용하여 대각행렬 $Q^{-1}AQ$를 구하여라.

답 (1) $A=\begin{bmatrix} -1 & 4 & -2 \\ -3 & 4 & 0 \\ -3 & 1 & 3 \end{bmatrix}$

(2) A의 고유치 $\lambda=1,\ 2,\ 3.$

$\lambda=1$에 대한 고유공간의 기저$=\left\{\begin{bmatrix}1\\1\\1\end{bmatrix}\right\}$,

$\lambda=2$에 대한 고유공간의 기저$=\left\{\begin{bmatrix}2\\3\\3\end{bmatrix}\right\}$,

$\lambda=3$에 대한 고유공간의 기저$=\left\{\begin{bmatrix}1\\3\\4\end{bmatrix}\right\}$.

(3) $Q=\begin{bmatrix}1&2&1\\1&3&3\\1&3&4\end{bmatrix}$ (4) $Q^{-1}AQ=\begin{bmatrix}1&0&0\\0&2&0\\0&0&3\end{bmatrix}$

03. 행렬 $A=\begin{bmatrix}1&3&3\\-3&-5&-3\\3&3&1\end{bmatrix}$는 P_3의 기저 $B=\{1, x, x^2\}$에 대한 선형변환 $T: P_2 \to P_2$의 행렬이라 할 때, 다음 물음에 답하여라.

(1) $T(2-x+3x^2)$을 구하여라.

(2) A의 고유치와 각 고유치에 대한 A의 고유공간의 기저를 구하여라.

(3) T의 행렬이 대각행렬이 되기 위한 P_2의 기저를 $B'=\{\mathbf{u}_1, \mathbf{u}_2, \mathbf{u}_3\}$라 할 때, 기저 B'에서 B로의 추이행렬 Q를 구하여라.

(4) (3)에서 언급한 $B'=\{\mathbf{u}_1, \mathbf{u}_2, \mathbf{u}_3\}$을 구하여라.

답 (1) $T(2-x+3x^2)=8-10x+6x^2$

(2) A의 고유치 $\lambda=1, -2$(중근).

$\lambda=1$에 대한 고유공간의 기저$=\left\{\begin{bmatrix}1\\-1\\1\end{bmatrix}\right\}$,

$\lambda=-2$에 대한 고유공간의 기저$=\left\{\begin{bmatrix}-1\\1\\0\end{bmatrix}, \begin{bmatrix}-1\\0\\1\end{bmatrix}\right\}$.

(3) $Q=\begin{bmatrix}1&-1&-1\\-1&1&0\\1&0&1\end{bmatrix}$.

(4) $B'=\{\mathbf{u}_1=1-x+x^2, \mathbf{u}_2=-1+x, \mathbf{u}_3=-1+x^2\}$.

04. 선형변환 $T: P_2 \to P_2$가 $T(a+bx+cx^2)=3a-2b+(-2a+3b)x+5cx^2$로 정의될 때, T의 행렬이 대각행렬이 되는 P_2의 기저 B를 구하여라.

답 $B=\{\mathbf{u}_1=-1+x, \mathbf{u}_2=x^2, \mathbf{u}_3=1+x\}$.

05. $T: P_2 \to P_2$는 $T(a+bx+cx^2) = a - cx^2$으로 정의된 선형변환일 때, $B = \{1,\ x,\ 1+x^2\}$에 대하여 다음 물음에 답하여라.

(1) T의 고유치를 구하여라.

(2) 각 고유치에 대한 T의 고유공간의 기저를 구하여라.

(3) T의 행렬이 대각행렬이 되는 P_2의 기저 B'를 구하여라.

답 (1) T의 고유치 $\lambda = -1,\ 0,\ 1$.

(2) $\lambda = -1$에 대한 T의 고유공간의 기저$= \{x^2\}$,

$\lambda = 0$에 대한 T의 고유공간의 기저$= \{x\}$,

$\lambda = 1$에 대한 T의 고유공간의 기저$= \{1\}$.

(3) $B' = \{x^2,\ x,\ 1\}$.

6.3 직교대각화와 대칭행렬

이 절에서는 6.2절에서 언급한 두 번째 문제에 대하여 알아보자. 이 절에서 직교는 $\boldsymbol{R}^n$ 상의 유클리드 내적에서의 직교를 의미한다.

정의 6.3 ••• 정방행렬 A에 대하여 적당한 직교행렬 Q가 존재하여 $Q^{-1}AQ$ $(=Q^TAQ)$가 대각행렬이면 A는 **직교대각화 가능**하다고 하고 이 때, 행렬 Q를 A의 **직교대각화 행렬**이라고 한다.

이제 우리가 생각해 보아야 하는 두 가지 문제가 있다. 첫 번째 문제는 '어떤 행렬이 직교대각화 가능한가?'이고, 두 번째는 '직교대각화 가능한 행렬의 직교대각화 행렬 Q를 어떻게 찾아내는가?'이다. 정리 6.5는 첫 번째 문제에 대한 해답을 제시해 준다.

정리 6.5 A가 n차 정방행렬이면 다음은 서로 동치이다.

(1) A는 직교대각화 가능하다.

(2) A는 n개의 고유벡터들로 이루어진 정규직교집합을 갖는다.

증명 (1) ⇒ (2) A는 직교대각화 가능하기 때문에 $Q^{-1}AQ$가 대각행렬이 되는 행렬 Q가 존재한다. 정리 6.3의 증명에서 보았듯이 행렬 Q의 n개의 열벡터는 A의 고유벡터이다. 그리고 Q는 직교행렬이기 때문에 이 열벡터들은 정규직교이다. 그러므로 A는 n개의 고유벡터들로 이루어진 정규직교집합을 갖는다.

(2) ⇒ (1) A가 n개의 고유벡터들로 구성된 정규직교집합 $\{\mathbf{q}_1, \mathbf{q}_2, \cdots, \mathbf{q}_n\}$을 갖는다고 가정하자. 정리 6.3에 의하여 이들 고유벡터를 열벡터로 갖는 행렬 Q는 A를 대각화한다. 또한 이 고유벡터들은 정규직교이므로 Q는 직교행렬이다. 즉, 직교행렬 Q는 A의 직교대각화 행렬이다. ∎

정리 6.5의 증명은 직교대각화 가능한 n차 정방행렬 A는 각 열이 A의 정규직교인 고유벡터들로 만든 n차 정방행렬 Q에 의하여 직교대각화 가능하다는 것을 보여준다. 이제 Q를 A의 직교대각화 행렬이라 하고 $Q^{-1}AQ=D$(대각행렬)라 두면

$$A=QDQ^{-1}=QDQ^T,\ A^T=(QDQ^T)^T=QD^TP^T=QDQ^T=A$$

이다. 따라서 A는 대칭행렬이다. 이런 이유로 직교대각화 가능한 행렬은 대칭행렬이다. 실제로 그 역도 성립한다. 정리 6.6은 이러한 사실을 요약하여 정리한 것이다.

정리 6.6 A가 n차 정방행렬이면 다음은 서로 동치이다.
(1) A는 직교대각화 가능하다.
(2) A는 대칭행렬이다.

이제 대칭행렬을 대각화하는 직교행렬 Q를 구하는 문제를 생각해보자. 다음 정리는 우리의 두 번째 문제를 해결하는 열쇠를 제공해준다.

정리 6.7 A가 대칭행렬이면 서로 다른 고유공간에서 얻은 고유벡터들은 서로 직교한다.

증명 λ_1, λ_2를 n차 대칭행렬 A의 서로 다른 고유치라고 하자. 그리고 λ_1에 대한 A의 고유벡터를 $\mathbf{u}=\begin{bmatrix} u_1 \\ u_2 \\ \vdots \\ u_n \end{bmatrix}$, λ_2에 대한 A의 고유벡터를 $\mathbf{v}=\begin{bmatrix} v_1 \\ v_2 \\ \vdots \\ v_n \end{bmatrix}$라 두고

$$\langle \mathbf{u},\ \mathbf{v} \rangle = u_1v_1+u_2v_2+\cdots+u_nv_n=0$$

임을 보이고자 한다. 즉, $\mathbf{u}^T\mathbf{v}$는 $\langle \mathbf{u},\ \mathbf{v} \rangle$을 원으로 갖는 1×1 행렬이므로 $\mathbf{u}^T\mathbf{v}=\mathbf{0}$임을 보이면 증명은 끝난다. $\mathbf{u}^TA\mathbf{v}$는 1×1 행렬이고 모든 1×1 행렬은 명백히 대칭행렬이므로

$$\begin{aligned}\mathbf{u}^TA\mathbf{v}&=(\mathbf{u}^TA\mathbf{v})^T\\&=\mathbf{v}^TA^T\mathbf{u}\ \text{(전치행렬 성질)}\\&=\mathbf{v}^TA\mathbf{u}\ \text{(}A\text{가 대칭행렬)}\end{aligned}$$

이고, 또한

$$\mathbf{u}^T A\mathbf{v} = \mathbf{u}^T \lambda_2 \mathbf{v} = \lambda_2 \mathbf{u}^T \mathbf{v}$$

이므로

$$\mathbf{v}^T A\mathbf{u} = \mathbf{v}^T \lambda_1 \mathbf{u} = \lambda_1 \mathbf{v}^T \mathbf{u} = \lambda_1 (\mathbf{v}^T \mathbf{u})^T = \lambda_1 \mathbf{u}^T \mathbf{v}$$

이다. 따라서 $\lambda_1 \mathbf{u}^T\mathbf{v} = \lambda_2 \mathbf{u}^T\mathbf{v}$이고 이를 정리하면 $(\lambda_1 - \lambda_2)\mathbf{u}^T\mathbf{v} = \mathbf{0}$이 된다. 그런데 $\lambda_1 \neq \lambda_2$이므로 $\mathbf{u}^T\mathbf{v} = \mathbf{0}$이다. ∎

정리 6.7을 이용하면 다음과 같이 대칭행렬을 직교대각화하는 방법을 얻을 수 있다.

대칭행렬을 직교대각화하는 순서

1단계 : 각 고유치에 대한 A의 고유공간의 기저를 구한다.

2단계 : 각 고유치에 대한 A의 고유공간의 정규직교기저를 얻기 위하여 이 기저에 Gram-Schmidt 직교화 과정을 적용한다.

3단계 : 각 열이 2단계에서 구한 기저벡터들로 이루어진 행렬 Q를 만든다. 이 행렬 Q가 대칭행렬 A의 직교대각화 행렬이다.

정리 6.7은 서로 다른 고유공간에서 얻은 고유벡터들은 서로 직교임을 의미하고 이 고유벡터들에 Gram-Schmidt 직교화 과정을 적용해서 얻어지는 고유벡터들은 정규직교임을 말한다. 따라서 이 절차에 의해서 구해지는 고유벡터들의 집합은 항상 정규직교집합이 된다.

예제 6.10

$A = \begin{bmatrix} 4 & 2 & 2 \\ 2 & 4 & 2 \\ 2 & 2 & 4 \end{bmatrix}$의 직교대각화 행렬 Q를 구하여라.

풀이 • • •

A의 고유방정식은 $(\lambda-2)^2(\lambda-8)=0$이므로 고유치는 $\lambda=8$, $\lambda=2$이다.

$\lambda=2$에 대한 고유공간의 기저를 구하면

$$\left\{\mathbf{u}_1 = \begin{bmatrix} -1 \\ 1 \\ 0 \end{bmatrix},\ \mathbf{u}_2 = \begin{bmatrix} -1 \\ 0 \\ 1 \end{bmatrix}\right\}$$

이고 여기에 Gram-Schmidt 직교화 과정을 적용하면 정규직교인 고유벡터

$$\mathbf{v}_1 = \begin{bmatrix} -\frac{1}{\sqrt{2}} \\ \frac{1}{\sqrt{2}} \\ 0 \end{bmatrix},\ \mathbf{v}_2 = \begin{bmatrix} -\frac{1}{\sqrt{6}} \\ -\frac{1}{\sqrt{6}} \\ \frac{2}{\sqrt{6}} \end{bmatrix}$$

를 얻는다.

$\lambda = 8$에 대한 고유공간의 기저는 $\left\{\mathbf{u}_3 = \begin{bmatrix} 1 \\ 1 \\ 1 \end{bmatrix}\right\}$이 되므로

Gram-Schmidt 직교화 과정을 적용하면 $\mathbf{v}_3 = \begin{bmatrix} \frac{1}{\sqrt{3}} \\ \frac{1}{\sqrt{3}} \\ \frac{1}{\sqrt{3}} \end{bmatrix}$를 얻는다. 따라서

$$Q = \begin{bmatrix} -\frac{1}{\sqrt{2}} & -\frac{1}{\sqrt{6}} & \frac{1}{\sqrt{3}} \\ \frac{1}{\sqrt{2}} & -\frac{1}{\sqrt{6}} & \frac{1}{\sqrt{3}} \\ 0 & \frac{2}{\sqrt{6}} & \frac{1}{\sqrt{3}} \end{bmatrix}$$

는 A를 직교대각화한다(Q^TAQ가 대각행렬임을 각자가 확인하기 바란다).

다음 정리는 대칭행렬의 두 가지 중요한 성질을 말하고 있다.

정리 6.8 (1) 대칭행렬 A의 고유방정식은 실근만 갖는다.

(2) 만약 대칭행렬 A의 한 고유치 λ의 중복도가 k이면(k중근이면) λ에 대한 A의 고유공간의 차원은 k이다.

증명은 생략하고 다음 예제로 정리 6.8의 의미를 알아보자.

예제 6.11

$A=\begin{bmatrix}3&1&0&0&0\\1&3&0&0&0\\0&0&2&1&1\\0&0&1&2&1\\0&0&1&1&2\end{bmatrix}$의 각 고유치에 대한 A의 고유공간의 차원을 구하여라.

풀이 • • •

A는 대칭행렬이고 A의 고유방정식은 $(\lambda-4)^2(\lambda-1)^2(\lambda-2)=0$이므로 $\lambda=4$와 $\lambda=1$에 대한 A의 고유공간의 차원은 2이고, $\lambda=2$에 대한 A의 고유공간의 차원은 1이다.

연습문제 6.3

1. $A=\begin{bmatrix}3&1\\1&3\end{bmatrix}$의 직교대각화 행렬 Q를 구하여라.

2. $A=\begin{bmatrix}5&-2&0&0\\-2&2&0&0\\0&0&5&-2\\0&0&-2&2\end{bmatrix}$의 직교대각화 행렬 Q를 구하여라.

3. n차 정방행렬 A, B에 대하여 다음 물음에 답하여라.
   (1) A의 고유다항식과 A^T의 고유다항식은 일치함을 보여라.
   (2) A와 B가 상사이면 A의 고유다항식과 B의 고유다항식은 일치함을 보여라.

4. n차원 벡터공간 V 위의 선형연산자 T에 대하여 다음 물음에 답하여라.
   (1) T의 고유치가 λ일 때, λ에 대한 T의 고유벡터 $\mathbf{v}_1$, $\mathbf{v}_2$가 1차 독립이면 T의 고유다항식은 $f(x)=(x-\lambda)^2 g(x)$와 같은 꼴임을 보여라.
   (2) T가 서로 다른 고유치 λ, μ를 가질 때, λ에 대한 T의 고유공간 E_λ가 V의 $n-1$차원 부분공간이면 T는 대각화 가능한 선형변환임을 보여라.

(3) T가 대각화 가능한 선형변환이면 임의의 양의 정수 m에 대하여 T^m 도 대각화 가능한 선형변환임을 보여라.

5. 정리 6.8의 (2)를 이용하여 다음 대칭행렬들의 고유공간의 차원을 구하여라.

(1) $\begin{bmatrix} 1 & 1 \\ 1 & 1 \end{bmatrix}$ (2) $\begin{bmatrix} \frac{7}{25} & 0 & \frac{24}{25} \\ 0 & -1 & 0 \\ \frac{24}{25} & 0 & \frac{7}{25} \end{bmatrix}$

(3) $\begin{bmatrix} 1 & 1 & 1 \\ 1 & 1 & 1 \\ 1 & 1 & 1 \end{bmatrix}$ (4) $\begin{bmatrix} 6 & 0 & 0 \\ 0 & 3 & 3 \\ 0 & 3 & 3 \end{bmatrix}$

(5) $\begin{bmatrix} 4 & 4 & 0 & 0 \\ 4 & 4 & 0 & 0 \\ 0 & 0 & 0 & 0 \\ 0 & 0 & 0 & 0 \end{bmatrix}$ (6) $\begin{bmatrix} \frac{10}{3} & -\frac{4}{3} & 0 & -\frac{4}{3} \\ -\frac{4}{3} & -\frac{5}{3} & 0 & \frac{1}{3} \\ 0 & 0 & -2 & 0 \\ -\frac{4}{3} & \frac{1}{3} & 0 & -\frac{5}{3} \end{bmatrix}$

6. $b \neq 0$일 때, 행렬 $\begin{bmatrix} a & b \\ b & a \end{bmatrix}$의 직교대각화 행렬을 구하여라.

7. 다음의 행렬 A의 직교대각화 행렬 Q와 $Q^{-1}AQ$를 구하여라.

(1) $A = \begin{bmatrix} 3 & 1 \\ 1 & 3 \end{bmatrix}$ (2) $A = \begin{bmatrix} 5 & 3\sqrt{3} \\ 3\sqrt{3} & -1 \end{bmatrix}$

(3) $A = \begin{bmatrix} -7 & 24 \\ 24 & 7 \end{bmatrix}$ (4) $A = \begin{bmatrix} 1 & 1 & 0 \\ 1 & 1 & 0 \\ 0 & 0 & 0 \end{bmatrix}$

(5) $A = \begin{bmatrix} -2 & 0 & -36 \\ 0 & 3 & 0 \\ -36 & 0 & -23 \end{bmatrix}$ (6) $A = \begin{bmatrix} 2 & -1 & -1 \\ -1 & 2 & -1 \\ -1 & -1 & 2 \end{bmatrix}$

(7) $A = \begin{bmatrix} 3 & 1 & 0 & 0 \\ 1 & 3 & 0 & 0 \\ 0 & 0 & 0 & 0 \\ 0 & 0 & 0 & 0 \end{bmatrix}$ (8) $A = \begin{bmatrix} 5 & -2 & 0 & 0 \\ -2 & 2 & 0 & 0 \\ 0 & 0 & 5 & -2 \\ 0 & 0 & -2 & 2 \end{bmatrix}$

보충문제 6.3

01. 다음 대칭행렬의 직교대각화 행렬 Q를 구하여라.

(1) $A=\begin{bmatrix}0 & 2 & 2\\ 2 & 0 & 2\\ 2 & 2 & 0\end{bmatrix}$ (2) $A=\begin{bmatrix}2 & 2 & -2\\ 2 & -1 & 4\\ -2 & 4 & -1\end{bmatrix}$

답 (1) $Q=\begin{bmatrix}-\frac{1}{\sqrt{2}} & -\frac{1}{\sqrt{6}} & \frac{1}{\sqrt{3}}\\ \frac{1}{\sqrt{2}} & -\frac{1}{\sqrt{6}} & \frac{1}{\sqrt{3}}\\ 0 & \frac{2}{\sqrt{6}} & \frac{1}{\sqrt{3}}\end{bmatrix}$ (2) $Q=\begin{bmatrix}\frac{1}{3} & \frac{2}{\sqrt{5}} & -\frac{2}{3\sqrt{5}}\\ -\frac{2}{3} & \frac{1}{\sqrt{5}} & \frac{4}{3\sqrt{5}}\\ \frac{2}{3} & 0 & \frac{5}{3\sqrt{5}}\end{bmatrix}$

02. 행렬 $A=\begin{bmatrix}1 & -3 & 2\\ 4 & -6 & 1\end{bmatrix}$에 대하여 A^TA와 AA^T가 대칭행렬임을 보여라. 임의의 $m\times n$행렬 A에 대하여 A^TA와 AA^T가 대칭행렬이라 할 수 있는가?

답 $A^TA=\begin{bmatrix}14 & 24\\ 24 & 53\end{bmatrix}$, $AA^T=\begin{bmatrix}17 & -27 & 6\\ -27 & 45 & -12\\ 6 & -12 & 5\end{bmatrix}$이고 임의의 $m\times n$행렬 A에 대하여 A^TA, AA^T가 대칭행렬이라 할 수 있다.

03. 대칭행렬 A가 단 하나의 고유치 λ를 가지면 $A=\lambda I$임을 보여라.

답 생략

04. A가 직교행렬이면 A^T와 A^{-1}도 직교행렬임을 보여라.

답 $A^{-1}=A^T$이고 정리 5.6에 의해 A의 행벡터들이 정규직교이므로 A^T의 열벡터들도 정규직교이다. 즉, $A^{-1}=A^T$는 직교행렬이다.

제 7 장 선형대수의 응용

물리학, 화학, 생물학, 경제학의 많은 법칙들 뿐 아니라 자연현상들을 수식으로 표현할 때 미분방정식의 형태로 표시되는 것이 많다. 이 장에서는 이러한 미분방정식의 해법뿐 아니라 선형대수를 응용하여 문제를 해결하는 방법에 대하여 연구한다. 1절에서는 선형대수를 이용하여 연립미분방정식의 해를 구하는 방법을 알아보고, 2절에서는 Fourier 급수를 이용하여 초월함수의 최적근사식을 구하는 방법에 대하여 알아본다. 3차원 공간의 곡선과 곡면의 식은 머릿속으로는 상상하기 어려운데 3절과 4절에서는 선형대수학을 이용하여 3차원 공간 도형인 곡선과 곡면을 해석하는 방법에 대하여 알아본다.

7.1 미분방정식에의 응용

물리학, 화학, 생물학, 경제학의 많은 법칙들은 미분방정식의 형태로 표시된다. 이 절에서는 연립미분방정식의 해를 구하는 한 방법으로 선형대수를 응용해보자.

간단한 미분방정식의 한 형태인

$$y' = ay \tag{7.1}$$

를 살펴보자. 여기서 $y = f(x)$는 구하고자 하는 미지의 함수이고 $y' = dy/dx$는 그 함수의 도함수이며 a는 상수이다. 대부분의 미분방정식과 같이 식 (7.1)은 무한히 많은 해를 가지며 그 해는 미분적분학에서 배운 대로

$$y = ce^{ax} \tag{7.2}$$

로 표시된다. 여기서 c는 임의의 상수이다. 이와 같은 꼴을 갖는 모든 함수는 $y' = ay$의 해가 된다. 왜냐하면

$$y' = ace^{ax} = ay$$

가 성립하기 때문이다. 역으로 $y' = ay$의 모든 해는 ce^{ax}인 꼴로 표시된다(연습문제7). 따라서 식 (7.2)는 $y' = ay$의 모든 해를 나타낸다. 이 해를 $y' = ay$의 **일반해**(general solution)라고 한다.

물리학에서 제기되는 미분방정식에서는 **초기조건**(initial condition)을 부여하여 일반해로부터 상수 c가 소거된 **특수해**(particular solution)를 구할 수 있다. 예를 들어 미분방정식 $y' = ay$의 해들 가운데 초기조건

$$y(0) = 3 \tag{7.3}$$

을 만족시키는 해를 구하고자 한다면 일반해 $y = ce^{ax}$에 $x = 0$일 때, $y = 3$을 대입하여 상수 c의 값을 결정할 수 있다. 즉,

$$3 = ce^0 = c$$

따라서

$$y = 3e^{ax}$$

는 초기조건 $y(0)=3$을 만족시키는 $y'=ay$의 유일한 해이다.

이 절에서는 선형대수학의 이론을 이용하여 연립미분방정식

$$\begin{cases} y_1' = a_{11}y_1 + a_{12}y_2 + \cdots + a_{1n}y_n \\ y_2' = a_{21}y_1 + a_{22}y_2 + \cdots + a_{2n}y_n \\ \qquad\vdots \\ y_n' = a_{n1}y_1 + a_{n2}y_2 + \cdots + a_{nn}y_n \end{cases} \tag{7.4}$$

의 해를 구해보자. 여기서 $y_1=f_1(x),\ y_2=f_2(x),\ \cdots,\ y_n=f_n(x)$는 구하려는 함수이고 a_{ij}는 상수이다. 식 (7.4)를 행렬로 표시하면

$$\begin{bmatrix} y_1' \\ y_2' \\ \vdots \\ y_n' \end{bmatrix} = \begin{bmatrix} a_{11} & a_{12} & \cdots & a_{1n} \\ a_{21} & a_{22} & \cdots & a_{2n} \\ \vdots & \vdots & \vdots & \vdots \\ a_{n1} & a_{n2} & \cdots & a_{nn} \end{bmatrix} \begin{bmatrix} y_1 \\ y_2 \\ \vdots \\ y_n \end{bmatrix} \tag{7.5}$$

또는

$$Y' = AY$$

로 쓸 수 있다.

예제 7.1

다음 연립미분방정식의 해와 $y_1(0)=1,\ y_2(0)=4,\ y_3(0)=-2$을 만족시키는 특수해를 구하여라.

$$\begin{cases} y_1' = \ \ 3y_1 \\ y_2' = -2y_2 \\ y_3' = \ \ 5y_3 \end{cases}$$

풀이 • • •

식 (7.1)과 (7.2)로부터 해는

$$y_1 = c_1 e^{3x}$$
$$y_2 = c_2 e^{-2x}$$
$$y_3 = c_3 e^{5x}$$

이다. 초기조건을 대입하여 특수해를 구하면

$$y_1 = e^{3x}$$
$$y_2 = 4e^{-2x}$$
$$y_3 = -2e^{5x}$$

가 된다.

예제 7.1은 연립미분방정식의 각 방정식이 단 하나의 미지함수를 포함하고 있기 때문에 미적분학에서 배운 내용을 이용하여 해를 쉽게 구할 수 있었다.

예제 7.1의 경우 연립미분방정식을 행렬방정식으로 고쳐보면 계수행렬은 대각행렬이 된다. 즉, 계수행렬 A가 대각행렬일 경우에는 연립 미분방정식의 해를 쉽게 구할 수 있다. 그러나 계수행렬 A가 대각행렬이 아닌 경우에는 연립미분방정식

$$Y' = AY$$

의 해는 어떻게 구할 것인가? 6장에서 살펴본 내용을 이용하면 이에 대한 해답을 쉽게 얻을 수 있다. 즉, Y를 치환하여 계수행렬이 대각행렬이 되는 새로운 연립미분방정식을 만들어 해를 구한다. 가능한 치환방법의 한 예로

$$\begin{cases} y_1 = q_{11}u_1 + q_{12}u_2 + \cdots + q_{1n}u_n \\ y_2 = q_{21}u_1 + q_{22}u_2 + \cdots + q_{2n}u_n \\ \vdots \\ y_n = q_{n1}u_1 + q_{n2}u_2 + \cdots + q_{nn}u_n \end{cases} \tag{7.6}$$

을 들 수 있다. 이 치환을 행렬로 나타내면

$$\begin{bmatrix} y_1 \\ y_2 \\ \vdots \\ y_n \end{bmatrix} = \begin{bmatrix} q_{11} & q_{12} & \cdots & q_{1n} \\ q_{21} & q_{22} & \cdots & q_{2n} \\ \vdots & \vdots & \vdots & \vdots \\ q_{n1} & q_{n2} & \cdots & q_{nn} \end{bmatrix} \begin{bmatrix} u_1 \\ u_2 \\ \vdots \\ u_n \end{bmatrix}$$

또는

$$Y = QU$$

가 된다.

이 치환에서 q_{ij}는 미지함수 $u_1, u_2, \cdots, u_n$을 포함하는 새로운 연립방정식의 계수행렬이 대각행렬이 되도록 결정되어야 할 상수이다.

치환 $Y=QU$, $Y'=QU'$를 $Y'=AY$에 대입하고, 만약 Q의 역행렬이 존재한다고 가정하면 다음을 얻는다.

$$\begin{cases} QU' = A(QU) \\ U' = (Q^{-1}AQ)U \end{cases}$$

또는

$$U' = DU$$

여기서 $D=Q^{-1}AQ$이다. 새로운 계수행렬 D가 대각행렬이 되도록 하기 위해서는 A의 대각화 행렬 Q를 선택하여야 한다. 따라서 연립미분방정식

$$Y' = AY$$

의 해는 다음의 단계를 거쳐 구할 수 있다. 단, 여기에서 A는 대각화 가능한 행렬이다.

단계 1. A의 대각화 행렬 Q를 구한다.

단계 2. $Y=QU$와 $Y'=QU'$을 구하여 계수행렬이 대각행렬이 되는 새로운 연립방정식 $U'=DU$를 구한다. 여기서 $D=Q^{-1}AQ$이다.

단계 3. $U'=DU$의 해를 구한다.

단계 4. 방정식 $Y=QU$로부터 Y를 결정한다.

예제 7.2

다음 연립미분방정식의 해와 $y_1(0)=1$, $y_2(0)=6$을 만족시키는 특수해를 구하여라.

$$\begin{cases} y_1{}' = y_1 + y_2 \\ y_2{}' = 4y_1 - 2y_2 \end{cases}$$

풀이 • • •

주어진 연립미분방정식의 계수행렬은

$$A = \begin{bmatrix} 1 & 1 \\ 4 & -2 \end{bmatrix}$$

이며, 행렬 A는 행렬 A의 1차 독립인 고유벡터를 열벡터로 갖는 행렬 Q에 의하여 대각화된다.

$$\det(A-\lambda I) = \begin{vmatrix} 1-\lambda & 1 \\ 4 & -2-\lambda \end{vmatrix}$$
$$= \lambda^2 + \lambda - 6 = (\lambda+3)(\lambda-2)$$

이므로 A의 고유치는 $\lambda=2$, $\lambda=-3$이다. 정의에 의하여

$$\mathbf{x} = \begin{bmatrix} x_1 \\ x_2 \end{bmatrix}$$

가 λ에 대한 A의 고유벡터일 필요충분조건은 $\mathbf{x}$가 $(A-\lambda I)\mathbf{x}=\mathbf{0}$의 $\mathbf{0}$이 아닌 해, 즉

$$\begin{bmatrix} 1-\lambda & 1 \\ 4 & -2-\lambda \end{bmatrix}\begin{bmatrix} x_1 \\ x_2 \end{bmatrix} = \begin{bmatrix} 0 \\ 0 \end{bmatrix}$$

의 $\mathbf{0}$이 아닌 해가 되는 것이다. $\lambda=2$일 때 이 연립방정식은

$$\begin{bmatrix} -1 & 1 \\ 4 & -4 \end{bmatrix}\begin{bmatrix} x_1 \\ x_2 \end{bmatrix} = \begin{bmatrix} 0 \\ 0 \end{bmatrix}$$

로 표시된다. 이 연립방정식의 해를 구하면 $x_1=t$, $x_2=t$ (t는 실수)이고, 이를 벡터로 표시하면

$$\begin{bmatrix} x_1 \\ x_2 \end{bmatrix} = \begin{bmatrix} t \\ t \end{bmatrix} = t\begin{bmatrix} 1 \\ 1 \end{bmatrix},\ t\text{는 실수}$$

이다. 따라서

$$\mathbf{q}_1 = \begin{bmatrix} 1 \\ 1 \end{bmatrix}$$

은 $\lambda=2$에 대한 고유공간의 한 기저이다. 같은 방법으로

$$\mathbf{q}_2 = \begin{bmatrix} -\frac{1}{4} \\ 1 \end{bmatrix}$$

은 $\lambda=-3$에 대한 고유공간의 한 기저이다. 따라서

$$Q = \begin{bmatrix} 1 & -\frac{1}{4} \\ 1 & 1 \end{bmatrix}$$

는 A를 대각화하고

$$D=Q^{-1}AQ=\begin{bmatrix}2 & 0\\ 0 & -3\end{bmatrix}$$

이다. 치환 $Y=QU$, $Y'=QU'$에 의하여 새로운 계수행렬을 대각행렬로 갖는 연립방정식

$$U'=DU=\begin{bmatrix}2 & 0\\ 0 & -3\end{bmatrix}U \text{ 즉, } \begin{cases}u_1'= & 2u_1\\ u_2'= & -3u_2\end{cases}$$

을 얻는다. 식 (7.2)에 의하여 이 연립미분방정식의 해는

$$\begin{aligned}u_1&=c_1e^{2x}\\ u_2&=c_2e^{-3x}\end{aligned}$$

즉, $U=\begin{bmatrix}c_1e^{2x}\\ c_2e^{-3x}\end{bmatrix}$이므로 방정식 $Y=QU$로부터 주어진 연립방정식의 해는

$$Y=\begin{bmatrix}y_1\\ y_2\end{bmatrix}=\begin{bmatrix}1 & -\frac{1}{4}\\ 1 & 1\end{bmatrix}\begin{bmatrix}c_1e^{2x}\\ c_2e^{-3x}\end{bmatrix}=\begin{bmatrix}c_1e^{2x}-\frac{1}{4}c_2e^{-3x}\\ c_1e^{2x}+c_2e^{-3x}\end{bmatrix}$$

또는

$$\begin{aligned}y_1&=c_1e^{2x}-\frac{1}{4}c_2e^{-3x}\\ y_2&=c_1e^{2x}+c_2e^{-3x}\end{aligned} \tag{7.7}$$

이다. 또한 초기조건을 (7.7)에 대입하면

$$\begin{aligned}c_1-\frac{1}{4}c_2&=1\\ c_1+\quad c_2&=6\end{aligned}$$

을 얻고 이것을 풀어 $c_1=2$, $c_2=4$를 얻는다. 따라서 초기조건을 만족시키는 해는

$$\begin{aligned}y_1&=2e^{2x}-e^{-3x}\\ y_2&=2e^{2x}+4e^{-3x}\end{aligned}$$

이다.

이 절에서는 연립미분방정식 $Y'=AY$의 계수행렬이 대각화 가능한 것만 취급하였다. 대각화 불가능한 계수행렬을 갖는 연립미분방정식의 해는 다른 방법을 사용하여야 하는데 이 책에서는 다루지 않겠다.

연습문제 7.1

1. 연립미분방정식 $y_1' = y_1 + 4y_2$, $y_2' = 2y_1 + 3y_2$에 대하여 다음 물음에 답하여라.
   (1) 연립미분방정식의 해를 구하여라.
   (2) 초기조건 $y_1(0) = y_2(0) = 0$을 만족시키는 해를 구하여라.

2. 연립미분방정식 $y_1' = y_1 + 3y_2$, $y_2' = 4y_1 + 5y_2$에 대하여 다음 물음에 답하여라.
   (1) 연립미분방정식의 해를 구하여라.
   (2) 초기조건 $y_1(0) = 2$, $y_2(0) = 1$을 만족시키는 해를 구하여라.

3. 연립미분방정식 $y_1' = 4y_1 + y_3$, $y_2' = -2y_1 + 2y_2$, $y_3' = -2y_1 + y_3$에 대하여 다음 물음에 답하여라.
   (1) 연립미분방정식의 해를 구하여라.
   (2) 초기조건 $y_1(0) = -1$, $y_2(0) = -1$, $y_3(0) = 0$을 만족시키는 해를 구하여라.

4. 다음 연립미분방정식의 해를 구하여라.

$$y_1' = 4y_1 + 2y_2 + 2y_3,\ y_2' = 2y_1 + 4y_2 + 2y_3,\ y_3' = 2y_1 + 2y_2 + 4y_3$$

5. 미분방정식 $y'' - y' - 6y = 0$의 해를 구하여라.
   (hint : $y_1 = y$, $y_2 = y'$라 두면 $y_1' = y_2$, $y_2' = y_1'' = y'' = y' + 6y = 6y_1 + y_2$).

6. 미분방정식 $y''' - 6y'' + 11y' - 6y = 0$의 해를 구하여라(hint : 문제 5. 풀이 이용).

7. $y' = ay$의 모든 해는 $y = ce^{ax}$꼴임을 보여라(hint : $y = f(x)$를 한 해라고 가정하고 $f(x)e^{-ax}$가 상수임을 보여라).

8. A가 대각화 가능한 행렬이고

$$Y=\begin{bmatrix} y_1 \\ y_2 \\ \vdots \\ y_n \end{bmatrix}$$

가 $Y'=AY$를 만족시키면 각 y_i는 $e^{\lambda_1 x}, e^{\lambda_2 x}, \cdots, e^{\lambda_n x}$의 1차 결합임을 보여라. 단, $\lambda_1, \lambda_2, \cdots, \lambda_n$은 A의 고유치이다.

7.2 최소제곱근사

어떤 구간에서 다루기 쉬운 함수들에 의하여 주어진 함수 $f(x)$에 대한 최적근사함수를 구하는 것은 여러 응용문제에서 다루어진다. 다음과 같은 예를 들어보자.

(1) 구간 $[0, 1]$에서 $a_0+a_1x+a_2x^2$ 형태의 다항식으로 e^x에 대한 최적근사함수를 구하여라.

(2) 구간 $[-1, 1]$에서 $a_0+a_1e^x+a_2e^{2x}+a_3e^{3x}$ 형태의 함수로 $\sin \pi x$에 대한 최적근사함수를 구하여라.

(3) 구간 $[0, 2\pi]$에서 $a_0+a_1 \sin x+a_2 \sin 2x+b_1 \cos x+b_2 \cos 2x$ 형태의 함수로 $|x|$에 대한 최적근사함수를 구하여라.

위의 예에서 근사시키는 함수는 벡터공간 $C[a, b]$의 어떤 부분공간에서 추출되었다. 여기서 $C[a, b]$는 구간 $[a, b]$에서 정의된 연속함수 전체의 집합을 의미한다. 첫번째 예는 함수 $1, x, x^2$에 의하여 생성된 $C[0, 1]$의 부분공간이고, 두번째 예는 함수 $1, e^x, e^{2x}, e^{3x}$에 의하여 생성된 $C[-1, 1]$의 부분공간이고, 마지막 예는 함수 $1, \sin x, \sin 2x, \cos x, \cos 2x$에 의하여 생성된 $C[0, 2\pi]$의 부분공간이다. 위의 예들은 다음과 같이 정리할 수 있다.

근사문제 : 구간 $[a, b]$에서 $C[a, b]$의 어떤 부분공간 W의 함수만을 사용하여 주어진 함수 $f(x)$에 대한 최적근사함수를 구하여라.

이 문제의 해를 구하기 위하여 최적근사함수의 의미를 보다 분명히 하여야 한다. 직관적으로 구간 $[a, b]$에서 최적근사함수라고 하는 것은 구간 내에서 오차가 최소가 되는 함수를 의미한다. 그러면 오차는 무엇인가? $f(x)$에 대한 근사함수를 $g(x)$라 할 때 점 x_0에서 오차는 $|f(x_0)-g(x_0)|$로 정의된다.(그림 7.1)

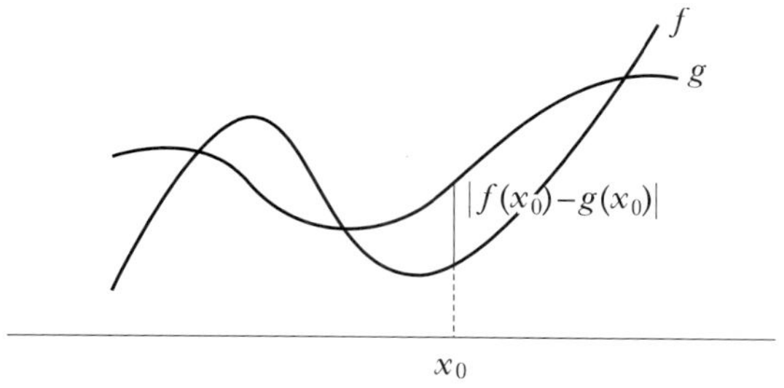

[그림 7.1]

그러나 우리는 한 점에서가 아니고 구간 $[a, b]$에서 근사함수를 생각한다. 만일 구간의 일부분에서는 근사함수 $g_1(x)$와 $f(x)$의 오차가 근사함수 $g_2(x)$와 $f(x)$의 오차보다 작으나 구간의 다른 부분에서는 꼭 그렇지 않다면, 전 구간에서 보다 좋은 근사함수를 어떻게 결정할 것인가? 필요한 것은 근사함수 $g(x)$와 $f(x)$의 전 구간 오차를 측정하는 것이다. 전 구간 오차 측정의 한 방법으로 전 구간에서 오차 $|f(x)-g(x)|$를 적분하는 것이다. 즉, 구간 $[a, b]$에서 $f(x)$와 $g(x)$의 오차는 다음과 같이 정의한다.

$$\int_a^b |f(x)-g(x)|\,dx \tag{7.8}$$

기하학적으로 식 (7.8)은 구간 $[a, b]$에서 $f(x)$와 $g(x)$ 그래프 사이의 넓이이다(그림 7.2). 그러므로 넓이가 크면 클수록 오차는 커진다.

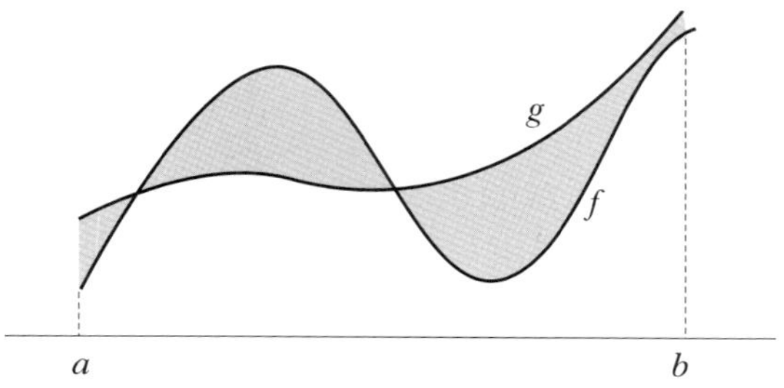

[그림 7.2]

식 (7.8)은 자연스럽고 기하학적으로는 매력이 있으나 절대치 기호는 계산을 대단히 번거롭게 한다. 그러므로 대부분의 경우 다음과 같은 **평균제곱오차**(mean square error)를 사용한다.

$$\text{평균제곱오차}=\int_a^b [f(x)-g(x)]^2 dx$$

평균제곱오차는 근사문제에 있어서 내적공간의 이론을 쓸 수 있어 더 큰 장점이 있다. 벡터공간 $C[a, b]$에서의 내적

$$\langle \mathbf{f}, \mathbf{g} \rangle = \int_a^b f(x)g(x)dx \tag{7.9}$$

를 생각하여 보자. $\mathbf{f}$를 $\mathbf{g}$로 근사시켰을 때 평균제곱오차는

$$\|\mathbf{f}-\mathbf{g}\|^2 = \langle \mathbf{f}-\mathbf{g}, \mathbf{f}-\mathbf{g} \rangle = \int_a^b [f(x)-g(x)]^2 dx$$

이고, 이는 $\mathbf{f}$와 $\mathbf{g}$를 내적 (7.9)를 갖는 $C[a, b]$의 벡터로 생각했을 때 두 함수 $f(x)$와 $g(x)$ 사이의 거리의 제곱이라는 것을 의미한다. 따라서 $C[a, b]$의 부분공간 W에서 근사함수 $\mathbf{g}$는 $\|\mathbf{f}-\mathbf{g}\|^2$이 최소로 될 때, 평균제곱오차를 최소로 만든다. 간단히 말하면 W에서 평균제곱오차를 최소로 만드는 근사함수 $\mathbf{g}$는 내적 (7.9)를 사용했을 때 $\mathbf{f}$에 가장 가까운 W의 벡터 $\mathbf{g}$이다. 즉, 부분공간 W상의 $\mathbf{f}$의 **직교사영**이다(그림 7.3).

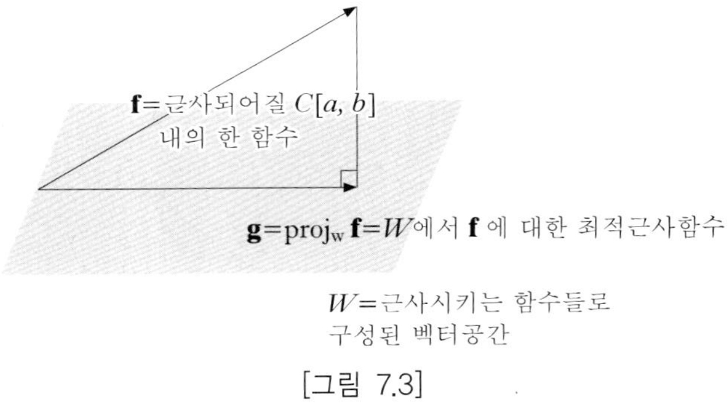

[그림 7.3]

지금까지 논의한 근사문제의 해는 다음과 같이 요약된다.

$\mathbf{f}=f(x)$는 $[a, b]$에서 정의된 연속함수이고 W는 $C[a, b]$의 유한차원 부분공간이면 평균제곱오차

$$\int_a^b [f(x)-g(x)]^2 dx$$

가 최소가 되는 W 내의 벡터 $\mathbf{g}$는 $\mathbf{g}=\text{proj}_W\mathbf{f}$이다. 여기서 $\text{proj}_W\mathbf{f}$는 내적 (7.9)에 대한 W상의 $\mathbf{f}$의 직교사영이다. 이때 벡터 $\mathbf{g}=\text{proj}_W\mathbf{f}$를 W에서 $\mathbf{f}$에 대한 **최소제곱근사**(least square approximation)라고 한다.

$$\begin{aligned} t(x) = c_0 + c_1\cos x + c_2\cos 2x + \cdots + c_n\cos nx \\ + d_1\sin x + d_2\sin 2x + \cdots + d_n\sin nx \end{aligned} \tag{7.10}$$

형태의 함수를 **삼각다항식**이라 한다. 만약 c_n과 d_n이 모두는 0이 아니면 $t(x)$는 **위수**(order) n을 갖는다고 한다.

예제 7.3

$t(x)=2+\cos x-3\cos 2x+7\sin 4x$는 식 (7.10)에서 $c_0=2,\ c_1=1,\ c_2=-3,\ c_3=0,$ $c_4=0,\ d_1=0,\ d_2=0,\ d_3=0,\ d_4=7$인 삼각다항식이고 $t(x)$의 위수는 4이다.

식 (7.10)에서 위수 n이하의 삼각다항식은

$$1,\ \cos x,\ \cos 2x,\ \cdots,\ \cos nx,\ \sin x,\ \sin 2x,\ \cdots,\ \sin nx \tag{7.11}$$

의 가능한 1차 결합이다. 따라서 위수 n 이하의 삼각다항식은 연속함수로 구성된 벡터공간의 부분공간을 형성한다. 즉, 식 (7.11)에 열거한 $2n+1$개의 함수에 의하여 생성된 부분공간이다. 식 (7.11)의 함수들은 1차 독립이다. 그러므로 연속함수로 구성된 벡터공간의 부분공간 W의 기저가 된다.

구간 $[0, 2\pi]$ 상에서 연속인 함수 $\mathbf{f}=f(x)$를 위수 n 이하의 삼각다항식에 근사시키는 문제를 생각하여 보자. 앞에서 언급한 것과 같이 W에서 $\mathbf{f}$의 최소제곱근사는 W상의 $\mathbf{f}$의 직교사영이다. 이 직교사영을 구하기 위하여 W의 한 정규직교기저 $\mathbf{g_0},\ \mathbf{g_1},\ \cdots,\ \mathbf{g_{2n}}$을 찾아야 공식

$$\text{proj}_W\mathbf{f} = \langle \mathbf{f}, \mathbf{g_0} \rangle \mathbf{g_0} + \langle \mathbf{f}, \mathbf{g_1} \rangle \mathbf{g_1} + \cdots + \langle \mathbf{f}, \mathbf{g}_{2n} \rangle \mathbf{g}_{2n} \tag{7.12}$$

에 의하여 W상의 $\mathbf{f}$의 직교사영을 구할 수 있다. W의 한 정규직교기저는 내적

$$\langle \mathbf{f}, \mathbf{g} \rangle = \int_0^{2\pi} f(x)g(x)dx$$

를 사용하여 기저 (7.11)에 Gram-Schmidt 과정을 적용하여 얻을 수 있다. 이 방법에

의하여 정규직교기저

$$\mathbf{g}_0 = \frac{1}{\sqrt{2\pi}},\ \mathbf{g}_1 = \frac{1}{\sqrt{\pi}}\cos x,\ \cdots,\ \mathbf{g}_n = \frac{1}{\sqrt{\pi}}\cos nx,$$
$$\mathbf{g}_{n+1} = \frac{1}{\sqrt{\pi}}\sin x,\ \cdots,\ \mathbf{g}_{2n} = \frac{1}{\sqrt{\pi}}\sin nx \tag{7.13}$$

을 얻는다. 여기서

$$a_0 = \frac{2}{\sqrt{2\pi}}\langle \mathbf{f},\ \mathbf{g}_0\rangle,\ a_1 = \frac{1}{\sqrt{\pi}}\langle \mathbf{f},\ \mathbf{g}_1\rangle,\ \cdots,\ a_n = \frac{1}{\sqrt{\pi}}\langle \mathbf{f},\ \mathbf{g}_n\rangle$$
$$b_1 = \frac{1}{\sqrt{\pi}}\langle \mathbf{f},\ \mathbf{g}_{n+1}\rangle,\ \cdots,\ b_n = \frac{1}{\sqrt{\pi}}\langle \mathbf{f},\ \mathbf{g}_{2n}\rangle$$

이다. 이 식을 이용하여 식 (7.13)을 식 (7.12)이 대입하면

$$\mathrm{proj}_W \mathbf{f} = \frac{a_0}{2} + [a_1 \cos x + \cdots + a_n \cos nx] + [b_1 \sin x + \cdots + b_n \sin nx] \tag{7.14}$$

를 얻는다. 여기서

$$a_0 = \frac{2}{\sqrt{2\pi}}\langle \mathbf{f},\ \mathbf{g}_0\rangle = \frac{2}{\sqrt{2\pi}}\int_0^{2\pi} f(x)\frac{1}{\sqrt{2\pi}}dx = \frac{1}{\pi}\int_0^{2\pi} f(x)dx$$
$$a_1 = \frac{1}{\sqrt{\pi}}\langle \mathbf{f},\ \mathbf{g}_1\rangle = \frac{1}{\sqrt{\pi}}\int_0^{2\pi} f(x)\frac{1}{\sqrt{\pi}}\cos x dx = \frac{1}{\pi}\int_0^{2\pi} f(x)\cos x dx$$
$$\vdots$$
$$a_n = \frac{1}{\sqrt{\pi}}\langle \mathbf{f},\ \mathbf{g}_n\rangle = \frac{1}{\sqrt{\pi}}\int_0^{2\pi} f(x)\frac{1}{\sqrt{\pi}}\cos nx dx = \frac{1}{\pi}\int_0^{2\pi} f(x)\cos nx dx$$
$$b_1 = \frac{1}{\sqrt{\pi}}\langle \mathbf{f},\ \mathbf{g}_{n+1}\rangle = \frac{1}{\sqrt{\pi}}\int_0^{2\pi} f(x)\frac{1}{\sqrt{\pi}}\sin x dx = \frac{1}{\pi}\int_0^{2\pi} f(x)\sin x dx$$
$$\vdots$$
$$b_n = \frac{1}{\sqrt{\pi}}\langle \mathbf{f},\ \mathbf{g}_{2n}\rangle = \frac{1}{\sqrt{\pi}}\int_0^{2\pi} f(x)\frac{1}{\sqrt{\pi}}\sin nx dx = \frac{1}{\pi}\int_0^{2\pi} f(x)\sin nx dx$$

이다. 이를 간단히 다음과 같이 표현하자.

$$a_k = \frac{1}{\pi}\int_0^{2\pi} f(x)\cos kx\, dx,\quad b_k = \frac{1}{\pi}\int_0^{2\pi} f(x)\sin kx\, dx$$

여기서 $a_0,\ a_1,\ a_2,\ \cdots,\ a_n,\ b_1,\ b_2,\ \cdots,\ b_n$을 $\mathbf{f}$의 Fourier 계수(Fourier coefficient)라고 한다.

예제 7.4

구간 $[0, 2\pi]$에서 함수 $f(x)=x$의 최소제곱근사함수를 다음과 같이 구하여라.
(1) 위수 2이하의 삼각다항식으로 구하여라.
(2) 위수 n이하의 삼각다항식으로 구하여라.

풀이 • • •

(1) $a_0 = \frac{1}{\pi}\int_0^{2\pi} f(x)\,dx = \frac{1}{\pi}\int_0^{2\pi} x\,dx = 2\pi$이고, $k=1, 2, \cdots, n$에 대하여 부분적분을 하여

$$\begin{aligned} a_k &= \frac{1}{\pi}\int_0^{2\pi} f(x)\cos kx\,dx = \frac{1}{\pi}\int_0^{2\pi} x\cos kx\,dx = 0 \\ b_k &= \frac{1}{\pi}\int_0^{2\pi} x\sin kx\,dx = \frac{1}{\pi}\int_0^{2\pi} x\sin kx\,dx = -\frac{2}{k} \end{aligned} \tag{7.15}$$

를 얻는다. 이제 식 (7.15)를 식 (7.14)에 대입하여 계산하면 구간 $[0, 2\pi]$에서 x의 위수가 2이하의 삼각다항식에 의한 최소제곱근사함수는 다음과 같다.

$$x \simeq \pi - 2\sin x - \sin 2x$$

(2) 같은 방법으로 계산하면 구간 $[0, 2\pi]$에서 x의 위수가 n이하의 삼각다항식에 의한 최소제곱근사함수는 다음과 같다.

$$x \simeq \pi - 2\left(\sin x + \frac{\sin 2x}{2} + \cdots + \frac{\sin nx}{n}\right)$$

최소제곱근사함수

$$f(x) \simeq \frac{a_0}{2} + \sum_{k=1}^{n}(a_k\cos kx + b_k\sin kx)$$

에서 항의 수가 증가하면 평균제곱오차가 감소할 것이라고 기대할 수 있다. 즉, 항의 수 n이 증가하면 평균제곱오차는 0에 가까워진다. 이러한 사실에 근거하여

$$f(x) = \frac{a_0}{2} + \sum_{k=1}^{\infty}(a_k\cos kx + b_k\sin kx)$$

라 쓴다. 이 식의 우변을 $f(x)$의 Fourier **급수**라 한다. 이 급수는 수학 뿐만 아니라 공학에서도 대단히 중요하다.

연습문제 7.2

1. 구간 $[0, 2\pi]$에서 함수 $f(x)=1+x$의 최소제곱근사함수를 다음과 같이 구하여라.
   (1) 위수 2이하의 삼각다항식으로 구하여라.
   (2) 위수 n이하의 삼각다항식으로 구하여라.

2. 구간 $[0, 2\pi]$에서 함수 $f(x)=x^2$의 최소제곱근사함수를 다음과 같이 구하여라.
   (1) 위수 3이하의 삼각다항식으로 구하여라.
   (2) 위수 n이하의 삼각다항식으로 구하여라.

3. 다음 물음에 답하여라.
   (1) 구간 $[0, 1]$에서 x의 최소제곱근사함수를 $a+be^x$ 형태로 구하여라.
   (2) 근사함수의 평균제곱오차를 구하여라.
   (3) 구간 $[0, 1]$에서 e^x의 최소제곱근사함수를 a_0+a_1x 형태로 구하여라.
   (4) e^x의 그래프와 근사함수의 그래프를 그려라.
   (5) 구간 $[-1, 1]$에서 $\sin \pi x$의 최소제곱근사함수를 $a_0+a_1x+a_2x^2$ 형태로 구하여라.
   (6) $\sin \pi x$의 그래프와 근사함수의 그래프를 그려라.

4. Gram-Schmidt 직교화 과정을 이용하여 기저 (7.11)을 정규직교기저 (7.13)을 구하여라.

5. 식 (7.15)를 증명하여라.

6. $f(x)=\pi-x$의 Fourier 급수를 구하여라.

7.3 곡선에의 응용

이 절에서 우리는 직교좌표변환에서 얻은 결과를 2차방정식, 2차형식, 원추곡면의 연구에 응용한다. 2차형식은 진동, 상대성, 기하 및 통계와 같은 다양한 영역의 여러 가지 중요한 문제와 관련되어 있다.

$$ax^2+2bxy+cy^2+dx+ey+f=0$$

와 같은 형태를 갖는 방정식을 x와 y에 대한 **2차방정식**이라고 한다. 여기서 $a, b, \cdots, f$는 실수이고 a, b, c중 적어도 하나는 0이 아니다. 특히,

$$ax^2+2bxy+cy^2$$

을 **2차형식**(quadratic form)이라 한다.

예제 7.5

2차방정식	2차형식
$3x^2+5xy-7y^2+2x+2=0$	$3x^2+5xy-7y^2$
$4x^2-5y^2+8y+9=0$	$4x^2-5y^2$
$xy+y=0$	xy

x와 y에 대한 2차방정식의 그래프를 **원추곡선**이라 한다. 중요한 원추곡선은 타원, 원, 쌍곡선 및 포물선이다. 이러한 원추곡선을 **비퇴화원추곡선**이라 하고, 단 하나의 점이나 직선 또는 직선의 쌍들을 **퇴화원추곡선**이라 한다(연습문제 8).

비퇴화원추곡선이 [그림 7.4]와 같은 그래프로 나타날 때 비퇴화원추곡선은 좌표축에 관하여 **표준위치**에 있다고 한다.

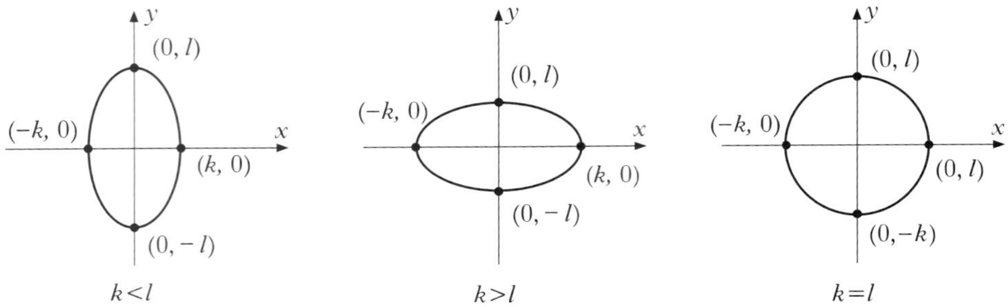

$$\frac{x^2}{k^2}+\frac{y^2}{l^2}=1\ ;\ k,\ l>0$$

(타원 또는 원)

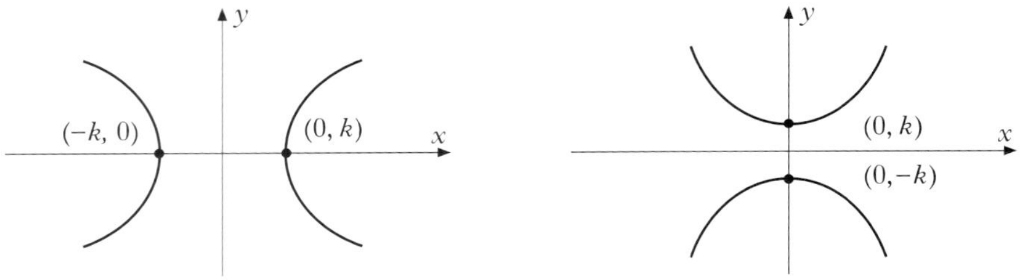

$$\frac{x^2}{k^2}-\frac{y^2}{l^2}=1\ ;\ k,\ l>0$$

(쌍곡선)

$$\frac{y^2}{k^2}-\frac{x^2}{l^2}=1\ ;\ k,\ l>0$$

(쌍곡선)

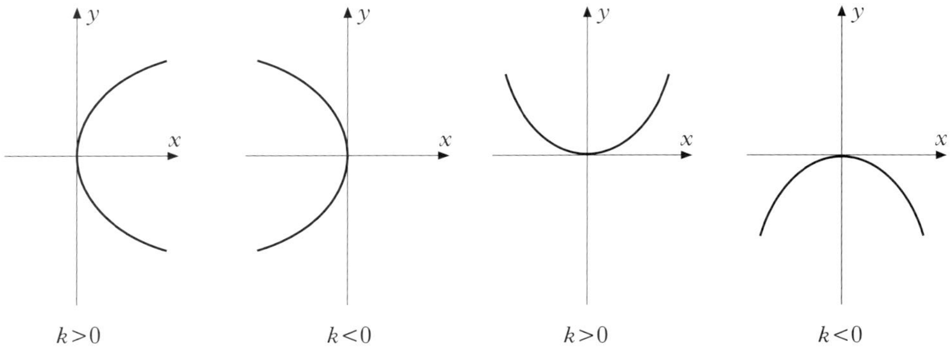

$$y^2=kx$$

(포물선)

$$x^2=ky$$

(포물선)

[그림 7.4]

예제 7.6

방정식 $\frac{x^2}{4}+\frac{y^2}{9}=1$은 $k=2$, $l=3$일 때 $\frac{x^2}{k^2}+\frac{y^2}{l^2}=1$인 꼴이다. 따라서 이 방정식의 그래프는 $(-2, 0)$, $(2, 0)$에서 x축과 만나고 $(0, -3)$, $(0, 3)$에서 y축과 만나는 표준위치 타원이다.

방정식 $x^2-8y^2=-16$은 $\frac{y^2}{2}-\frac{x^2}{16}=1$로 쓸 수 있다. 이 방정식의 그래프는 $(0, -\sqrt{2})$, $(0, \sqrt{2})$에서 y축과 만나는 표준위치 쌍곡선이다.

방정식 $5x^2+2y=0$은 $x^2=-\frac{2}{5}y$로 쓸 수 있다. 이 방정식은 $k=-\frac{2}{5}$일 때 $x^2=ky$인 꼴이다. $k<0$이므로 이것의 그래프는 밑으로 열린 표준위치 포물선이다.

[그림 7.4]의 곡선들은 xy항을 포함하지 않고 있다. 즉, 표준위치에 있는 비퇴화원추곡선은 xy항을 포함하지 않는다. 비퇴화원추곡선의 방정식에 xy항이 있다면 비퇴화원추곡선이 표준위치에서 회전되어 있다는 것을 나타낸다(그림 7.5 (a)). 또 표준위치에 있는 비퇴화원추곡선은 x^2항과 x항 또는 y^2항과 y항을 모두 포함하는 경우는 없다. 만일 비퇴화원추곡선이 xy항을 포함하지 않으면서 x^2항과 x항 또는 y^2항과 y항을 포함한다면 이 곡선은 표준위치에서 평행 이동되었음을 의미한다(그림 7.5 (b)).

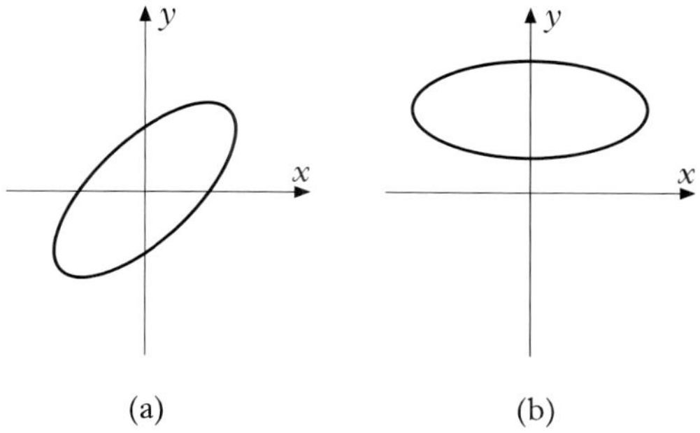

[그림 7.5]

표준위치가 아닌 비퇴화원추곡선의 그래프를 식별하는 방법의 하나로 새로운 $x'y'$ 좌표계에 대하여 원추곡선이 표준위치가 되도록 좌표축을 회전 및 평행 이동하는 것이다. 좌표축을 회전 및 평행이동한 후 $x'y'$ 좌표계에서 원추곡선의 방정식은 [그림 7.4]에 나타나 있는 꼴 가운데 하나가 되므로 쉽게 식별할 수 있다.

예제 7.7

2차방정식 $2x^2+y^2-12x-4y+18=0$은 x^2, x, y^2, y항을 포함하고 xy항은 포함하고 있지 않기 때문에 이 곡선의 그래프는 표준위치의 원추곡선을 평행 이동시킨 것이다. 즉, 좌표축을 적절히 평행 이동시켜서 이 원추곡선을 표준위치의 형태로 만들 수 있다. x와 y의 항을 한 곳으로 모으면

$$(2x^2-6x)+(y^2-4y)+18=0$$

또는

$$2(x-3)^2+(y-2)^2=4 \tag{7.16}$$

를 얻는다. 여기서 변환 $x'=x-3$, $y'=y-2$에 의하여 좌표축을 평행이동하면 식 (7.16)은

$$2x'^2+y'^2=4 \text{ 또는 } \frac{x'^2}{2}+\frac{y'^2}{4}=1$$

이 된다. 이것은 $x'y'$ 좌표계에서 표준위치의 타원이다(그림 7.6).

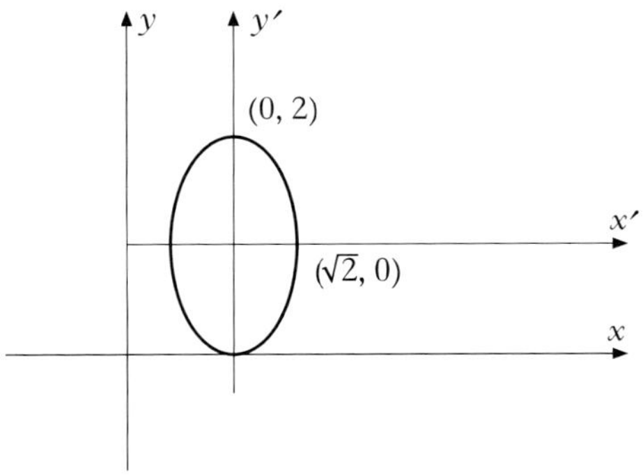

[그림 7.6]

지금부터 표준위치에서 회전된 원추곡선의 식별방법을 알아보자. 앞으로 1×1행렬은 괄호를 생략하기로 하자. 즉, 기호 8은 수 8이나 원소가 8인 1×1행렬을 나타낸다. 전후의 문맥으로 어느 것을 의미하는가를 판단하는 것은 언제나 가능하다. 식 $ax^2+2bxy+cy^2+dx+ey+f=0$을 이 약속에 따라 행렬로 나타내면

$$[x \quad y]\begin{bmatrix} a & b \\ b & c \end{bmatrix}\begin{bmatrix} x \\ y \end{bmatrix} + [d \quad e]\begin{bmatrix} x \\ y \end{bmatrix} + f = 0$$

또는

$$\mathbf{x}^T A\mathbf{x} + K\mathbf{x} + f = 0 \tag{7.17}$$

로 쓸 수 있다. 여기서

$$\mathbf{x} = \begin{bmatrix} x \\ y \end{bmatrix},\ A = \begin{bmatrix} a & b \\ b & c \end{bmatrix},\ K = [d \quad e]$$

이다. 이 기호를 사용하면 식 (7.17)에서 2차형식은 $\mathbf{x}^T A\mathbf{x}$이다. 대칭행렬 A를 2차형식 $\mathbf{x}^T A\mathbf{x}$의 행렬이라 한다.

예제 7.8

2차형식 $3x^2 + 5xy + 7y^2$과 $8x^2 - 4y^2$의 행렬은 각각 $\begin{bmatrix} 3 & \frac{5}{2} \\ \frac{5}{2} & 7 \end{bmatrix}$과 $\begin{bmatrix} 8 & 0 \\ 0 & -4 \end{bmatrix}$이다.

방정식 $\mathbf{x}^T A\mathbf{x} + K\mathbf{x} + f = 0$로 주어진 원추곡선 C는 $x'y'$ 좌표계에서는 원추곡선의 방정식이 $x'y'$항을 포함하지 않도록 xy 좌표축을 회전시킬 수 있음을 보이겠다.

단계 1. A의 직교대각화 행렬 $Q = \begin{bmatrix} q_{11} & q_{12} \\ q_{21} & q_{22} \end{bmatrix}$를 구한다.

단계 2. $\det(Q) = 1$이 되도록 Q의 열을 교환하면(필요하다면) 다음 직교좌표변환은 회전이 된다.

$$\mathbf{x} = Q\mathbf{x}' \text{ 즉, } \begin{bmatrix} x \\ y \end{bmatrix} = Q\begin{bmatrix} x' \\ y' \end{bmatrix} \tag{7.18}$$

단계 3. $x'y'$ 좌표계에서 C에 대한 방정식을 얻기 위하여 식 (7.18)을 식 $\mathbf{x}^T A\mathbf{x} + K\mathbf{x} + f = 0$에 대입하면

$$(Q\mathbf{x}')^T A(Q\mathbf{x}') + K(Q\mathbf{x}') + f = 0$$

또는

$$\mathbf{x}'^{\mathrm{T}}(\mathrm{Q}^{\mathrm{T}}\mathrm{AQ})\mathbf{x}' + (KQ)\mathbf{x}' + f = 0 \tag{7.19}$$

을 얻는다. Q는 A를 대각화하므로

$$Q^T AQ = \begin{bmatrix} \lambda_1 & 0 \\ 0 & \lambda_2 \end{bmatrix}$$

이다. 여기서 λ_1과 λ_2는 A의 고유치이다. 따라서 식 (7.19)는

$$[x' \quad y'] \begin{bmatrix} \lambda_1 & 0 \\ 0 & \lambda_2 \end{bmatrix} \begin{bmatrix} x' \\ y' \end{bmatrix} + [d \quad e] \begin{bmatrix} q_{11} & q_{12} \\ q_{21} & q_{22} \end{bmatrix} \begin{bmatrix} x' \\ y' \end{bmatrix} + f = 0$$

또는

$$\lambda_1 x'^2 + \lambda_2 y'^2 + d'x' + e'y' + f = 0$$

로 쓸 수 있다. 여기서 $d' = dq_{11} + eq_{21}$, $e' = dq_{12} + eq_{22}$이다.

위의 내용을 요약하면 정리 7.1을 얻는다.

정리 7.1 (**$\boldsymbol{R}^2$에서의 주축정리**) $ax^2 + 2bxy + cy^2 + dx + ey + f = 0$을 원추곡선 C의 방정식이라 하고 $\mathbf{x}^T A\mathbf{x} = ax^2 + 2bxy + cy^2$을 2차형식이라 하면, 새로운 $x'y'$ 좌표계에서 C의 곡선이 $\lambda_1 x'^2 + \lambda_2 y'^2 + d'x' + e'y' + f = 0$인 꼴이 되도록 좌표축을 회전시킬 수 있다. 여기서 λ_1과 λ_2는 A의 고유치이다. 또한, 회전은 변환 $\mathbf{x} = Q\mathbf{x}'$에 의하여 구할 수 있다. 여기서 Q는 A를 직교대각화하는 $\det(Q) = 1$인 행렬이다.

예제 7.9

방정식 $5x^2 - 4xy + 8y^2 - 36 = 0$으로 주어진 원추곡선 C의 형태를 조사하여라.

풀이 • • •

방정식을 행렬의 형태로 나타내면 다음과 같다.

$$\mathbf{x}^T A\mathbf{x} - 36 = 0 \tag{7.20}$$

여기서 $A = \begin{bmatrix} 5 & -2 \\ -2 & 8 \end{bmatrix}$이다. A의 고유방정식은

$$\det(A-\lambda I)=\begin{vmatrix}5-\lambda & -2\\ -2 & 8-\lambda\end{vmatrix}=(\lambda-9)(\lambda-4)=0$$

이다. 따라서 A의 고유치는 $\lambda=4$, $\lambda=9$이고 $\lambda=4$에 대한 고유벡터는

$$\begin{bmatrix}1 & -2\\ -2 & 4\end{bmatrix}\begin{bmatrix}x\\ y\end{bmatrix}=\begin{bmatrix}0\\ 0\end{bmatrix}$$

의 **0**아닌 해이다. 이 방정식을 풀면

$$\begin{bmatrix}x\\ y\end{bmatrix}=\begin{bmatrix}2t\\ t\end{bmatrix}=t\begin{bmatrix}2\\ 1\end{bmatrix}$$

을 얻는다. 따라서 $\begin{bmatrix}2\\ 1\end{bmatrix}$은 $\lambda=4$에 대한 고유공간의 기저이다. 이 벡터를 정규화시키면 이 고유공간의 한 정규직교기저

$$\mathbf{v}_1=\begin{bmatrix}\frac{2}{\sqrt{5}}\\ \frac{1}{\sqrt{5}}\end{bmatrix}$$

을 얻는다. 유사한 방법으로 $\lambda=9$에 대한 고유공간의 한 정규직교기저

$$\mathbf{v}_2=\begin{bmatrix}-\frac{1}{\sqrt{5}}\\ \frac{2}{\sqrt{5}}\end{bmatrix}$$

을 얻는다. 따라서 행렬

$$Q=\begin{bmatrix}\frac{2}{\sqrt{5}} & -\frac{1}{\sqrt{5}}\\ \frac{1}{\sqrt{5}} & \frac{2}{\sqrt{5}}\end{bmatrix}$$

는 A를 직교대각화한다. 또한 $\det(Q)=1$이므로 직교좌표변환

$$\mathbf{x}=Q\mathbf{x}' \tag{7.21}$$

는 회전이다. 식 (7.21)을 식 (7.20)에 대입하여

$$(Q\mathbf{x}')^TA(Q\mathbf{x}')-36=0 \text{ 또는 } \mathbf{x}'^T(Q^TAQ)\mathbf{x}'-36=0$$

을 얻는다. 그런데

$$Q^TAQ = \begin{bmatrix} 4 & 0 \\ 0 & 9 \end{bmatrix}$$

이므로 이방정식을

$$[x' \quad y'] \begin{bmatrix} 4 & 0 \\ 0 & 9 \end{bmatrix} \begin{bmatrix} x' \\ y' \end{bmatrix} - 36 = 0 \text{ 또는 } 4x'^2 + 9y'^2 - 36 = 0$$

로 쓸 수 있다. 이것은

$$\frac{x'^2}{9} + \frac{y'^2}{4} = 1$$

로 쓸 수 있으므로 이 방정식의 그래프는 [그림 7.7]의 타원이다.

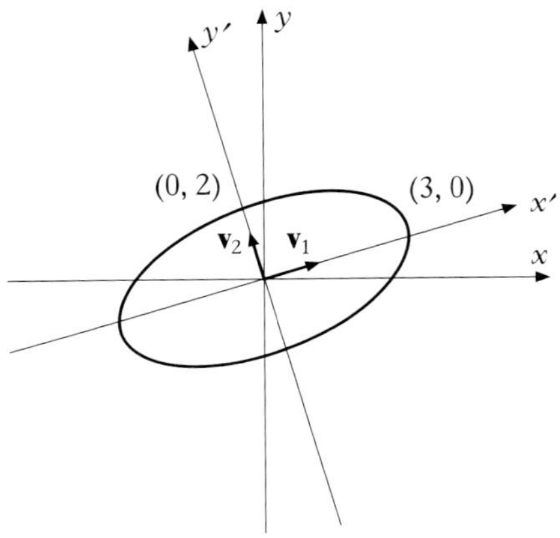

[그림 7.7]

예제 7.10

방정식 $5x^2 - 4xy + 8y^2 + \frac{20}{\sqrt{5}}x - \frac{80}{\sqrt{5}}y + 4 = 0$으로 주어진 원추곡선 C의 형태를 조사하여라.

풀이 • • •

방정식을 행렬의 형태로 나타내면 다음과 같다.

$$\mathbf{x}^TA\mathbf{x} + K\mathbf{x} + 4 = 0 \tag{7.22}$$

여기서 $A = \begin{bmatrix} 5 & -2 \\ -2 & 8 \end{bmatrix}$, $K = \begin{bmatrix} \frac{20}{\sqrt{5}} & -\frac{80}{\sqrt{5}} \end{bmatrix}$이다. 예제 7.9에서와 같은 이유에서 행렬

$$Q=\begin{bmatrix} \frac{2}{\sqrt{5}} & -\frac{1}{\sqrt{5}} \\ \frac{1}{\sqrt{5}} & \frac{2}{\sqrt{5}} \end{bmatrix}$$

는 A를 직교대각화한다. 식 (7.22)에 $\mathbf{x}=Q\mathbf{x}'$를 대입하여

$$(Q\mathbf{x}')^T A(Q\mathbf{x}')+K(Q\mathbf{x}')+4=0$$

또는

$$\mathbf{x}'^T(Q^TAQ)\mathbf{x}'+(KQ)\mathbf{x}'+4=0 \tag{7.23}$$

을 얻는다.

$$Q^TAQ=\begin{bmatrix} 4 & 0 \\ 0 & 9 \end{bmatrix},\ KQ=\begin{bmatrix} \frac{20}{\sqrt{5}} & -\frac{80}{\sqrt{5}} \end{bmatrix}\begin{bmatrix} \frac{2}{\sqrt{5}} & -\frac{1}{\sqrt{5}} \\ \frac{1}{\sqrt{5}} & \frac{2}{\sqrt{5}} \end{bmatrix}=[-8 \quad -36]$$

이므로 식 (7.23)은

$$4x'^2+9y'^2-8x'-36y'+4=0 \tag{7.24}$$

이다. 식 (7.24)를 완전제곱식으로 고치면 다음과 같다.

$$4(x'-1)^2+9(y'-2)^2=36 \tag{7.25}$$

변환 $x''=x'-1,\ y''=y'-2$에 의해 좌표축을 평행이동 시키면 식 (7.25)는 $4x''^2+9y''^2=36$ 또는 $\frac{x''^2}{9}+\frac{y''^2}{4}=1$로 쓸 수 있고 이 방정식의 그래프는 [그림 7.8]의 타원이다.

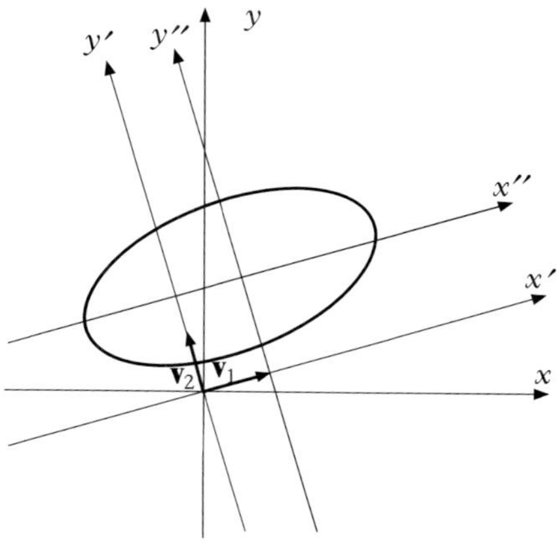

[그림 7.8]

연습문제 7.3

1. 다음 2차방정식의 2차형식을 구하여라.

(1) $2x^2-3xy+4y^2-7x+2y+7=0$　(2) $x^2-xy+5x+8y-3=0$

(3) $5xy=8$　(4) $4x^2-2y^2=7$

(5) $y^2+7x-8y-5=0$

2. 문제 1의 각 방정식에 대하여 2차형식 행렬을 구하여라.

3. 문제 1의 각 방정식을 $\mathbf{x}^T A\mathbf{x}+K\mathbf{x}+f=0$의 형태로 나타내어라.

4. 다음 원추곡선의 형태를 판별하여라.

(1) $2x+5y^2=20$　(2) $4x^2+9y^2=1$

(3) $x^2-y^2=8$　(4) $4y^2-5x^2=20$

(5) $x^2+y^2=25$　(6) $7y^2-2x=0$

(7) $-x^2=2y$　(8) $3x-11y^2=0$

(9) $y-x^2=0$　(10) $x^2-3=-y^2$

5. 다음 원추곡선들은 좌표축을 평행이동하여 표준위치의 형태로 만들 수 있다. 원추곡선들의 형태를 판별하고 평행이동한 좌표계로 표시된 방정식을 구하여라.

(1) $9x^2+4y^2-36x-24y+36=0$　(2) $x^2-16y^2+8x+128y=256$

(3) $y^2-8x-14y+49=0$　(4) $x^2+y^2+6x-10y+18=0$

(5) $2x^2-3y^2+6x+20y=-41$　(6) $x^2+10x+7y=-32$

6. 다음 원추곡선들은 표준위치의 형태에서 회전된 것이다. 각 문제에서 xy항을 소거하기 위하여 좌표축을 회전시켜라. 원추곡선들의 형태를 판별하고 신 좌표계로 표시된 방정식을 구하여라.

(1) $2x^2-4xy-y^2+8=0$　(2) $x^2+2xy+y^2+8x+y=0$

(3) $5x^2+4xy+5y^2=9$　(4) $11x^2+24xy+4y^2-15=0$

7. 다음 원추곡선들을 표준위치의 형태로 만들기 위하여 좌표축의 평행이동과 회전을 사용하여라. 원추곡선들의 형태를 판별하고 신 좌표계로 표시된 방정식을 구하여라.

(1) $9x^2-4xy+6y^2-10x-20y=5$
(2) $3x^2-8xy-12y^2-30x-64y=0$
(3) $2x^2-4xy-y^2-4x-8y=-14$
(4) $21x^2+6xy+13y^2-114x+34y+73=0$
(5) $x^2-6xy-7y^2+10x+2y+9=0$
(6) $4x^2-20xy+25y^2-15x-6y=0$

8. x와 y에 대한 2차방정식의 그래프가 한 점, 한 직선 또는 직선의 쌍이 되는 경우가 있는데 이러한 원추곡선을 퇴화원추곡선이라 한다. 또 x와 y의 모든 실수 값에 대하여 방정식이 만족되지 않는 방정식이 존재할 수도 있는데 이러한 경우 방정식은 그래프를 갖지 않는다. 이것을 **허원추곡선**(imaginary conic)이라 한다. 다음은 퇴화원추곡선 또는 허원추곡선을 나타낸다. 2차방정식이 퇴화원추곡선을 나타내면 그 그래프를 그려라.

(1) $x^2-y^2=0$
(2) $x^2+3y^2+7=0$
(3) $8x^2+7y^2=0$
(4) $x^2-2xy+y^2=0$
(5) $9x^2+12xy+4y^2-52=0$
(6) $x^2+y^2-2x-4y=-5$

7.4 2차곡면에의 응용

이 절에서는 앞 절의 여러 기법을 3변수 2차방정식으로 확장해보자.

x, y, z에 대한 2차방정식은 다음과 같은 형태로 주어진다.

$$ax^2+by^2+cz^2+2dxy+2exz+2fyz+gx+hy+iz+j=0 \tag{7.26}$$

여기서 2차형식 $ax^2+by^2+cz^2+2dxy+2exz+2fyz$의 계수 $a, b, \cdots, f$는 모두 0이 아니다.

방정식 (7.26)을 행렬 형태로 나타내면

$$[x \quad y \quad z]\begin{bmatrix} a & d & e \\ d & b & f \\ e & f & c \end{bmatrix}\begin{bmatrix} x \\ y \\ z \end{bmatrix}+[g \quad h \quad i]\begin{bmatrix} x \\ y \\ z \end{bmatrix}+j=0$$

또는

$$\mathbf{x}^T A\mathbf{x}+K\mathbf{x}+\mathrm{j}=0$$

으로 쓸 수 있다. 여기서

$$\mathbf{x}=[x \quad y \quad z],\ A=\begin{bmatrix} a & d & e \\ d & b & f \\ e & f & c \end{bmatrix},\ K=[g \quad h \quad i],$$

$$\mathbf{x}^T A\mathbf{x}=ax^2+by^2+cz^2+2dxy+2exz+2fyz$$

이고 대칭행렬 A를 2차형식 $\mathbf{x}^T A\mathbf{x}$의 행렬이라 한다.

예제 7.11

2차방정식 $3x^2+2y^2+z^2+4xy+3xz-8yz+7x+3z-7=0$의 2차형식은 $3x^2+2y^2+z^2+4xy+3xz-8yz$이고 2차형식의 행렬은

$$\begin{bmatrix} 3 & 2 & \frac{3}{2} \\ 2 & 2 & -4 \\ \frac{3}{2} & -4 & -1 \end{bmatrix}$$

이다.

x, y, z에 대한 2차방정식의 그래프를 **2차곡면**이라 한다(그림 7.9). 이차곡면 방정식의 그래프가 [그림 7.9] 가운데 하나이면 좌표축에 관하여 **표준위치**에 있다고 한다. 비퇴화원추곡면의 방정식이 xy, xz, yz항 가운데 하나 또는 하나 이상의 항을 포함하면 표준위치에서 회전된 2차곡면을 나타내고, x^2과 x항, y^2과 y항, z^2과 z항을 포함하면 표준위치에서 평행 이동된 2차곡면을 나타낸다.

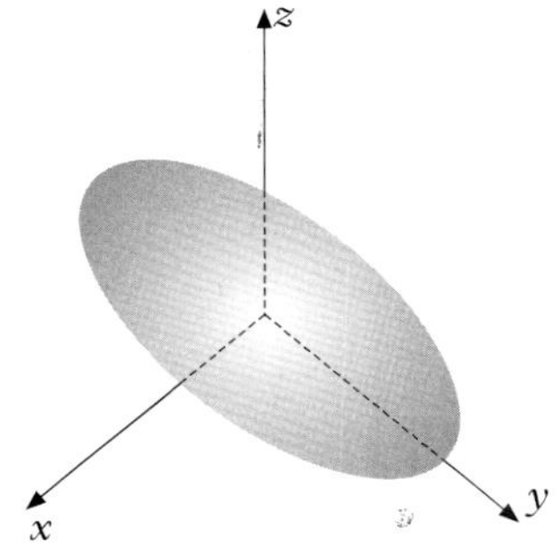

$$\frac{x^2}{l^2}+\frac{y^2}{m^2}+\frac{z^2}{n^2}=1$$

타원면(Ellipsoid)

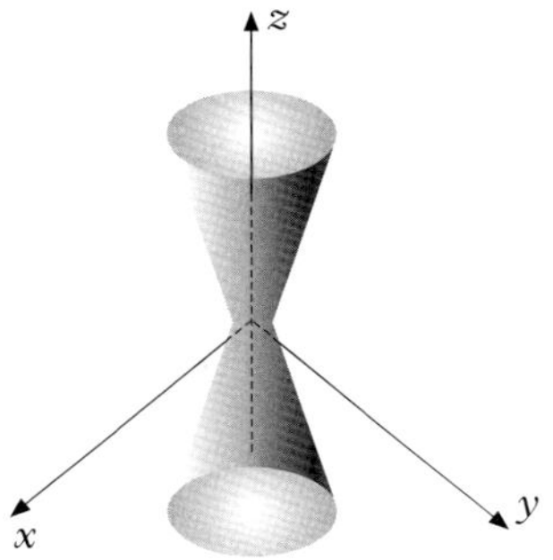

$$\frac{x^2}{l^2}+\frac{y^2}{m^2}-\frac{z^2}{n^2}=1$$

일엽쌍곡면(Hyperboloid of One Sheet)

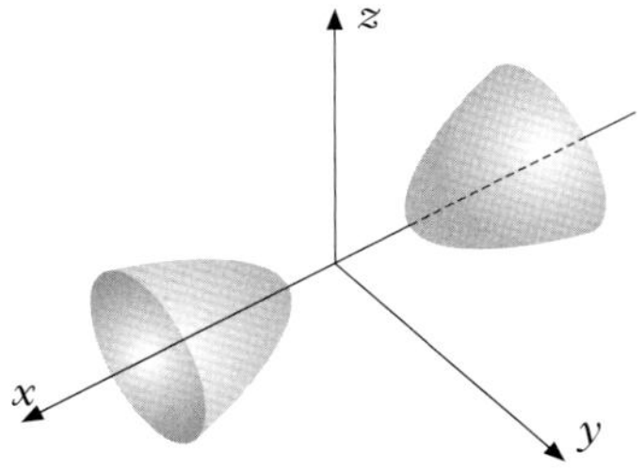

$$\frac{x^2}{l^2}-\frac{y^2}{m^2}-\frac{z^2}{n^2}=1$$

이엽쌍곡면(Hyperboloid of Two Sheets)

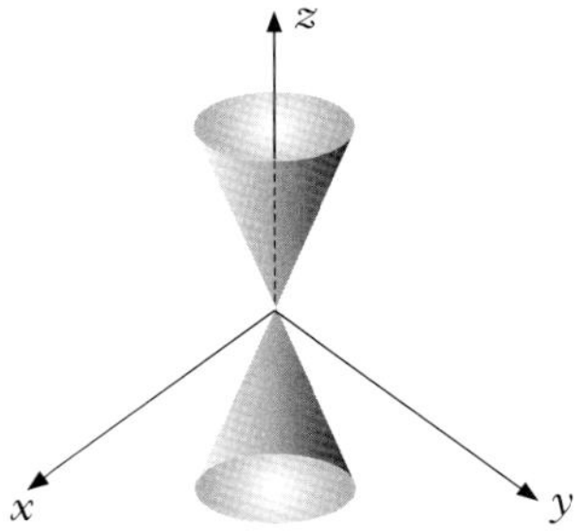

$$\frac{x^2}{l^2}+\frac{y^2}{m^2}-\frac{z^2}{n^2}=0$$

타원추(Elliptic Cone)

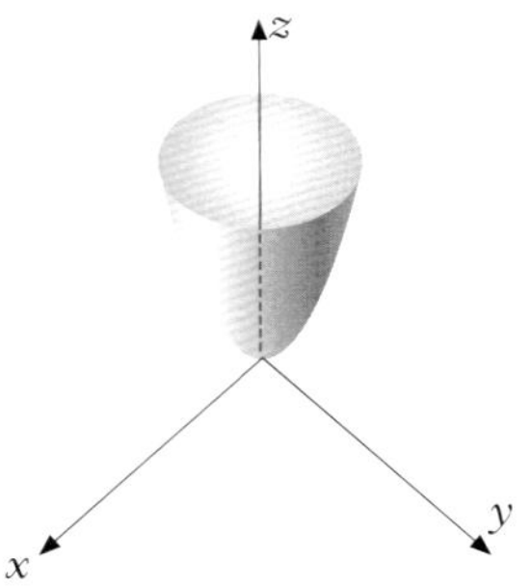

$$\frac{x^2}{l^2}+\frac{y^2}{m^2}-z=0$$

타원포물면(Elliptic Paraboloid)

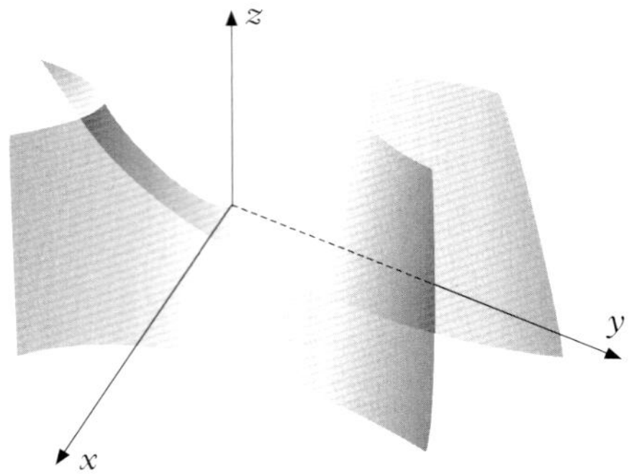

$$\frac{x^2}{l^2}-\frac{y^2}{m^2}+z=0$$

쌍곡포물면(Hyperbolic Paraboloid)

[그림 7.9]

예제 7.12

2차곡면 $4x^2+36y^2-9z^2-16x-216y+304=0$의 형태를 판별하여라.

풀이 • • •

주어진 방정식을 완전제곱식으로 정리하면

$$5(x-2)^2+36(y-3)^2-9z^2=36$$

또는

$$\frac{(x-2)^2}{9}+(y-3)^2-\frac{z^2}{4}=1$$

로 된다. 따라서 변환 $x'=x-2,\ y'=y-3,\ z'=z$에 의하여 좌표축을 평행이동 시키면 다음과 같은 일엽쌍곡면의 방정식을 얻는다.

$$\frac{x'^2}{9}+y'^2-\frac{z'^2}{4}=1$$

2차곡면방정식에 포함되어 있는 xy항, xz항, yz항은 좌표축을 회전시켜 제거할 수 있다. 이것을 정리로 쓰면 다음과 같다.

정리 7.2 ($\boldsymbol{R}^3$에서의 주축정리)

$$ax^2+by^2+cz^2+2dxy+2exz+2fyz+gx+hy+iz+j=0 \tag{7.27}$$

을 2차곡면의 방정식이라 하고

$$\mathbf{x}^T A\mathbf{x} = ax^2 + by^2 + cz^2 + 2dxy + 2exz + 2fyz$$

를 2차형식이라 하면, 새로운 $x'y'z'$ 좌표계에서 위의 곡면이

$$\lambda_1 x'^2 + \lambda_2 y'^2 + \lambda_3 z'^2 + g'x' + h'y' + i'z' + j = 0 \tag{7.28}$$

인 꼴이 되도록 좌표축을 회전시킬 수 있다. 여기서 $\lambda_1, \lambda_2, \lambda_3$는 행렬 A의 고유치이다. 이 회전은 변환 $\mathbf{x} = Q\mathbf{x}'$에 의하여 구할 수 있다. 여기서 Q는 A를 직교대각화하는 $\det(Q) = 1$인 행렬이다.

이 정리는 x, y, z에 대한 2차방정식에서 xy항, xz항, yz항을 제거시키기 위하여 다음의 단계를 시행하면 된다는 것을 의미한다.

단계 1. A의 직교대각화 행렬 Q를 구한다.

단계 2. $\det(Q) = 1$이 되도록 Q의 열을 교환하면(필요하다면) 다음 직교좌표변환은 회전이 된다.

$$\mathbf{x} = Q\mathbf{x}' \quad \text{즉,} \quad \begin{bmatrix} x \\ y \\ z \end{bmatrix} = Q \begin{bmatrix} x' \\ y' \\ z' \end{bmatrix} \tag{7.29}$$

단계 3. 방정식 (7.29)를 식 (7.28)에 대입한다. 새 방정식이 식 (7.28)에 나타난 형태를 갖는 것에 대한 증명은 7.3절에서 다룬 증명과 유사하다. 증명은 연습문제로 남긴다.

예제 7.13

2차곡면 $4x^2 + 4y^2 + 4z^2 + 4xy + 4xz + 4yz - 3 = 0$의 형태를 판별하여라.

풀이 • • •

이 2차방정식을 행렬의 형태로 나타내면 다음과 같다.

$$\mathbf{x}^T A\mathbf{x} - 3 = 0 \tag{7.30}$$

여기서 $A = \begin{bmatrix} 4 & 2 & 2 \\ 2 & 4 & 2 \\ 2 & 2 & 2 \end{bmatrix}$이다. 예제 6.10에서 얻은 결과에 의하면 A의 고유치는 $\lambda = 2$, $\lambda = 8$이

고 A는

$$Q=\begin{bmatrix} -\frac{1}{\sqrt{2}} & -\frac{1}{\sqrt{6}} & \frac{1}{\sqrt{3}} \\ \frac{1}{\sqrt{2}} & -\frac{1}{\sqrt{6}} & \frac{1}{\sqrt{3}} \\ 0 & \frac{2}{\sqrt{6}} & \frac{1}{\sqrt{3}} \end{bmatrix}$$

에 의하여 직교대각화된다. 여기서 Q의 제1열, 제2열은 $\lambda=2$에 대한 A의 고유벡터이고 제 3열은 $\lambda=8$에 대한 A의 고유벡터이다.

$\det(Q)=1$이므로 직교좌표변환

$$\mathbf{x}=Q\mathbf{x}' \text{ 즉, } \begin{bmatrix} x \\ y \\ z \end{bmatrix}=Q\begin{bmatrix} x' \\ y' \\ z' \end{bmatrix} \tag{7.31}$$

는 회전이다. 식 (7.31)을 식 (7.30)에 대입하여

$$(Q\mathbf{x}')^T A(Q\mathbf{x}')-3=0$$

또는

$$\mathbf{x}'^T(Q^TAQ)\mathbf{x}'-3=0 \tag{7.32}$$

을 얻는다. 그런데

$$Q^TAQ=\begin{bmatrix} 2 & 0 & 0 \\ 0 & 2 & 0 \\ 0 & 0 & 8 \end{bmatrix}$$

이므로 식 (7.32)는

$$[x' \quad y' \quad z']\begin{bmatrix} 2 & 0 & 0 \\ 0 & 2 & 0 \\ 0 & 0 & 8 \end{bmatrix}\begin{bmatrix} x' \\ y' \\ z' \end{bmatrix}-3=0$$

또는

$$2x'^2+2y'^2+8z'^2=3$$

이 된다. 이것은

$$\frac{x'^2}{3/2}+\frac{y'^2}{3/2}+\frac{z'^2}{3/8}=1$$

로 쓸 수 있고 이 방정식은 타원면의 방정식이다.

연습문제 7.4

1. 다음 2차방정식의 2차형식을 구하여라.

(1) $x^2+2y^2-z^2+4xy-5yz+7x+2z=3$ (2) $3x^2+7z^2+2xy-3xz+4yz-3x=4$

(3) $xy+xz+yz=1$ (4) $x^2+y^2-z^2=7$

(5) $3z^2+3xz-14y+9=0$ (6) $2z^2+2xz+y^2+2x-y+3z=0$

2. 문제 1의 각 방정식에 대하여 2차형식 행렬을 구하여라.

3. 문제 1의 각 방정식을 $\mathbf{x}^T A\mathbf{x}+K\mathbf{x}+j=0$의 형태로 나타내어라.

4. 다음 2차곡면의 형태를 판별하여라.

(1) $36x^2+9y^2+4z^2=36$ (2) $2x^2+6y^2-3z^2=18$

(3) $6x^2-3y^2-2z^2=6$ (4) $9x^2+4y^2-z^2=0$

(5) $16x^2+y^2=16z$ (6) $7x^2-3y^2+z=0$

(7) $x^2+y^2+z^2=25$

5. 다음 2차곡면을 평행이동 하여 표준위치의 형태로 만들고 2차곡면의 형태를 판별하여라.

(1) $9x^2+36y^2+4z^2-18x-144y-24z+153=0$

(2) $6x^2+3y^2-2z^2+12x-18y-8z=-7$

(3) $3x^2-3y^2-z^2+42x+144=0$

(4) $4x^2+9y^2-z^2-54y-50z=544$

(5) $x^2+16y^2+2x-32y-16z=15$

(6) $7x^2-3y^2+126x+72y+z=-135$

(7) $x^2+y^2+z^2-2x+4y-6z=11$

6. 다음 2차곡면에서 xy항, xz항, yz항을 제거시키는 회전 $\mathbf{x}=Q\mathbf{x}'$를 구하여라. 또 각 방정식을 새로운 $x'y'z'$ 좌표계로 나타내고 각 2차곡면의 형태를 판별하여라.

(1) $2x^2+3y^2+23z^2+7xz+150=0$

(2) $4x^2+4y^2+4z^2+4xy+4xz+4yz=5$

(3) $144x^2+100y^2+81z^2-216xz-504x-720z=0$

(4) $2xy+z=0$

7. 다음 2차곡면들을 표준위치의 형태로 만들기 위하여 좌표축의 평행이동하고 회전시켜라. 그리고 2차곡면의 형태를 판별하여라. 또한 신 좌표계로 표시된 방정식을 구하여라.

(1) $2xy+2xz+2yz-6x-6y-4z=-9$

(2) $7x^2+7y^2+10z^2-2xy-4xz+4yz-12x+12y+60z=24$

(3) $2xy-6x+10y+z=31$

(4) $2x^2+2y^2+5z^2-4xy-2xz+2yz+10x-26y-2z=0$

8. 정리 7.2를 증명하여라.

찾 아 보 기

저자 약력

강정흥
육군사관학교 수학과 (이학사)
미국 일리노이대 수학과 (이학 석 · 박사)
현재 육군사관학교 교수

박석봉
육군사관학교 수학과 (이학사)
연세대학교 대학원 수학과 (이학석사)
KAIST 수학과 (이학박사)
현재 육군사관학교 교수

권기호
육군사관학교 수학과 (이학사)
연세대학교 대학원 수학과 (이학석사)
미국 일리노이대 수학과 (이학박사)
현재 육군사관학교 교수

이시창
육군사관학교 수학과 (이학사)
서강대학교 대학원 수학과 (이학석사)
미국 일리노이대 수학과 (이학박사)
현재 육군사관학교 교수

문미남
육군사관학교 수학과 (이학사)
고려대학교 대학원 수학과 (이학석사)
현재 육군사관학교 교수

황규범
육군사관학교 수학과 (이학사)
서울대학교 수학과 (이학사)
고려대학교 대학원 수학과 (이학석 · 박사)
현재 육군사관학교 교수

[개정판]
선형대수 입문

2009년 8월 5일 초판 발행
2014년 1월 10일 개정판 4쇄 발행

저 자 / 강정흥 · 권기호 · 문미남 · 박석봉 · 이시창 · 황규범
발행자 / 오판근
발행처 / 교우사

주 소 / 서울특별시 동대문구 약령시로 8 교우빌딩 2층
전 화 / 925-2861(代), 편집부 / 925-2825
팩 스 / 925-2860
E-mail / kyowoo@kyowoo.co.kr
http://www.kyowoo.co.kr

등록 / 1994. 3. 24 제6-0256호

ISBN 978-89-8172-797-0 (93410)

값 22,000원